计算机应用能力体系培养系列教材

全国高等学校（安徽考区）计算机水平考试配套教材
安徽省高等学校"十三五"省级规划教材
工程应用型院校计算机系列教材

总主编 胡学钢　　**总主审** 郑尚志

U0191945

计算机应用基础

（第2版）

主　编◎郑尚志

副主编◎王　勇　疏志年　黄存东
　　　　张玉荣　李小荣

编　委◎（按姓氏笔画排序）
　　　　王　勇　李小荣　李德杰
　　　　沈志兴　张玉荣　郑尚志
　　　　姜　飞　徐　勇　黄存东
　　　　章炳林　童晓红　疏志年

北京师范大学出版集团
BEIJING NORMAL UNIVERSITY PUBLISHING GROUP
安徽大学出版社

图书在版编目(CIP)数据

计算机应用基础/郑尚志主编. —2版. —合肥:安徽大学出版社,2020.4
计算机应用能力体系培养系列教材/胡学钢总主编
ISBN 978-7-5664-2033-6

Ⅰ. ①计… Ⅱ. ①郑… Ⅲ. ①电子计算机－高等学校－教材 Ⅳ. ①TP3

中国版本图书馆 CIP 数据核字(2020)第 051031 号

计算机应用基础(第 2 版)　　　　　　　　　胡学钢 总主编

郑尚志 主　编

出版发行:北京师范大学出版集团
　　　　　安 徽 大 学 出 版 社
　　　　　(安徽省合肥市肥西路 3 号 邮编 230039)
　　　　　www. bnupg. com. cn
　　　　　www. ahupress. com. cn
印　　刷:合肥远东印务有限责任公司
经　　销:全国新华书店
开　　本:184mm×260mm
印　　张:19.25
字　　数:469 千字
版　　次:2020 年 4 月第 2 版
印　　次:2020 年 4 月第 1 次印刷
定　　价:52.00 元
ISBN 978-7-5664-2033-6

策划编辑:刘中飞　宋　夏　　　　　　装帧设计:李　军
责任编辑:张明举　宋　夏　　　　　　美术编辑:李　军
责任校对:屈满义　　　　　　　　　　责任印制:陈　如　孟献辉

编写说明

近年来,随着计算机与信息技术的飞速发展,社会及用人单位对高等学校学生的计算机应用能力要求不断提高,因此,各高等学校高度重视计算机基础系列课程教学的质量,也高度重视学生参加全国高等学校(安徽考区)计算机水平考试。安徽省教育厅及安徽省教育招生考试院大力推进安徽省计算机基础教学改革与计算机水平考试改革,对2015年版《全国高等学校(安徽考区)计算机水平考试教学(考试)大纲》进行了修订,于2019年10月发布。

为配合《全国高等学校(安徽考区)计算机水平考试教学(考试)大纲》的实施,促进安徽省高等学校计算机基础教学与水平考试的改革,2014年安徽省高等学校计算机教育研究会召开专题研讨会,成立安徽省计算机基础教学课程组。计算机基础教学课程组由一批长期从事高等学校计算机基础教学的专家、教师组成,以推进安徽省计算机基础教学的发展与改革。2019年3月,安徽省高等学校计算机教育研究会召开课程组专门会议,研究安徽省计算机基础教学改革,同时决定出版与《全国高等学校(安徽考区)计算机水平考试教学(考试)大纲》配套的教材,成立新的教材编写委员会,安徽省高等学校计算机教育研究会理事长胡学钢教授担任总主编,安徽省高等学校计算机教育研究会基础教学专委会副主任郑尚志教授担任总主审,拟从2020年开始陆续出版相应课程的新教材。

本系列教材的编写根据目前安徽省高等学校计算机基础教学的现状,本着出新品、出精品、高质量的原则,着力提高我省计算机基础教学的质量。

丛书编委会
2019 年 10 月

编委会名单

前　言

　　"计算机应用基础"是高等学校开设最为普遍、受益面最广的一门计算机基础课程。学生通过本课程的学习能够深入了解计算机基础知识,熟练掌握计算机的基本操作,了解网络、多媒体技术等计算机应用方面的知识和相关技术,获得良好的信息收集、处理和呈现能力,为后续课程和专业学习奠定坚实的计算机技能基础。

　　本书共 7 章,主要内容包括计算机基础知识、Windows 7 操作系统、文字处理软件 Word 2010、电子表格处理软件 Excel 2010、演示文稿处理软件 PowerPoint 2010、计算机网络及 Internet 应用、信息安全。本书结构紧凑,操作性和针对性强,非常适合作为高等学校学生参加全国高等学校(安徽考区)计算机水平考试的配套教材。

　　本书主要特点如下:

　　1. 针对性强。本书由安徽省计算机基础教学"计算机应用基础"课程组编写。课程组成员都是具有多年计算机应用基础课程教学经验的专家、教师。本书内容紧紧围绕《2019 年全国高等学校(安徽考区)计算机水平考试教学(考试)大纲》之"计算机应用基础"课程大纲编写,针对性强。

　　2. 内容全面。本书不仅包含丰富的理论知识,而且配有很多应用案例,同时,每章配有相应的练习题,便于教师教学和学生自学;本书纳入了最新信息技术,如人工智能、云计算、大数据、移动互联网、物联网和虚拟现实等。

　　3. 理念新颖。本书根据计算机教学改革新理念、新思想及计算机基础"案例式教学"等新要求,力图在教学内容和教学方法上寻求新突破,以达到培养学生思维能力和学习能力的目标。

　　本书由郑尚志担任主编,王勇、疏志年、黄存东、张玉荣、李小荣担任副主编,李德杰、童晓红、徐勇、沈志兴、姜飞、章炳林等也参与了本书的编写。

　　由于编者水平有限,书中不足之处恳请读者指正。

安徽省计算机基础教学"计算机应用基础"课程组
2019 年 10 月

目　　录

第 1 章　计算机基础知识

考核目标

➢ 了解:计算机的发展简史,计算机的特征、分类、性能指标、应用,音频、图像、视频文件及有关多媒体处理技术,信息技术、计算思维、物联网、移动互联网、大数据、云计算、人工智能、虚拟现实、数据库、关系数据库等基本概念。

➢ 理解:计算机软件系统(系统软件、应用软件)、程序设计语言。

➢ 掌握:信息表示、数制及其转换、字符的表示(ASCII 码及汉字编码)、计算机系统的硬件组成及各部分功能、微型计算机系统。

➢ 应用:计算机的开机、关机操作及中文、英文输入方法。

计算机被称为"计算工具"或者"智能工具",因为计算机不仅能够代替人们进行各种繁琐的计算,而且能够增强人们执行复杂任务的能力。换句话说,计算机一方面可以执行各种复杂的计算,如,大型表格分析、数值计算及大型数据库检索等;另一方面,它可以增强、补充人的智能,使人更具有创造力。

1.1 计算机简介

现代意义上的计算机起源于20世纪40年代初开始的一项秘密任务。美国国防部委托美国宾夕法尼亚大学的一个科学家小组研制一台计算工具,帮助他们进行弹道轨迹的计算,以加快新式武器的研制进程。这项工作的结果是产生了人类历史上第一台真正的"计算机",即电子数值积分计算机(Electronic Numerical Integrator And Computer,ENIAC)。

ENIAC是在美籍匈牙利科学家冯·诺依曼的一份报告的基础上研制的,这篇报告后来被称为"计算机科学史上最具有影响力的论文",而冯·诺依曼也被称为"现代计算机之父"。ENIAC的问世,使人类进入了计算机时代。

根据冯·诺依曼报告中的基本概念,计算机是一种可以接收输入、存储与处理数据并产生输出的电子设备。虽然计算机看起来非常复杂,但是它的本质是非常简单的。在计算机内部,所有的程序、图形、声音及文字等都是由0和1两个数字表示并演化的。实际上,从20世纪40年代至今的计算机都建立在冯·诺依曼理论的基础上,因此,这些计算机都被称为"冯·诺依曼型计算机"。

1.1.1 计算机的发展

1. 计算机的发展阶段

人类最初的计算工具是人手;之后人类使用石子、木棒、结绳记事;我国在春秋战国时期使用竹子做的算筹记数,在唐代开始使用早期的算盘计算;1642年,法国数学家帕斯卡(Pascal)发明了手动的齿轮计算机;1936年,美国数学家艾肯根据巴贝奇的思想发明了分析机;在第二次世界大战的特殊背景下,美国陆军为了完成新式武器的炮弹弹道轨迹等许多复杂问题的计算,出资48万美元于1946年2月在美国宾夕法尼亚州立大学造出了世界上第一台电子计算机埃尼阿克(ENIAC),如图1-1所示。

图1-1 计算机 ENIAC

在第一台计算机 ENIAC 发展经历的半个多世纪中,英国科学家艾兰·图灵,建立了图灵机的理论模型,发展了可计算性理论,奠定了人工智能的基础。冯·诺依曼第一次提出了计算机的存储概念,奠定了计算机的基本结构。

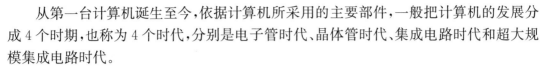

从第一台计算机诞生至今,依据计算机所采用的主要部件,一般把计算机的发展分成 4 个时期,也称为 4 个时代,分别是电子管时代、晶体管时代、集成电路时代和超大规模集成电路时代。

①第 1 代(1946—1958 年)计算机采用电子管作开关元件,使用机器语言。

②第 2 代(1959—1964 年)计算机主要元件采用晶体管分立元件,开始使用高级语言。

③第 3 代(1965—1971 年)计算机开始使用中、小规模集成电路代替晶体管分立元件,并开始使用操作系统。

④第 4 代(1972 年至今)计算机开始使用大规模和超大规模集成电路(VLSI),进行并行处理。

目前,广泛使用的计算机均属第 4 代。采用 VLSI 是第 4 代计算机的主要特征。1971 年,英特尔(Intel)公司制成了第 1 代微处理器 4004,它集成了 2250 个晶体管,其功能几乎可与 ENIAC 匹敌。随后 10 年间,微处理器从第 1 代迅速发展到第 4 代。用微处理器或 VLSI 代替规模较小的集成电路成为进一步提高计算机性能的合理选择。

计算机技术是目前发展最快的科技领域,正在研究的第 5 代计算机是一种非冯·诺依曼型计算机,它完全采用新的工作原理和体系结构。高性能、多媒体、网络化、微型化和智能化是未来计算机发展的主要方向。

2. 我国计算机的发展

1958 年,我国第一台电子管计算机 103 机诞生,速度为 2003 次/秒;同年,第一台晶体管计算机研制成功;1959 年,104 机研制成功,速度为 1 万次/秒以上;1956 年,320 机研制成功,速度达到 8 万次/秒;1971 年,第一台集成电路计算机 TQ-16 研制成功,速度为十几万次/秒;1977 年,第一批小型机 DJS-050 系列研制成功;1983 年,"银河"巨型机,在国防科技大学研制成功,速度为 1 亿次/秒;1992 年,"银河 II"巨型机,在国防科技大学研制成功,速度为 10 亿次/秒;1999 年 10 月,神威计算机研制成功,其峰值浮点速度为 3840 亿次/秒。神威计算机的主要技术指标达到国际水平,我国成为继美国、日本之后第 3 个具备研制大规模高性能计算机系统能力的国家。

1985 年 6 月,中国第一台 IBM PC 兼容微型机——长城 0520CH 研制成功,其后长城、联想、方正等公司纷纷推出国产微型机。以联想为代表的 PC 厂家在设计、生产与服务方面均得到了国内广大用户的认同,其技术已与世界同步。特别是在家用电脑的开发与生产上,更是注重了中国传统文化与特色。2001 年,中科院计算所研制成功我国第一款通用 CPU——"龙芯"。2002 年,曙光公司推出具有完全自主知识产权的"龙腾"服务器。

1.1.2　计算机的特点与分类

1. 计算机的特点

计算机能够得到如此广泛的应用,与其特点密不可分,计算机的特点归纳起来可以分为以下几个方面。

(1)运算速度快

目前,电子计算机速度可以达到每秒上亿次,甚至更高。常用的指标有主频、存取周期、运算速度等。

①主频:微处理时钟的频率。频率越高,运算速度越快。如 P4 的主频为 1.2 GHz。

②存取周期:存储器进行一次完整的写操作和读操作所用的时间。系统总线速度高达 100 MHz 的 SDRAM 的读写周期为 10~15 ns(纳秒)。

③运算速度:计算机每秒能够执行指令的条数。

(2)计算精度高

计算机内部采用二进制进行运算,通过增加表示数字的设备和采用编程的技巧,可以使数值计算的精度越来越高。例如,对圆周率的计算,数学家们经过长期艰苦的努力只算到小数点后 500 位,而使用计算机很快就可以算到小数点后 200 万位。

(3)具有逻辑判断能力

逻辑判断能力使计算机具有智能特点。在 1997 年举行的人机国际象棋大战中,一台名为"深蓝"的超级计算机击败了国际象棋世界冠军,轰动了世界。

(4)存储容量大

计算机可以将大量的信息存储在存储器中。例如,一张光盘就可以存储 650 MB 字节的数据。常用的计量单位有:位(bit)、字节(Byte)。1 Byte = 8 bit,1 KB = 1024 B(Byte),1 MB = 1024 KB = 1048576 B,1 GB = 1024 MB = 1048576 KB = 1073741824 B。

(5)在程序控制下自动操作

计算机与其他计算工具的本质区别在于它能够自动、连续地进行各种操作。计算机从开始正式操作到输出结果,整个过程都是在程序控制下自动进行的。

2.计算机的分类

对计算机进行分类可以根据不同标准。通常,根据计算机的系统规模和功能将计算机分为:巨型机、大型机、中型机、小型机、微型机等。而最常见的微型机,可以分为台式机、便携机(笔记本)、一体机、掌上机 PDA 等,如图 1-2 所示。

图 1-2　常见的微型机

1989 年 11 月,美国电气和电子工程师协会(IEEE)的一个委员会根据当时的发展趋

势,提出将计算机划分为主机、小型机、个人计算机、巨型机、小巨型机和工作站等 6 类。目前,多数国家均使用这种分类方法。

1.1.3 计算机的发展趋势与研究焦点

20 世纪中期,人们虽然预见了工业机器人的大量应用和太空飞行的出现,但却很少有人深刻地预见计算机技术对人类可能产生巨大的潜在影响,甚至没有人预见计算机的发展速度如此迅速,完全超出人们的想象。那么,在 21 世纪,计算机技术的发展又会沿着一条怎样的轨道前行呢?

1. 计算机的发展趋势

今天的电子计算机技术正在向巨型化、微型化、网络化和智能化这 4 个方向发展。

(1)巨型化

巨型化并不是指计算机的体积将更大,而是指计算机的运算速度将更快、存储容量将更大、功能将更完善。其运算速度通常在每秒 1 亿次以上,存储量超过百万兆字节。如今巨型机的应用范围日渐广泛,在航空航天、军事工业、气象、电子、人工智能等多个学科领域发挥着巨大的作用,特别是在复杂的大型科学计算领域,巨型机更是优势明显。

(2)微型化

计算机的微型化得益于大规模和超大规模集成电路的飞速发展。现代集成电路技术已可将计算机中的核心部件——运算器和控制器集成在一块大规模或超大规模集成电路芯片上,作为中央处理单元(微处理器),这使计算机作为"个人计算机"成为可能。现在,除了放在办公桌上的台式微型机外,还有可随身携带的笔记本计算机,以及可以握在手上的掌上电脑等。

(3)网络化

网络技术在 20 世纪后期得到快速发展,已经突破了只是"帮助计算机主机完成与终端通信"这一概念。众多计算机相互连接,形成了一个规模庞大、功能多样的网络系统,从而实现信息的相互传递和资源共享。今天,网络技术已经从计算机技术的配角地位上升到与计算机技术紧密结合、不可分割的地位,产生了"网络电脑"的概念,它与"电脑联网"不仅仅是前后次序的颠倒,而且反映了计算机技术与网络技术真正的有机结合。新一代的 PC 机已经将网络接口集成到了主机的母板上,电脑进入网络已经如同电话机进入市内电话交换网一样方便。正在兴起的所谓"智能化大厦",其电脑电话网络布线与电话网络布线在大楼兴建装修过程中同时施工;在一些先进国家的地区,传送信息的光纤差不多铺到了"家门口"。这从一个侧面说明计算机技术的发展已经离不开网络技术的发展。

(4)智能化

计算机的智能化要求计算机具有人的智能,即让计算机能够进行图像识别、定理证明、研究学习、探索、联想、启发和理解人的语言等,这是新一代计算机要实现的目标。目前,正在研究的智能计算机是一种具有类似人的思维能力,能"说""看""听""想""做",能替代人的一些体力劳动和脑力劳动的机器,俗称"机器人"。机器人技术近几年发展非常快,并被越来越广泛地应用于人们的工作、生活和学习中。

2. 计算机的研究焦点

计算机中最重要的核心部件是芯片,芯片制造技术的不断进步是近50年来推动计算机技术发展的根本动力。目前,芯片主要采用光蚀刻技术制造,即让光线透过刻有线路图的掩膜照射在硅片表面,以进行线路蚀刻。当前主要是用紫外光进行光刻操作,随着紫外光波长的缩短,芯片上的线宽将会继续大幅度缩小,同样大小的芯片上可以容纳更多的晶体管,从而推动半导体工业的发展。但是,当紫外光波长小于193 nm(对应蚀刻线宽0.18 nm)时,传统的石英透镜组会吸收光线而不是将其折射或弯曲。因此,研究人员正在研究下一代光刻技术,包括极紫外光刻、离子束投影光刻技术、角度限制投影电子束光刻技术以及X射线光刻技术。

然而,以硅为基础的芯片制造技术的发展不是无限的,由于存在磁场效应、热效应、量子效应以及制作上的困难,当线宽低于0.1 nm时,就必须开拓新的制造技术。那么,哪些技术有可能引发下一次的计算机技术革命呢?

现在看来有可能的技术至少有4种,分别是光技术、生物技术、纳米技术和量子技术。目前,将这些技术应用于计算机的可能性还很小,但是现有技术可能不久就达到发展的极限,因此,这4种可能的技术由于具有引发计算机技术革命的潜力而逐渐成为人们研究的焦点。

(1)光计算机

20世纪90年代中期,计算机巨擘们曾向世人预言:计算机革命已临近,下一件大事就是光计算机。但是,他们的预言没有实现。实践证明,光处理困难重重,研制光计算机的早期热忱已烟消云散。随着计算机芯片的处理速度愈来愈快,数据的传送速度替代处理速度成为主要问题。目前,计算机使用的金属引线已无法满足大量信息传输的需要。因此,未来的计算机可能是混合型的,即把极细的激光束与快速的芯片相结合。那时,计算机将不再采用金属引线,而是以大量的透镜、棱镜和反射镜将数据从一个芯片传送到另一个芯片。这种传送方式称为"自由空间光学技术"。

(2)生物计算机

与光计算机相比,大规模生物计算机技术实现起来更为困难,不过其潜力也更大。生物系统的信息处理过程是基于生物分子的计算和通信过程,因此生物计算又常被称为生物分子计算,其主要特点是大规模并行处理及分布式存储。基于这一认识,沃丁顿(C. Waddington)在20世纪80年代就提出了自组织的分子器件模型,认为通过大量生物分子的识别与自组织可以解决宏观的模式识别与判定问题。近两年受人关注的DNA计算就是基于这一思路。但是迄今为止,DNA计算模型仅适合做组合判定问题,还不适合直接进行数学计算。

电子计算机的蓬勃发展基于图灵机的坚实基础,同样,生物计算机作为一种通用计算机,必须先建立与图灵机类似的计算模型。如果本世纪能够解决计算模型问题,那么生物计算机就会提供令人难以置信的运算速度和存储容量。

（3）分子计算机

最近，科学家在分子级电子元件研究领域中取得了进展。该领域的出现有一个前提，就是可能制造出单个的分子，其功能与三极管、二极管及今天的微电路的其他重要部件完全相同或相似。化学家、物理学家和工程师已经在一系列出色的示范试验中显示：单个的分子能传导和转换电流，并存储信息。

（4）量子计算机

目前，量子计算机尚处于理论与现实之间。大多数专家认为量子计算机会在今后的十几年间出现。

什么是量子计算机？这是一种基于量子力学原理的、采用深层次计算模式的计算机。这一模式只由物质世界中一个原子的行为所决定，而不是像传统的二进制计算机那样将信息分为 0 和 1，对应于晶体管的开和关来进行处理。在量子计算机中，最小的信息单元是一个量子比特。量子比特不只是开、关两种状态，而是以多种状态同时出现。这种数据结构对使用并行结构的计算机处理信息是非常有利的。

量子计算机具有一些近乎神奇的性质：信息传输可以不需要时间（超距作用）；信息处理所需能量可以接近于零。

1.1.4 计算机的应用领域与计算思维

1. 传统应用领域

计算机的应用领域非常广泛，科研、生产、国防、文化、卫生和家庭生活都离不开计算机的服务。计算机的传统应用领域有以下几个方面。

（1）科学计算（数值计算）

自第一台计算机诞生之日起，科学计算就一直是计算机的重要应用领域之一。例如，在空气动力学、核物理学、量子化学和天文学等领域中，都需要依靠计算机进行复杂的计算；在军事方面，导弹的发射及其飞行轨道的计算、人造卫星与运载火箭的轨道计算等工作更是离不开计算机。此外，计算机在数学、力学、晶体结构分析、石油勘探、土木工程设计以及天气预报等领域也有广泛的应用。

（2）数据处理（信息管理）

数据包括文字、数字、声音、图形、图像和影像等的编码。数据处理包括数据的采集、转换、分组、计算、存储、检索、排序等。当前计算机应用最多的方面就是数据处理，例如，企事业管理、档案管理、人口统计、情报检索、图书管理、金融统计等。

（3）过程控制

计算机普遍用于生产过程的自动控制。例如，在化工厂中，用计算机来控制配料、温度和阀门的开关等；在炼钢厂中，用计算机控制加料、炉温和冶炼时间等；在机床厂中，用程控机床加工精密零件等。工业生产的全过程用计算机控制后，可以使物质和能源消耗达到最合理的水平，同时起到提高产品质量和减轻工人劳动强度的作用。此外，在民航系统、铁路运输调度系统以及城市的交通管理系统等过程控制中，计算机也具有不可替代的优势。

2. 现代应用领域

20 世纪 70 年代后期,个人计算机进入办公室、学校和家庭,计算机应用逐步社会化和家庭化。尤其是伴随着互联网应用技术的飞速发展,计算机的应用产生了许多新理念,这引起了从经济基础到上层建筑、从生产方式到生活方式的深刻变革。

(1)计算机辅助系统

计算机辅助系统包括计算机辅助设计(Computer Aided Design,CAD)、计算机辅助制造(Computer Aided Manufacturing,CAM)、计算机辅助教育(Computer Aided Education,CAE)、计算机辅助测试(Computer Aided Test,CAT)、计算机模拟(Computer Simulation,CS)等。

①计算机辅助设计是指通过计算机帮助各类设计人员进行设计,取代传统的从图纸设计到加工流程编制和调试的手工计算及操作过程,使设计速度加快,精度、质量大大提高,在飞机设计、建筑设计、机械设计、船舶设计、大规模集成电路设计等领域应用非常广泛。

②计算机辅助制造是指用计算机进行生产设备的管理、控制和操作的技术。在超大规模集成电路的设计和生产过程中,要经过设计制图、照相排版、光刻、扩散和内部连接等多道复杂工序,采用人工技术难以解决,而采用计算机辅助技术则可以很好地解决各个难点。

③计算机辅助教育包括计算机辅助教学 CAI、计算机管理教学 CMI 等。其中 CAI 可以通过人机交互方式帮助学生自学、自测,代替教师提供丰富的教学资料和各种问答方式,使教学内容生动形象、图文并茂。

④计算机辅助测试是利用计算机处理大批量数据,完成各种复杂的测试工作的系统。

⑤计算机模拟可以帮助人们进行工程、产品和决策的试验,帮助军队进行模拟军事演习以及模拟训练。

(2)办公自动化

办公自动化简称"OA",OA 系统分为事务型、管理型和决策型 3 个层次。

①事务型 OA 系统,又称电子数据处理系统或业务信息系统,主要帮助秘书和业务人员处理日常事务,例如,公文的编辑与打印、报表的填写与统计、文档检索、活动安排以及日常的数据处理等。

②管理型 OA 系统,又称管理信息系统(Management Information System,MIS)。它是一个以计算机为基础,对各单位或政府机关实行全面管理的信息系统。例如,计划管理系统、财务管理系统、人事管理系统、统计管理系统等。

③决策型 OA 系统,是在上述事务处理和信息管理的基础上增加了决策辅助功能(Decision Supporting System,DSS)形成的。在办公活动中,管理和决策都是领导人员的基本职能。该系统可帮助领导人员作出适当的决策。

(3)娱乐休闲

计算机用于娱乐休闲仅次于 OA。从 PC 机单机游戏、局域网多人游戏到互联网游

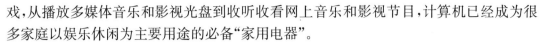

戏,从播放多媒体音乐和影视光盘到收听收看网上音乐和影视节目,计算机已经成为很多家庭以娱乐休闲为主要用途的必备"家用电器"。

随着计算机技术与应用的发展,在信息技术(Information Technology,IT)产业中,除 PC 外,还出现了信息家电(Information Appliance,IA)类新产品,PC 与 IA 形成了 IT 产业的两大阵营。IA 是 PC 发展到一定阶段的产物,它的出现将扩大信息类新产品的应用范围。IA 包括网络电视、视频电话、网络智能掌上设备、消费类网络终端、网络游戏设备,并包括具有网络功能的其他设备,如投影机、文字处理机、数字摄像机、数码相机等。

3. 计算思维(Compuional Thinking,CT)

计算思维是运用计算的基础概念去求解问题、设计系统和理解人类行为等涵盖计算机科学之广度的一系列思维活动。

计算思维可以更进一步地定义为:通过约简、嵌入、转化和仿真等方法,把一个看来困难的问题重新阐释成一个人们知道怎样解决问题的方法。计算思维是递归思维,可以并行处理,能把代码译成数据又能把数据译成代码,是多维分析推广的类型检查方法;计算思维是一种采用抽象和分解手段来控制庞杂的任务或进行巨大复杂系统设计的方法,是基于关注分离的方法(SoC 方法);计算思维是一种选择合适的方式去陈述一个问题,或对一个问题的相关方面建模使其易于处理的思维方法;计算思维是按照预防、保护及通过冗余、容错、纠错的方式,并从最坏的情况进行系统恢复的思维方法;计算思维是利用启发式思维推理寻求解答,即在不确定的情况下规划、学习和调度的思维方法;计算思维是利用海量数据来加快计算,在时间和空间之间,在处理能力和存储容量之间进行折衷的思维方法。

计算思维的特性如下:

(1)计算思维是一种概念,而非程序

计算机科学不是计算机编程。像计算机科学家那样去思考意味着远不止能进行计算机编程,还要求能够在抽象的多个层次上思考。

(2)计算思维是根本的技能,而非刻板的技能

根本的技能是每一个人为了在现代社会中发挥职能所必须掌握的技能。刻板技能意味着机械地重复。具有讽刺意味的是,当计算机像人类一样思考之后,思维可就真的变成机械的了。

(3)计算思维是人的思维方式,而非计算机的思维方式

计算思维是人类求解问题的一条途径,但决非要使人类像计算机那样思考。计算机枯燥且沉闷,人类聪颖且富有想象力,是人类赋予计算机激情。配置了计算设备,我们就能用自己的智慧去解决那些在计算时代之前不敢尝试的问题,实现"只有想不到,没有做不到"的境界。

(4)计算思维是数学和工程思维的互补与融合

计算机科学在本质上源自数学思维,因为像所有的科学一样,其形式基础建筑于数学之上。计算机科学又从本质上源自工程思维,因为我们建造的是能够与实际世界互动的系统,基本计算设备的限制迫使计算机学家必须计算性地思考,而不能只是数学性地思考。构建虚拟世界的自由使我们能够设计超越物理世界的各种系统。

(5)计算思维是思想,不是人造物

不只是我们生产的软硬件等人造物将以物理形式到处呈现并时时刻刻触及我们的生活,更重要的是还将有我们用以接近和求解问题、管理日常生活、与他人交流和互动的计算概念;而且,面向所有的人、所有地方。当计算思维真正融入人类活动的整体以致不再表现为一种显式之哲学的时候,它就将成为一种现实。

1.1.5 计算机发展的新技术

1. 物联网

物联网是新一代信息技术的重要组成部分,也是"信息化"时代的重要发展阶段。其英文名称是:"Internet of Things(IoT)"。顾名思义,物联网就是物物相连的互联网。这有两层意思:其一,物联网的核心和基础仍然是互联网,物联网是在互联网基础上延伸和扩展的网络;其二,物联网的用户端延伸和扩展到了任何物品与物品之间,进行信息交换和通信,也就是物物相息。物联网通过智能感知、识别技术与普适计算等通信感知技术,广泛应用于网络的融合中,也因此被称为继计算机、互联网之后世界信息产业发展的第三次浪潮。物联网是互联网的应用拓展,与其说物联网是网络,不如说物联网是业务和应用。因此,应用创新2.0是物联网发展的核心,以用户体验为核心的创新2.0是物联网发展的灵魂。在物联网应用中有3项关键技术:

(1)传感器技术

传感器技术是计算机应用中的关键技术。目前,绝大部分计算机处理的都是数字信号。自从有计算机以来就需要传感器把模拟信号转换成数字信号,计算机才能处理。

(2)RFID技术

RFID(Radio Frequency Identification,无线射频识别)技术也是一种传感器技术,俗称电子标签,是将无线射频技术和嵌入式技术融为一体的综合技术,RFID在自动识别、物品物流管理等方面有着广阔的应用前景。

(3)嵌入式系统技术

嵌入式系统技术是将计算机软硬件、传感器技术、集成电路技术、电子应用技术综合为一体的复杂技术。经过几十年的演变,以嵌入式系统为特征的智能终端产品随处可见;小到人们身边的MP3,大到航天航空的卫星系统。嵌入式系统正在改变着人们的生活,推动着工业生产以及国防工业的发展。如果把物联网比作人体,那么,传感器对应人的眼睛、鼻子、皮肤等感官,网络对应用来传递信息的神经系统,嵌入式系统则对应人的大脑。人脑在接收到信息后要进行分类处理。这个例子很形象地描述了传感器、嵌入式系统在物联网中的地位与作用。

物联网用途广泛,遍及智能交通、环境保护、政府工作、公共安全、平安家居、智能消防、工业监测、环境监测、路灯照明管控、景观照明管控、楼宇照明管控、广场照明管控、老人护理、个人健康、花卉栽培、水系监测、食品溯源、敌情侦查和情报搜集等多个领域。

2. 移动互联网

移动互联网是移动通信网络和互联网深度融合后的产物,是在现有移动通信网络和互联网的基础上,为用户提供移动互联网服务的网络与服务体系。

从技术层面讲,移动互联网是以宽带 IP 为技术核心,可同时提供语音、数据等多媒体业务服务的开放式基础电信网络。

从终端层面讲,移动互联网广义上是指用户使用手机、笔记本等移动终端,通过移动网络获取移动通信网络服务和互联网服务;移动互联网狭义上是指用户使用手机终端,通过移动网络浏览互联网站和手机网站,获取多媒体、定制信息等其他数据服务和信息服务。

移动互联网的主要特点如下:

①便捷性:通过移动终端和通信网络,可以随时随地接入,而且可以保持实时在线的状态。

②个性化:移动互联网接入的终端、接入的网络和使用的 APP 都是不同的,从而可以实现对网络信息的过滤和分类,挑选符合用户兴趣的内容提供给用户。

③私密性:移动通信的一个特性是私密性,因此在同样的设备上访问的移动互联网也具有私密性的特点。

④融合性:首先,移动话音和移动互联网业务的一体化导致了不同业务的融合;其次,手机终端趋向于变成人们随身携带的唯一的电子设备,其功能集成度越来越高。

⑤智能感知性:高度智能化的移动终端设备(以智能手机为代表)会内置很多传感器,因此具有感知性,可以收集用户或环境的信息,并提供多样化的服务。

3. 大数据(Big Data)

"大数据"是需要新处理模式才能具有更强的决策力、洞察力和流程优化能力的海量、高增长率和多样化的信息资产。随着云时代的来临,大数据吸引了越来越多的关注。"著云台"的分析师团队认为,大数据通常用来形容一个公司创造的大量非结构化数据和半结构化数据,这些数据在下载到关系型数据库用于分析时会花费过多时间和金钱。大数据分析常和云计算联系在一起,因为实时的大型数据集分析需要像 MapReduce 一样的框架来向数十、数百甚至数千的电脑分配工作。

大数据有 4 个特点:第一,数据体量巨大,从 TB 级别跃升到 PB 级别;第二,数据类型繁多,如网络日志、视频、图片、地理位置信息等;第三,处理速度快(1 秒定律),可从各种类型的数据中快速获得高价值的信息,这一点也和传统的数据挖掘技术有着本质的不同;第四,只要合理利用数据并对其进行正确、准确地分析,就会带来很高的价值回报。业界将以上 4 个特点归纳为 4 个"V":Volume(数据体量大)、Variety(数据类型繁多)、Velocity(处理速度快)、Value(价值密度低)。

从某种程度上说,大数据是数据分析的前沿技术。简言之,从各种类型的数据中快速获得有价值信息的技术,就是大数据技术。明白这一点至关重要。也正是这一点促使该技术具备走向众多企业的潜力。

大数据最核心的价值在于对海量数据进行存储和分析。相比现有的其他技术,大数据在"廉价、迅速、优化"这三个方面的综合成本是最低的。

4. 云计算(Cloud Computing)

云计算是基于互联网的相关服务的增加、使用和交付模式,通常涉及通过互联网来提供动态易扩展且经常是虚拟化的资源。云是网络、互联网的一种比喻说法。过去在图中往往用云来表示电信网,后来也用云来表示互联网和底层基础设施的抽象。云计算可以达到每秒10万亿次的运算能力,这么强大的运算能力使云计算可以模拟核爆炸、预测气候变化和市场发展趋势。用户可通过台式电脑、笔记本、手机等方式接入数据中心,按自己的需求进行运算。

云计算中的计算分布在大量的分布式计算机上,而非本地计算机或远程服务器中,企业数据中心的运行将与互联网更相似。这使企业能够将资源切换到需要的应用上,根据需求访问计算机和存储系统。好比从古老的单台发电机模式转向了电厂集中供电的模式。它意味着计算能力也可以作为一种商品进行流通,就像煤气、水电一样,取用方便,费用低廉。云计算的典型特征是云计算中的数据通过互联网进行传输。

21世纪10年代,云计算作为一种新的技术趋势得到了快速发展。云计算已经成为一种前所未有的工作方式,改变了传统软件工程企业。以下是云计算在现阶段最受关注的几个方面。

(1)云计算扩展投资价值

云计算简化了软件、业务流程和访问服务模式,相比传统模式优势明显。它不仅可以帮助企业降低成本,优化商业模式和操作流程,还可以帮助企业优化投资。在相同的条件下,企业通过云计算可以扩展到更多创新领域,这将给企业带来更多的商业机会。

(2)混合云计算的出现

企业使用云计算(包括私人和公共)来补充它们的内部基础设施和应用程序。专家预测,混合云计算可以提升企业业务流程的性能。采用云服务是一项新开发的业务功能。

(3)以云为中心的设计

越来越多企业将组织设计作为云计算迁移的元素。这意味着需要优化云的是那些优先采用云技术的企业。这是一种趋势,云计算将扩展到不同的行业。

(4)移动云服务

未来,平板电脑、iPhone和智能手机等移动设备将在移动中发挥更多的作用。许多这样的设备被用来设计业务流程和通信。让云计算应用采取"移动"的方法,会促使更多的云计算平台和API提供移动云服务。

(5)云安全

通常,人们担心他们云端数据的安全。因此,用户期待看到更安全的应用程序和技术。在未来,许多新的加密技术和安全协议会越来越多地呈现出来。

5. 人工智能

人工智能（Artificial Intelligence，AI）是研究、开发用于模拟、延伸和扩展人的智能的理论、方法、技术及应用系统的一门新的技术科学。作为计算机科学的一个分支，它企图了解智能的实质，并生产出一种新的，能以与人类智能相似的方式作出反应的智能机器。从诞生以来，其理论和技术日益成熟，应用领域也不断扩大。可以设想，未来人工智能带来的科技产品将会是人类智慧的"容器"。

人工智能是范围十分广泛的科学，它由不同的领域组成，如机器学习，计算机视觉等等。总的来说，人工智能研究的一个主要目标是使机器能够胜任一些通常需要人类智能才能完成的复杂工作。但不同的时代、不同的人对这种"复杂工作"的理解是不同的。

人工智能的定义可以分为两部分，即"人工"和"智能"。"人工"比较好理解，争议性也不大。有时我们需要考虑什么是人力所能制造的，或者人自身的智能程度有没有高到可以创造人工智能的地步，等等。但总的来说，"人工系统"就是通常意义下的人工系统。

关于什么是"智能"，就问题多多了。这涉及诸如意识（CONSCIOUSNESS）、自我（SELF）、思维（MIND）（包括无意识的思维（UNCONSCIOUS_MIND））等等问题。人唯一了解的智能是人本身的智能，这是普遍认同的观点。但是我们对自身智能的理解非常有限，对构成人的智能的必要元素也了解有限，很难定义什么是"人工"制造的"智能"。人工智能的研究往往涉及对人的智能本身的研究。关于动物或其他人造系统智能的研究也普遍被认为是人工智能的相关研究课题。

人工智能是一门边缘学科，属于自然学科和社会学科的交叉，涉及哲学和认知科学、数学、神经生理学、心理学、计算机科学、信息论、控制论和不定性论等学科。

目前，人工智能已被应用于机器视觉、指纹识别、人脸识别、视网膜识别、虹膜识别、掌纹识别、专家系统、自动规划、智能搜索、定理证明、博弈、自动程序设计、智能控制、机器人、语言和图像理解、遗传编程等领域。

2019年3月4日，第十三届全国人民代表大会第二次会议举行新闻发布会，大会发言人张业遂表示，我国已将与人工智能密切相关的立法项目列入立法规划。

6. 虚拟现实

虚拟现实（Virtual Reality，VR），又称灵境技术，是20世纪发展起来的一项全新的实用技术。它集计算机、电子信息、仿真技术于一体，用计算机模拟生成虚拟环境，给人以环境沉浸感。随着社会生产力和科学技术的发展，各行各业对VR技术的需求日益旺盛，促使VR技术取得了巨大进步，并逐步成为一个新的科学技术领域。

虚拟现实，顾名思义，就是虚拟和现实相互结合。理论上，虚拟现实技术是一种可以创建和体验虚拟世界的计算机仿真系统，它利用计算机生成一种模拟环境，使用户沉浸到该环境中。虚拟现实技术就是利用现实生活中的数据，通过计算机技术产生电子信号，结合各种输出设备，使其转化为能够让人们感受到的形象。这些形象（可以是现实中真真切切的物体,也可以是我们肉眼看不到的物质)被用三维模型表现出来。由于这些形象不是我们能直接看到的,而是通过计算机技术模拟现实世界产生的,因此被称为虚拟现实。

虚拟现实技术受到了越来越多人的认可,它让用户在虚拟现实世界体验到最类似真实的感受,其模拟环境的真实性与现实世界让人难分真假,并让人有种身临其境的感觉;同时,虚拟现实具有一切人类所拥有的感知功能,如听觉、视觉、触觉、味觉、嗅觉等;最后,它具有超强的仿真能力,真正实现了人机交互,使人在操作过程中,可以随意操作并且得到环境最真实的反馈。正是虚拟现实技术的存在性、多感知性、交互性等特征使它受到了许多人的喜爱。

(1)虚拟现实的分类

VR 涉及学科众多,应用领域广泛,系统种类繁杂,这是由其研究对象、研究目标和应用需求决定的。从不同角度出发,可对 VR 系统进行不同分类。

①从沉浸式体验角度分类,沉浸式体验分为非交互式体验、人-虚拟环境交互式体验和群体-虚拟环境交互式体验等。

沉浸式体验强调用户与设备的交互体验。相比之下,非交互式体验中的用户更为被动,所体验内容均是规划好的,即便允许用户在一定程度上引导场景数据的调度,也仍没有实质性交互行为,如场景漫游,用户全程几乎无事可做。

而在人-虚拟环境交互式体验系统中,用户则可用诸如数据手套,数字手术刀等的设备与虚拟环境进行交互,如驾驶战斗机模拟器等。此时的用户可感知虚拟环境的变化,进而也就能产生在相应现实世界中可能产生的各种感受。

如果将人-虚拟环境交互式体验系统网络化、多机化,使多个用户共享一套虚拟环境,便得到群体-虚拟环境交互式体验系统,如大型网络交互游戏等。此时的 VR 系统与真实世界无甚差异。

②从系统功能角度分类,虚拟现实分为规划设计、展示娱乐、训练演练等几类。规划设计系统可用于新设施的实验验证,可大幅缩短研发时长,降低设计成本,提高设计效率,城市排水、社区规划等领域均可使用,如 VR 模拟给排水系统,可大幅减少原本需用于实验验证的经费;展示娱乐类系统适用于提供给用户逼真的观赏体验,如数字博物馆,大型 3D 交互式游戏,影视制作等,如 VR 技术早在 20 世纪 70 年代便被迪士尼用于拍摄特效电影;训练演练类系统则可应用于各种危险环境及一些难以获得操作对象或实操成本极高的领域,如外科手术训练、空间站维修训练等。

(2)虚拟现实的特征

①沉浸性:沉浸性是虚拟现实技术最主要的特征,它让用户成为并感受到自己是计算机系统所创造环境的一部分。虚拟现实技术的沉浸性取决于用户的感知系统,当使用者感知到虚拟世界的刺激时,包括触觉、味觉、嗅觉、运动感知等,便会产生思维共鸣,造成心理沉浸,感觉仿佛进入真实世界。

②交互性：交互性是指使用者对模拟环境中物体的可操作程度和从环境得到反馈的自然程度。使用者进入虚拟空间，相应的技术让使用者跟环境产生相互作用，当使用者进行某种操作时，周围的环境也会作出某种反应。如使用者接触到虚拟空间中的物体，那么使用者手上应该能够感受到，若使用者对物体有所动作，则物体的位置和状态也应改变。

③多感知性：多感知性表示计算机技术应该拥有很多感知方式，如听觉、触觉、嗅觉等。理想的虚拟现实技术应该具有一切人所具有的感知功能。受相关技术，特别是传感技术的限制，目前大多数虚拟现实技术所具有的感知功能仅限于视觉、听觉、触觉和运动感知等几种。

④构想性：构想性也被称为想象性。使用者在虚拟空间中，可以与周围物体进行互动，可以拓宽认知范围，创造客观世界不存在的场景或不可能发生的环境。构想可以理解为使用者进入虚拟空间，根据自己的感觉与认知能力吸收知识，发散拓宽思维，创立新的概念和环境。

⑤自主性：自主性是指虚拟环境中物体依据物理定律动作的程度。例如，当物体受到力的推动时，将或向力的方向移动、或翻倒、或从桌面落到地面等。

(3)虚拟现实的应用

①虚拟现实在影视领域的应用：近年来，虚拟现实技术在影视领域被广泛应用，例如，以虚拟现实技术为主而建立的第一现场9DVR体验馆。第一现场9DVR体验馆自建成以来，在影视娱乐市场产生了很大的影响，它让观影者身临其境，让他们沉浸在影片所创造的虚拟环境之中。同时，随着虚拟现实技术的不断创新，此技术在游戏领域也得到了快速发展。虚拟现实技术是利用电脑产生的三维虚拟空间，而三维游戏刚好是建立在此技术之上的，三维游戏几乎包含了虚拟现实的全部技术。虚拟现实使游戏在保持实时性和交互性的同时，大幅提升了用户的真实感。

②虚拟现实在教育领域的应用：如今，虚拟现实技术已经成为促进教育发展的一种新型教育手段。传统的教育方式在传授抽象复杂的知识时，往往疏谋少略。而现在利用虚拟现实技术可以帮助学生打造生动、逼真的学习环境，使学生通过仿真感受来增强记忆。相比于传统教育方式在传授抽象复杂问题时的疏谋少略，利用虚拟现实技术来帮助学生更形象具体学习的方式让学生更容易接受，更容易引起学习兴趣。此外，各大院校利用虚拟现实更形象具体的学习技术还建立了与学科相关的虚拟实验室来帮助学生更好地学习。

③虚拟现实在设计领域的应用：虚拟现实技术在设计领域小有成就，例如，在室内设计中，人们可以利用虚拟现实技术把室内结构、房屋外形通过虚拟技术表现出来，使之变成可以看得见的物体和环境。同时，在设计初期，设计师可以将自己的想法通过虚拟现实技术模拟出来，让客户可以在虚拟环境中预先看到室内的设计效果，尽量减少返工次数，降低返工损耗，这样既节省了时间，又降低了成本。

④虚拟现实在医学领域的应用：医学专家们利用计算机，在虚拟空间中模拟出人体

组织和器官,可以让学生在其中进行模拟操作,并且能让他们感受到手术刀切入人体肌肉组织、触碰到骨头的感觉,使学生能够更快地掌握手术要领。而且,主刀医生们在手术前,也可以建立一个病人身体的虚拟模型,在虚拟空间中先进行一次手术预演,这样能够大大提高手术的成功率,让更多的病人被治愈。

⑤虚拟现实在军事领域的应用:由于虚拟现实使人产生立体感和真实感,因此,在军事方面,人们将地图上的山川地貌、海洋湖泊等数据输入计算机,利用虚拟现实技术将原本平面的地形图变成三维立体的地形图,再通过全息技术将其投影出来,辅助部队进行军事演习。

除此之外,当代战争是信息化战争,战争机器都朝着自动化方向发展。无人机便是信息化战争的最典型产物。无人机由于它的自动化以及便利性而深受各国喜爱。在战士训练期间,可以利用虚拟现实技术模拟无人机的飞行、射击等工作模式。战争期间,军人可以通过眼镜、头盔等机器操控无人机进行侦察和暗杀任务,减小战争中军人的伤亡率。由于虚拟现实技术能将无人机拍摄到的场景立体化,降低操作难度,提高侦查效率,因此无人机和虚拟现实技术的发展刻不容缓。

⑥虚拟现实在航空航天领域的应用:航空航天是一项耗资巨大、非常繁琐的工程,人们利用虚拟现实和计算机的统计模拟技术,在虚拟空间重现现实中的航天飞机与飞行环境,使飞行员可以在虚拟空间中进行飞行训练和实验操作,极大地降低了实验经费和实验的危险系数。

1.2 数制与信息编码

计算机中的信息,主要是指以数字形式存储的各种文字、语言、图形、图像、动画、声音等,而表示信息的数据是指信息的具体表现形式,是各种物理符号的组合,它反映了信息的内容。在计算机内部,信息即是通过数据来表达的,数据本身也是一种信息。

1.2.1 数制

数制是指用一组固定的数字按照一套统一规则来表示数值的方法。数制的种类很多,除了人们习惯的十进制,还有六十进制(如六十秒为一分钟),十二进制(如十二个月为一年)等。

在特定数制中,只能使用一组固定的数字来表示数的大小。在进制中,允许选用的基本数码的个数称为该进制的"基数"。如十进制的基数是10,使用0~9共10个数字表示,二进制的基数为2,使用0、1两个数字表示。每一位的单位大小称为"位权",如十进制的个位的单位大小为"1",十位的单位大小为"10"等。

任何一个数制的大小都可以按"权"展开并转换为十进制。在日常生活中,人们习惯使用十进制。在计算机中,数据都用二进制表示,原因在于:

(1)电路简单

计算机是由逻辑电路组成的,逻辑电路通常只有两个状态,例如,晶体管的饱和与截止、开关的接通与断开、电压的高与低等。这两种状态正好可以用二进制数的两个数码 0 和 1 来表示。

(2)可靠性高

二进制 0 和 1 两个数码分别表示一种状态,数字的传输和处理不容易出错,因此电路工作可靠。

(3)逻辑性强

计算机工作原理是建立在逻辑运算基础上的,逻辑代数是逻辑运算的理论依据。二进制只有两个数码,正好代表逻辑代数中的“真”和“假”。

(4)运算简单

二进制运算法则简单,且其算术运算都可通过逻辑运算来实现。

由于二进制的一位表示的数值太小,如果要表示一个比较大的数值,所用的二进制位数就会很冗长,无论是书写还是记忆都不方便,比如,用 4 个字节(32 位)存放一个整数 64,其形式为:

0000 0000 0000 00000000 0000 0100 0000

显然这么长的数不便于人们辨识。因此就有了八进制和十六进制数,每 3 位二进制数可以转换为一位八进制数,每 4 位二进制数可以转换为一位十六进制数。进制的基数越大,数的表达长度就越短。

计算机为何要引入十六进制和八进制呢? 这是因为 2、8、16 分别是 2 的 1 次方、3 次方和 4 次方。这 3 种进制之间可以直接互相转换。八进制或十六进制保留了二进制的表达特点,也可以说,八进制或十六进制实质上就是二进制的一种压缩表达形式。下面是 4 种常用数制的表示方法。

①十进制数的特点是用 10 个数码(0～9)表示所有的数,基数是 10,采用逢十进一的计数方法。十进制的符号表示为“D”。

②二进制数的特点是用 2 个数码(0 和 1)表示所有的数,基数是 2,采用逢二进一的计数方法。例如,10 在二进制中表示十进制的 2。二进制的符号表示为“B”。

③八进制数的特点是用 8 个数码(0～7)表示所有的数,基数是 8,采用逢八进一的计数方法。例如,八进制的 11 表示十进制的 9。八进制的符号表示为“Q”。

④十六进制数的特点是用 16 个数码(0～F)表示所有的数,基数是 16,采用逢十六进一的计数方法。例如,十六进制的 1A 表示十进制的 26(16＋10)。十六进制的符号表示为“H”。

1.2.2　进制数之间的相互转换

1.二进制数、八进制数和十六进制数转换为十进制数

转换方法:按权展开,相加求和。

【例 2.1】 将二进制数 101011B 转换成十进制数。

$101011B = 1 \times 2^5 + 0 \times 2^4 + 1 \times 2^3 + 0 \times 2^2 + 1 \times 2^1 + 1 \times 2^0 = 32 + 8 + 2 + 1 = 43$

2. 十进制数转换为二进制数

转换方法：对整数部分除 2 取余数，将余数按从下到上的顺序排列（简称"倒排列"）；对小数部分乘 2 取整数，将所得整数数字按从上到下的顺序排列（简称"顺排列"）。

【例 2.2】 将十进制数 34.25 转换成二进制数。

$34 \div 2 = 17$ 　　　　…余 0

$17 \div 2 = 8$ 　　　　…余 1

$8 \div 2 = 4$ 　　　　…余 0

$4 \div 2 = 2$ 　　　　…余 0

$2 \div 2 = 1$ 　　　　…余 0

$1 \div 2 = 0$ 　　　　…余 1

$0.25 \times 2 = 0.5$ 　　…取整得 0

$0.5 \times 2 = 1.0$ 　　…取整得 1

$34.25 = 100010.01B$

3. 二进制数转换为八进制数、十六进制数

(1) 二进制数转换成八进制数

转换方法：三位一组法。

【例 2.3】 将二进制数 100101010011 转换成八进制数。

100 101 010 011 　　（高位不足三位时，补 0 填充）

↓　　↓　　↓　　↓

4　　5　　2　　3

$100101010011B = 4523Q$

(2) 二进制数转换成十六进制数

转换方法：四位一组法。

【例 2.4】 将二进制数 1010001011111001 转换成十六进制数。

1010 0010 1111 1001 　　（高位不足四位时，补 0 填充）

↓　　↓　　↓　　↓

A　　2　　F　　9

$1010001011111001B = A2F9H$

1.2.3 数据表示单位

无论数值数据还是非数值数据，在计算机内均表现为二进制形式。二进制在计算机中有不同的度量单位。

1. 位（bit）

位是计算机存储数据的最小单位。一个二进制位能表示两种状态，要表示更多的

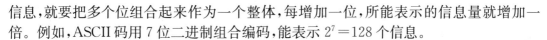
信息,就要把多个位组合起来作为一个整体,每增加一位,所能表示的信息量就增加一倍。例如,ASCII 码用 7 位二进制组合编码,能表示 $2^7=128$ 个信息。

2. 字节(Byte)

字节是数据处理的基本单位,即以字节为单位存储和解释信息。规定一个字节等于 8 位二进制,即 1 B=8 bit。通常一个字节可存放一个 ASCII 码,2 个字节存放一个汉字国标码。

另外,在计算机中,存储器容量均是以字节为单位来度量的,如 B、KB、MB 和 GB 等,它们的相互关系为:

1 KB=2^{10}B=1024 B

1 MB=$2^{10}\times2^{10}$B=1024×1024B=1048576 B

1 GB=$2^{10}\times2^{10}\times2^{10}$B=1024×1024×1024B=1073741824 B

3. 字(Word)

计算机处理数据时,CPU 通过数据总线一次性处理的数据长度(二进制位数)称为"字"。一个字通常由一个或几个字节组成。字长是衡量计算机性能的一个重要标志,字长越长,计算机性能越好。

不同的计算机字长是不相同的,通常有 8 位、16 位、32 位、64 位等。

1.2.4　信息编码

1. 编码

由于计算机只能识别二进制数,所以计算机内部的所有信息均需要用二进制的 0 和 1 对其进行编码。

在计算机中,常使用单字节(即 8 位二进制数)数据来表达西文符号。例如,用二进制 01000010B 或十六进制 42H 来表示字母"B";在键盘上输入英文字母 A,存入计算机的是 A 的二进制编码 01000001,这个编码不代表数值量,而是一个字母信息"A"。

2. 西文字符与 ASCII 码

美国标准信息交换代码(American Standard Code for Information Interchange, ASCII)是国际上通用的英文字符编码。为了和国际标准兼容,我国根据它制定了国家标准,即 GB 1988。ASCII 表示 52 个英文大小写字母、10 个十进制数码、32 个标点符号和运算符、34 个控制字符,共 128 个。每个字符占 8 位二进制数,即一个字节,最高一位为数值"0",其余 7 位分别表示不同字符信息。ASCII 编码如表 1-1 所示。

表 1-1　7 位 ASCII 码表

$D_3D_2D_1D_0$ ＼ $D_6D_5D_4$	000	001	010	011	100	101	110	111
0000	NUL	DLE	SP	0	@	P	`	p
0001	SOH	DC1	!	1	A	Q	a	q
0010	STX	DC2	"	2	B	R	b	r

$D_6D_5D_4$ / $D_3D_2D_1D_0$	000	001	010	011	100	101	110	111
0011	ETX	DC3	#	3	C	S	c	s
0100	EOT	DC4	$	4	D	T	d	t
0101	ENQ	NAK	%	5	E	U	e	u
0110	ACK	SYN	&.	6	F	V	f	v
0111	BEL	ETB	'	7	G	W	g	w
1000	BS	CAN	(	8	H	X	h	x
1001	HT	EM	)	9	I	Y	i	y
1010	LF	SUB	*	:	J	Z	j	z
1011	VT	ESC	+	;	K	[	k	{
1100	FF	FS	,	<	L	\	l		
1101	CR	GS	—	=	M	]	m	}
1110	SO	RS	.	>	N	ˆ	n	~
1111	SI	US	/	?	O	_	o	DEL

利用表 1-1 可查出字母、数字及各种符号的 ASCII 码。首先,确定该符号所在位置对应的行和列,根据"行"确定被查字符的高 3 位编码($D_6D_5D_4$),根据"列"确定被查字符的低 4 位编码($D_3D_2D_1D_0$);然后,将它们连在一起,就得到了被查字符的 ASCII 码。例如,"A"字符的 ASCII 码二进制表示为 1000001B,十六进制表示为 41H,十进制表示为 65。

字符的 ASCII 码值的大小规律是:a～z＞A～Z＞0～9＞空格＞控制符。

3. 汉字及其编码(国标码)

所有的英文单词均由 26 个基本字母组成,加上数字等其他符号,常用的西文字符也仅有 95 种。所以 ASCII 码采用 7 位编码已经够用。而汉字为象形文字,不同于英文单词,如果一字一码,那么 1000 个汉字需要 1000 种码才能区分。显然,汉字编码要比西文字符编码复杂得多。

汉字编码中,汉字交换码用二进制代码的形式表示。由于汉字具有特殊性,因此随着汉字输入、输出、存储和处理的过程不同,所使用的汉字代码也不相同。例如,汉字录入需用输入码(外码);计算机内部的汉字存储和处理要用机内码;汉字显示需用显示字模点阵码;汉字输出需用字形码;在汉字字库中查找汉字字模要用地址码等。

(1)汉字交换码

1981 年,我国颁布了《信息交换用汉字编码字符集·基本集》(代号 GB 2312-80)。它是汉字交换码的国家标准,所以又称"国标码"。GB 2312 标准收入了 6763 个常用汉字(其中一级汉字 3755 个,二级汉字 3008 个),以及英、俄、日文字母与其他符号 682 个,共有 7445 个符号。

GB 2312 规定,每个字符用 2 个字节来表示。每个字节的最高位恒为"1",以区别英文的 ASCII 码,其余 7 位用于组成各种不同的码值。两个字节的代码共可表示 $128×128＝16384$ 个符号。目前,GB 2312 基本集仅有 7445 个符号,所以码位足够使用。

在我国台湾、香港地区则用大五码(BIG 5)编码。大五码共收入了 13060 个汉字,汉字部分均以部首为序。

2003 年 3 月 17 日,我国发布了 GB 18030-2003《信息技术信息交换用汉字编码字符集基本集的扩充》汉字编码标准。GB 18030-2003 总编码空间超过 150 万个码位,收录了 27484 个汉字,为汉字研究、古籍整理等领域提供了统一的信息平台基础。

从 GB 2312 编码开始,汉字都是采用双字节编码。GB 18030 标准采用单字节、双字节和四字节对字符编码,其编码长度由 2 个字节变为 1~4 个字节。

GB 18030 与 GB 2312 一脉相承,较好地解决了旧系统向新系统的转换问题。由于 GB 2312 标准收入的 6763 个常用汉字为双字节,所以通常按双字节编码来估算汉字文件的存储空间大小。

(2)汉字机内码

在计算机内部传输、存储、处理的汉字编码称"汉字机内码"。为了实现中、西文兼容,通常利用字节的最高位来区分某个码值是代表汉字还是西文字符:若最高位为"1",则视其为汉字字符;若最高位为"0",则视其为西文字符。所以,汉字机内码在国标码的基础上,把每个字节的最高位一律由"0"改为"1"。例如,汉字"大"的国标码为 3473H,两个字节的最高位均为"0",如图 1-3(a)所示。把两个最高位全改成"1",变成 B4F3H,就可得"大"字的机内码,如图 1-3(b)所示。由此可见,同一汉字的汉字交换码与汉字机内码内容并不相同,而对 ASCII 字符来说,机内码与交换码则是完全一致的。

顺便指出,当两个相邻字节的机内码值为 3473H 时,因它们的最高位都是"0",计算机将把它们识别为两个 ASCII 字符——"4"和"s",如图 1-3(c)所示。

（a）汉字"大"的国标码　　　　（b）汉字"大"的机内码　　　　（c）西文"4s"的机内码

图 1-3　国标码和汉字/ASCII 机内码的比较

(3)汉字输入码

为方便汉字的键盘录入而设计的编码称为"输入码"或"外码",而机内码则是供计算机识别的"内码",其码值是唯一的。

西文输入时,输入码与机内码是一致的。汉字输入则不同,假设要输入"大"字,在键盘上并无标有"大"字的按键。如果采用"拼音输入法",则需在键盘上依次按下"d"和"a"两键,这里的"da"便是"大"字的输入编码。如果换一种汉字输入法,输入编码也得换。换句话说,汉字输入码不仅不同于它的机内码,而且当改变汉字输入法时,同一个汉字的输入码也将随之变更。

但是,无论采用哪一种汉字输入法(拼音、五笔或区位码),当用户向计算机输入汉字时,存入计算机中的总是它的机内码,与所采用的输入法无关。实际上不管使用何种输入法,在输入码与机内码之间总是存在着一一对应的关系,通过"输入法程序"把输入码转换为机内码。输入码与机内码的关系为:

各种汉字输入码(外码)→ 输入法(键盘管理)程序 →统一的汉字机内码(内码)

(4)汉字字形码

汉字字形码是指文字字形存储在字库中的数字化代码。字形码用于文字显示和打印。汉字是以点阵方式表示汉字字形的,通常汉字点阵有 16×16、24×24、32×32、48×48等。点数越多,输出的字越美观,但汉字库占用的存储空间也越大。汉字字库由所有汉字的字模码构成。一个汉字字模码究竟占多少个字节由汉字的点阵决定。例如,一个 16×16 点阵汉字占 16 行,每行 16 个点在存储时用 2 B(16/8)来存放一行上 16 个点信息,因此,一个 16×16 点阵汉字占 32 B。

常用的字模码有 4 种:简易型 16×16 点阵,字模码占 32 B;普通型 24×24 点阵,字模码占 72 B;提高型 32×32 点阵,字模码占 128 B;精密型 48×48 点阵,字模码占 288 B。

根据汉字库中汉字字形码的存储方式不同,可以把汉字库分为软字库和硬字库。软字库是将汉字库文件存储在软盘或硬盘中;硬字库是利用汉卡,将汉卡安装在机器的扩展槽中。

1.3 计算机的硬件系统

一个完整的计算机系统包括硬件系统和软件系统。计算机运行一个程序,既需要必备的硬件设备支持,也需要软件环境的支持。

计算机硬件系统是指在计算机中能够看得到、摸得着的电子器件。这些电子器件和机器装置按照系统的结构要求组成一个有机的整体。它们是实现计算机系统工作的物质基础,是计算机运行的首要条件。如果没有硬件系统,系统软件就无法发挥作用。

计算机在短短的几十年中发生了翻天覆地的变化,其功能越来越强大,应用也越来越广泛。但是,计算机的系统结构仍然采用冯·诺依曼型体系结构。计算机硬件系统结构主要由 5 个基本部件组成,分别是:运算器、控制器、存储器、输入设备和输出设备,在结构上以运算器为中心。各部件的联系如图 1-4 所示。

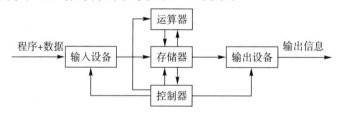

图 1-4 计算机的基本组成

计算机硬件 5 个基本部件的功能如下:

①运算器。运算器又称算术/逻辑单元(Arithmetic/Logic Unit,ALU)。它是计算机对数据进行加工处理的部件,主要执行算术运算和逻辑运算。算术运算为加、减、乘、除等;逻辑运算为具有逻辑判断能力的 AND、OR、NOT 等。

②控制器。控制器是计算机的指挥控制中心。它负责从存储器中取出指令,并对指令进行译码;根据指令的要求,按时间的先后顺序,对指令加以解释,并向其他部件发出相应的控制信号,保证各个部件协调一致地工作。

③存储器。存储器是计算机的记忆存储部件,用于存放程序指令和数据。存储器分为内存储器和外存储器。

④输入设备。输入设备负责把用户命令,包括程序和数据输入到计算机,例如,键盘、鼠标、扫描仪、手写笔等。其中,键盘是最常用和最基本的输入设备,输入计算机中的信息,如文字、符号、各种指令和数据,都可以通过键盘输入到计算机。

⑤输出设备。输出设备主要负责将计算机中的信息,例如,各种运行状态、工作结果、文件、程序、图形等,传送到外部媒介供用户查看或保存,如显示器、打印机等。

计算机的硬件组成如图 1-5 所示,它们通过系统总线连成一体。

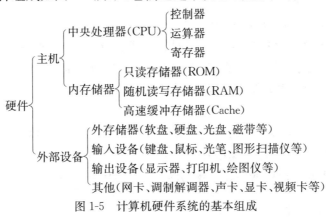

图 1-5 计算机硬件系统的基本组成

1.3.1 CPU

中央处理器(Central Processing Unit, CPU)是计算机的指挥中心,由运算器和控制器组成。目前,世界上最大的 CPU 生产商是 Intel 和 AMD 公司。当今 CPU 产品更新速度飞快,推动了微型机的不断升级换代。我国也于 2002 年研发了"龙芯 1 号"CPU,2005 年正式发布"龙芯 2 号"CPU,"龙芯 2 号"性能相当于 Intel 公司的 1 GHz 奔腾 4。

1. CPU 基本功能

CPU 包括两大部件:运算器和控制器。

(1)运算器

运算器又称算术逻辑单元(Arithmetic Logic Unit,简称 ALU)。它是计算机的运算中心,主要执行算术运算和逻辑运算。算术运算为加、减、乘、除等;逻辑运算为具有逻辑判断能力的 AND、OR、NOT 等。

(2)控制器

控制器是计算机的指挥控制中心。它负责从存储器中取出指令,并对指令进行译码,根据指令的要求,按时间的先后顺序向其他部件发出相应的控制信号,保证各个部件协调一致地工作。

2. CPU 结构

不管何种类型的 CPU,其内部结构归纳起来可以分为控制单元、逻辑单元和寄存器三大部分,这三部分相互协调,便可以进行分析、判断、运算并控制计算机各部分协调工作。CPU 中的存储单元——"寄存器",用于临时保存运算的中间结果。

3. CPU 性能指标

CPU 的主要性能指标有字长、主频和运算速度等。

(1)字长(Word Length)

字长是指计算机的运算部件能够一次性处理的二进制数据的位数。字长决定了计算机的数据处理能力。一般情况下,字长越长,计算机的数据处理能力越强。微型机按字长可分为:8 位机(8080),16 位机(8086,80286),32 位机(80386,80486DX,Pentium)和 64 位机(Alpha 21364)等。

(2)主频(Master Clock Frequency)

主频是指 CPU 的时钟频率,通常以时钟频率来表示计算机系统的运行速度。如 P4/2.8 G,其中 P4 是指 CPU 类型,即通常所说的 P4 处理器,2.8 G 则是 CPU 的主频率,单位是 GHz。CPU 主频越高,其处理速度越快。

(3)运算速度

运算速度指 CPU 每秒能执行的指令条数。虽然主频越高,运算速度越快,但它不是决定运算速度的唯一因素,运算速度在很大程度上还取决于 CPU 的体系结构以及其他技术措施。运算速度单位用 MIPS(每秒执行百万条指令)表示。

1.3.2 内存储器

存储器是计算机用来存放程序和数据的记忆部件。计算机的程序和数据都是以二进制的代码形式存放在存储器中的,计算机要执行的程序和使用的数据必须先存放在存储器中。存储器分为内存储器和外存储器。

内存储器又称"主存储器",简称"内存"。内存作为计算机硬件的必要组成部分,是确保计算机能够正常工作的必要条件。内存的容量与性能也已成为影响计算机整体性能的一个决定性因素。

内存分为只读存储器(ROM)和随机存储器(RAM)。只读存储器的特点是只能从里面读取信息而不能用一般的方法写入信息,即信息传送具有单向性,但断电后所储存的信息不会丢失;随机存储器又称为读写存储器,其特点是既可以写入也可以读取,即信息传送具有双向性,但断电后其中的信息就会丢失。

微型机的系统主板自检程序存放在 ROM 中;而通常所说的内存条其实是 RAM。目前,内存条主要有 SDRAM、DDRAM 两大类,如图 1-6 所示。

图 1-6   SDRAM 和 DDRAM 内存条

内存条是插在主板上的,在实际应用中,有些软件系统(如图像处理、三维动画程序)要求的内存比较大。如果当前内存不足,用户就可以通过内存插槽进行扩充。

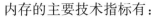

内存的主要技术指标有：

①容量：容量直接影响系统的整体性能，一般有 512 MB、1 GB 等。

②存取时间：内存芯片的存取时间决定了内存的速度，其单位是纳秒(ns)。

③奇偶校验位：内存的奇偶校验位可以用于保证数据的正确读写。目前，有无奇偶校验位一般均可正常工作。

④接口类型：内存的接口类型一般包括 SIMM 和 DIMM。

1. 只读存储器 ROM

只读存储器主要有掩模 ROM、PROM、EPROM、E²PROM 和 Flash Memory 等。

掩模 ROM 是生产厂家按照事先设计的模板在制造时连同内容一起生产的，不能被用户修改，主要适用于大批量生产。

PROM 是厂家生产的空存储器，可供用户写入自己的程序一次，但一旦写入就不能擦除。

EPROM 是一种可多次编程的只读存储器，也是目前应用最为广泛的一类 ROM，其擦除需用紫外线照射，所以要配专用的擦除器。

E²PROM 称为电可擦除的只读存储器，只要提供它所需的擦除电压，就可以供用户更新信息，但成本较高。

Flash Memory，也称为闪存，U 盘及 MP4 等就属于此类存储器。它具有 E²PROM 的特点，不同于一般 ROM 的是，它读取数据的时间同动态随机存储器相近。

2. 读写存储器 RAM

读写存储器主要包括静态 RAM(SRAM)与动态 RAM(DRAM)两种。

SRAM 采用双稳态触发器作为存储的基本单元，稳定性好，存取速度快。

DRAM 采用电容作为存储单元，需要定时刷新，但容易集成。计算机中的内存条采用的就是动态 RAM。

3. 高速缓存 Cache

与 DRAM 相比，CPU 速度远高于 DRAM，为保证它们之间的相互协调，需要在读写过程中插入等待状态，这样就降低了 CPU 的运行速度，也影响整机的性能。如果采用 SRAM，虽然可以解决该问题，但是 SRAM 价格高，在同样容量下，SARM 的价格是 DRAM 的 4 倍，且 SRAM 体积大，集成度低。为解决这个问题，用少量的 SRAM 作为 CPU 与 DRAM 存储系统之间的缓冲区，即在处理器芯片内集成 SRAM 作为 Cache(称为"片内 Cache"，也称为"一级 Cache")。相对而言，片内 Cache 的容量不大，但是非常灵活、方便，极大地提高了微处理器的性能。由于处理器的时钟频率很高，一旦出现一级 Cache 未命中的情况，性能将明显恶化。因此在处理器芯片之外再加 Cache，称为"二级 Cache"。二级 Cache 实际上是 CPU 和主存之间的真正缓冲。由于系统板上主存的响应时间远低于 CPU 的速度，如果没有二级 Cache 就不可能达到处理器的理想速度。二级 Cache 的容量通常应比一级 Cache 大一个数量级以上。采用 Cache 之后，在 Cache 中保存着主存储器内容的部分副本，CPU 在读写数据时，首先访问 Cache。由于 Cache 的速度与CPU相当,因此CPU就能在零等待状态下迅速地完成数据的读写。只有Cache中没有CPU所需的数据时,CPU才去访问主存。CPU在访问Cache时找到所需的数据称为"命中",否则称为"未命中"。因此,访问Cache的命中率就成了提高效率的关键。

1.3.3 外存储器

外存储器即外存,也称辅存,是内存的延伸,主要作用是存放虽然暂时不用但又需要保护的系统文件、应用程序、用户程序、文档和数据等。CPU不直接访问外存,而只能通过内存来访问,即当CPU需要执行外存的某个程序或调用某个数据时,首先由外存调入内存,然后才能供CPU访问,所以,外存只是扩大存储系统容量,而不能替代内存。

外存有磁存储器、光存储器和U盘存储器。和内存相比,外存的容量一般较大,访问时间相比内存要慢很多。

1. 硬盘

硬盘不像软磁盘用聚酯材料制造磁性盘片,而是用涂磁铝合金制造圆盘,现在硬磁盘的尺寸主要为9 cm(3.5英寸),且把磁头、盘片和驱动器密封在一起。常见的硬盘如图1-7所示。

（a）硬盘的外观　　　　　　　　（b）硬盘的内部结构图

图1-7　硬　盘

硬盘存储器是由电机和硬盘组成的,一般置于主机箱内。根据容量,一个机械转轴上串有若干个盘片,每个盘片的上下两面各有一个读/写磁头,与软盘磁头不同,硬盘的磁头不与磁盘表面接触,靠电磁感应读写信息。硬盘是一个非常精密的机械装置,最怕震动,所以搬运时要特别小心。

(1)硬盘的结构

一个硬盘可以有1到10张,甚至更多的盘片,所有的盘片串在一根轴上,两个盘片之间仅留出安置磁头的距离。柱面是指使盘的所有盘片具有相同编号的磁道。硬盘的容量取决于硬盘的磁头数、柱面数及每个磁道扇区数,由于硬盘一般有多个盘片,所以用柱面这个参数来代替磁道。若每一扇区的容量为512 B,则硬盘容量为：

$$512×磁头数×柱面数×每道扇区数。$$

不同型号的硬盘,其容量、磁头数、柱面数及每道扇区数均不同,主机必须知道这些参数才能正确控制硬盘的工作,因此安装新磁盘后,需要对主机进行硬盘类型的设置。此外,当计算机发生某些故障时,有时也需要重新进行硬盘类型的设置。

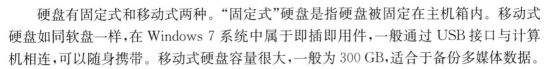

硬盘有固定式和移动式两种。"固定式"硬盘是指硬盘被固定在主机箱内。移动式硬盘如同软盘一样,在 Windows 7 系统中属于即插即用件,一般通过 USB 接口与计算机相连,可以随身携带。移动式硬盘容量很大,一般为 300 GB,适合于备份多媒体数据。

(2)硬盘的性能指标

硬盘的性能指标一般包括存储容量、速度、访问时间及平均无故障时间等。

(3)使用硬盘的准备工作

要想新购买的硬盘能够工作,必须经过三个处理过程:硬盘的低级格式化、硬盘分区和硬盘的高级格式化。

①硬盘的低级格式化。硬盘的低级格式化即硬盘的初始化,其主要目的是对一个新硬盘划分磁道和扇区,并在每个扇区的地址域上记录地址信息。初始化工作一般由硬盘生产厂家在硬盘出厂前完成,当硬盘受到破坏或更改系统时,需进行硬盘的初始化。

②硬盘分区。初始化后的硬盘仍不能直接被系统识别使用,这是因为硬盘存储容量大,为了方便用户使用,系统允许把硬盘划分成若干个相对独立的逻辑存储区,每一个逻辑存储区称为一个硬盘分区。对硬盘进行分区的主要目的是建立系统使用的硬盘区域,并将主引导程序和分区信息表写到硬盘的第一个扇区上。只有分区后的硬盘才能被系统识别使用,这是因为经过分区后的硬盘具有自己的名字,也就是通常所说的硬盘标识符,系统通过标识符访问硬盘。硬盘分区工作一般也是由厂家完成的,但是由于受病毒的侵害等计算机的不安全因素影响,有时要求用户重新对硬盘进行分区。硬盘分区操作也是由系统的专门程序完成的,如 FDISK 命令等。

③硬盘的高级格式化。硬盘建立分区后,使用前必须对每个分区进行高级格式化,格式化后的硬盘才能使用。硬盘格式化的主要作用有两点:一是装入操作系统,使硬盘兼有系统启动盘的作用;二是对指定的硬盘分区进行初始化,建立文件分配表,以便系统按指定的格式存储文件。硬盘格式化是由格式化命令完成的,如 DOS 下的FORMAT 命令。

注意:格式化操作会清除硬盘中原有的全部信息,所以在对硬盘进行格式化操作之前一定要完成备份工作。

2. 光存储器

光存储器常称为"光盘",它利用光学方式读写数据。光盘用 PVC 硬塑料制造,上面布满了小坑,称为 Dent,没坑的地方称为 Pit,再镀上铝箔。激光头根据它们对光照的不同反应来判断数据,Pit 表示 0,Dent 表示 1,如图 1-8 所示。光盘中央是定位孔,离孔最近的是导入区,其次是索引区,再往外是数据区,最外面是导出区。当把一张光盘放入光驱时,光头位于导入区,得到读取数据的信号后,光头顺着螺旋到索引区,检索数据所在的位置,然后到数据区去读取数据。

光学介质非常耐用,不受湿度、指印、灰尘或磁场的影响。光学介质上的数据可以保存 30 年,但是使用光学介质的读写速度一般很慢。光盘根据它的性能和用途主要有下面两种类型。

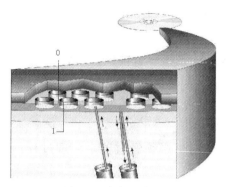

图 1-8　光盘的读取

(1)CD-ROM

CD-ROM (Compact Disk Read Only Memory)是只读光盘,由厂家生产时用程序或数据刻制的母盘压制而成,使用时只能读取信息,不能修改和写入新信息。常用的CD-ROM光盘尺寸为 13 cm(5.25 英寸),容量为 650 MB。在微型机上配置光盘驱动器才可以读取 CD-ROM 光盘的信息。

光驱的速度是指光驱的数据传输速率,单位是 KB/s。最初的光盘驱动器速度为单倍速,其数据传输率为 150 KB/s,其后发展为 2 倍速(300 KB/s)、4 倍速(600 KB/s)、6 倍速(900 KB/s)、8 倍速(1.2 MB/s)、48 倍速(7.2 MB/s)等。

(2)DVD

数字视频光盘(Digital Video Disc,DVD)是新一代的 CD 产品,目前已被广泛使用。其盘片尺寸与 CD 光盘相同,并且 DVD 光盘驱动器兼容 CD 光盘。它的容量有 4.7 GB、7.5 GB 和 17 GB 等。DVD 光盘同 CD 相似,包含 DVD-ROM 只读光盘、DVD-R 一次性写入光盘和 DVD-RW(DVD-RAM)可重复写光盘。

3. U 盘存储器

U 盘存储器(优盘、闪盘)是一种可以直接插在 USB 接口上供计算机读写的新一代外存储器。与传统的软盘相比,U 盘具有容量大、体积小、保存信息可靠和易携带等优点,目前已被广泛使用,并已逐步替代了软盘。常见的 U 盘存储器如图 1-9 所示。

图 1-9　U 盘存储器

1.3.4　存储系统的层次结构

在计算机中存储信息的设备有内存和外存两种。内存通常为半导体材料,具有较快的存取速度,但存储容量有限。外存存储容量大,但存取速度慢。为了充分发挥各种存储设备的长处,可以将它们有机地组织起来,形成具有层次结构的存储系统。所谓"存储系统的层次结构",是把各种不同存储容量、不同存取速度的存储设备,按照一定的体系结构组织起来,使所存放的程序和数据按层次分布在各存储设备中。存储系统的层次结构如图 1-10 所示。

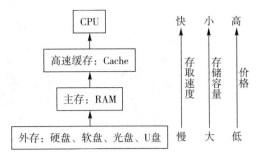

图 1-10　存储系统的层次结构

1.3.5　输入设备

输入设备是将信息送入计算机的装置。常用的输入设备有键盘、鼠标、扫描仪、调制解调器、模数(A/D)转换器等。

1. 键盘

键盘的按键多为 104 个,其中包含用于在 Windows 中快速调出系统菜单的按键。

2. 鼠标

鼠标分机械鼠标、光学鼠标、光电鼠标和光学机械鼠标四种。一般包含两个按键和一个滚轮。使用时通过鼠标的移动把光标移至所需位置,然后通过按键输入选择项。

3. 扫描仪

扫描仪可以将纸、照片和胶片上的文字和图形输入到电脑中供进一步处理使用。它的主要性能指标有数据传输速率、扫描分辨率和扫描尺寸。数据传输速率与采用的接口有关,目前多数采用 USB 接口。扫描仪分辨率又包含光学分辨率和最大分辨率,主要考虑光学分辨率。目前,常见的扫描仪有 300 DPI(Dot Per Inch)、600 DPI 和 1200 DPI 等,分辨率越高,扫描仪扫描得到的图形效果越好,但扫描仪价格也越高。

4. 视频摄像头

视频摄像头用于拍摄数字视频,一般采用 USB 接口。使用它,在打网络电话时不仅可以使对方听到声音,还可以使对方看到动态图像。

5. 数码相机和数码摄像机

数码相机和数码摄像机都可以作为电脑的输入设备。数码相机拍摄的数码照片保存在存储卡上。用户可以将其输出到电脑中进行加工处理和输出。数码摄像机拍摄的数码视频保存在数码录像带或存储卡上,如果配上视频采集卡,就可以让用户将数码视频输入到电脑中进行加工处理和输出。

1.3.6　输出设备

输出设备是计算机将运算结果传送给用户的设备。常用的输出设备有显示器、打印机、绘图仪、调制解调器、数模(D/A)转换器等。

1. 显示器

显示器是计算机必备的基本输出设备。常用的有阴极射线显示器(Cathode Ray Tube,CRT)、液晶显示器(Liquid Crystal Display,LCD)和投影仪,如图 1-11 所示。显示器分为彩显和单显两种。

图 1-11　阴极射线显示器、液晶显示器和投影仪

不同的显示器需要不同的显示卡(显示适配器)。显示卡上的存储器称为"显存" (VRAM),用于存储刷新屏幕所需的信息(图像),显卡的大小及速度直接关系到系统的显示性能。

CRT 显示器的主要技术指标如下:

(1)尺寸

尺寸是衡量显示器显示屏幕大小的技术指标,单位一般为英寸,目前市场上常见的显示器的尺寸有 14 英寸、15 英寸、17 英寸、21 英寸等。尺寸大小是指显像管对角尺寸,不是可视对角尺寸,15 英寸显示器的可视对角尺寸实际为 13.8 英寸。

(2)点距

点距是指显示器内荫罩(位于显像管内)上孔洞间的距离,即屏幕上的两个相同颜色的磷光点间的距离,点距越小意味着单位显示区内可以显示的像点越多,显示的图像越清晰。目前,多数彩色显示器的点距为 0.28 mm 或 0.26 mm,某些显像管可到 0.25 mm或 0.24 mm。

(3)分辨率

分辨率是指屏幕上可以容纳的像素的个数,分辨率越高,屏幕上能显示的像素个数越多,图像也越细腻。但分辨率受到点距和屏幕尺寸的限制,屏幕尺寸相同,点距越小,分辨率越高,行扫描频率越高,分辨率相应也越高。一般显示器的分辨率有 640×480、800×600、1024×768 像素等。

(4)刷新频率

刷新频率指每秒刷新屏幕的次数,单位为 Hz。一般情况下,显示使用刷新速率为 60~90 Hz,显示器刷新频率范围越大越好。

(5)水平刷新频率

电子束每秒扫描的次数指的是水平扫描频率,也称为"行频",用 kHz 表示,如35 cm (14 英寸)彩色显示器的行频通常为 30~50 kHz,行扫描频率的范围越大可支持的分辨率就越高。目前,市场上 35 cm(14 英寸)彩色显示器可支持的分辨率为 1024×768 像素,38 cm(15 英寸)彩色显示器可支持到 1280×1024 像素,其行频范围为 30~70 kHz。刷新频率越低,图像闪烁和抖动越厉害,眼睛疲劳得就越快。一般采用 70 kHz 以上的刷新频率可基本消除闪烁现象,而 85 kHz 的刷新频率基本可以达到无闪烁显示。选购时需注意行频的范围。

(6)辐射指标

辐射指标对显示器来说很重要,它直接影响使用者的视力及身体健康。目前,国际上关于显示器电磁辐射量的标准有:瑞典的 MPRII 标准和更高要求的 TCO 标准。

(7)绿色功能

显示器带有 EPA,即"能源之星"标志的才具有绿色功能。这种显示器在计算机处于空闲状态时,能自动关闭显示器内部部分电路,降低显示器电能消耗,节约能源,延长显示器使用寿命。

常用的显示标准有:彩色图形适配器 CGA,显示标准适用于低分辨率彩显和字符显示;增强型图形适配器 EGA,显示标准适用于中分辨率的彩显;视频图形阵列 VGA,显示标准适用于高分辨率的彩显。

2. 打印机

打印机是重要的输出设备,它分为针式打印机、喷墨打印机和激光打印机三大类,每类又有单色(黑色)和彩色两种。如果需要将电脑处理的文字、图像和数据输出到纸上,则必须使用打印机。激光打印机的输出效果最好;针式打印机较差,尤其是对于图像的输出;而喷墨打印机的输出效果可以满足一般需要。打印机的接口一般有并行打印机适配器接口和 USB 接口两种。

国内市场一般常见的打印机有 Canon(佳能)、Epson(爱普生)、HP(惠普)和联想等品牌,它们各有所长。各种打印机如图 1-12 所示。

图 1-12 针式打印机、喷墨打印机与激光打印机

目前,较常见的是激光打印机,如图 1-12 右图所示。激光打印机是 20 世纪 60 年代末 Xerox 公司发明的,采用的是电子照相技术。该技术利用激光束扫描光鼓,通过控制激光束的开与关使带有静电的硒鼓表面静电消失与保留,保留静电的部分吸附墨粉,然后用高压静电把吸附的墨粉转印到纸上,再对纸张加热将墨粉固定在纸张上形成打印结果。

3. 音效系统

音效系统是微型机声音输入和输出的硬件,主要包括声卡、扬声器和麦克风。由于现在电脑都具有多媒体功能,所以声卡已成为电脑的基本配置。不同的声卡,其功能有很大差别。电脑配置声卡后,连接扬声器即可播放声音文件,连接麦克风则可以进行录音。

4. 调制解调器和网络适配器

计算机联网的主要部件有调制解调器(Modem)和网络适配器(网卡)。使用调制解调器可以通过电话线路接入因特网,它有外置式、内置式和 PC 卡 3 种。外置式的调制解调器接口采用串行适配器接口(COM1 或 COM2)或 USB 接口。在宽带网中主要使用网卡,现在使用最多的是 100~1000 MB 自适应的网卡。网卡一般采用 PCI 总线标准。

1.3.7 总线

I/O 总线是外围设备访问 CPU 和内存的数据通道,主要有地址总线(AB)、数据总线(DB)和控制总线(CB)三种,它们分别负责传送地址信号、数据信号和控制信号。其中地址总线的宽度决定了系统最大内存的容量,如某计算机有 20 位地址线,则它的最大内存容量为 1 G。通常说的总线宽度是指数据总线宽度,数据总线宽度是指一次性传送的二进制数据的位数,它的大小和传输的速度也是衡量微型机性能的重要指标。

目前有代表性的内部总线有 ISA 和 PCI。ISA(工业标准体系结构)最大总线宽度是 16 位,最高时钟频率为 8 MHz。PCI 最大总线宽度是 32 位或 64 位。

外部总线有 RS-232 接口和通用串行总线(Universal Serial Bus,USB)接口。USB接口可以接入不同的外设,如键盘、鼠标、数字相机、扫描仪等,能与多个外设相互串接,树状结构最多接 127 个外设。

1.4 微型计算机

当今社会,微型计算机作为日常生活的必备工具已经深入到人类社会的各个领域,有必要详细地了解一下它的各个部件。

1.4.1 微型计算机概述

微型计算机包含运算器、控制器、存储器、输入设备和输出设备五个部分,只不过随着集成电路芯片集成度的提高,运算器和控制器已可以集成在一片芯片内,称为"中央处理器",简称"CPU"。微机中的其他部件也都是大规模集成电路芯片,故它的内部连接方式也相应发生了变化。

这种连接方式的机器以三条线路为中心:数据线、地址线、控制线,称为"总线连接方式"。现在 CPU、内存、接口卡等都是超大规模集成电路的芯片,任何厂家生产的芯片只要符合这种连接方式的总线要求均可用在计算机中,即芯片插座已成为一种标准,凡是满足标准的零部件均是通用件,亦即不管是哪个国家生产的部件,只要遵循一个标准,就可在任何一台电脑上使用。

1.4.2 主板

系统主板(简称母板),是微型机中最大的一个集成电路板,由微处理器模块、内存模块、基本(I/O)接口、中断控制器、DMA 控制器及系统总线组成,如图 1-13 所示。系统主板上有 CPU 插槽、PCI 及 AGP 扩展槽,方便不同外围设备的插入,与 I/O 总线相连。微型机最基本的外设显示器一般都是使用接口卡(PCI 或 AGP 的显卡)插入系统主板的扩展槽,并由显示卡的接口电路与显示器的信号电缆相接。

系统主板还集成以下直接连接外围设备的接口电路,如图 1-14 所示。

图 1-13 主 板

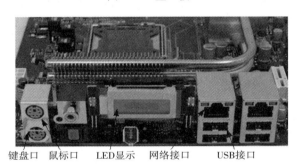

图 1-14 接 口

①FDC 接口：连接标准的 3.5 英寸软盘驱动器的接口。

②IDE 接口：连接硬盘驱动器的接口。

③I/O 接口：PS/2 键盘、鼠标接口，串行通信适配器接口 COM1 和 COM2，并行打印机适配器接口 LPT1 和 LPT2。

④USB 接口。

⑤IEEE1394 接口。

系统主板的性能主要由配合 CPU 的芯片组决定，主要生产公司有 Intel、ADM、VIA 和 SIS 等，选择主板要考虑它支持的最大内存容量、扩展槽的数量、支持最大系统外频以及可扩展性等因素。有些主板上还集成有显示卡、声卡和网卡。

控制芯片组（chipset）与主板的关系就像 CPU 与整机一样，它提供主板上的核心逻辑。芯片组是主板的核心，由北桥芯片与南桥芯片组成。其中，北桥芯片掌管 L2 Cache，支持内存的类型及最大容量，是否支持 AGP 高速图形接口及 ECC 数据纠错等。对 USB、Ultra DMA/33 EIDE 传输和 ACPI（高级能源管理）的支持以及是否包括 KBC（键盘控制模块）和 RTC（实时时钟模块），则由南桥芯片决定。芯片组的类型直接影响主板甚至整机的性能。

1.4.3 计算机的基本工作原理

现代计算机是一个自动化的电子装置,它之所以能实现自动化信息处理,是由于采用"存储程序"工作原理。这一原理是1946年冯·诺依曼和他的同事们在一篇题为《关于电子计算机逻辑设计的初步讨论》的论文中提出并论证的。该原理确立了现代计算机的基本组成和工作方式。

1. 概述

计算机通过执行一系列的步骤来完成一个复杂的任务,这些一系列的步骤即是通常所说的程序,而其中的每一个步骤即是计算机指令。

(1)计算机指令

计算机的整个工作过程就是执行程序的过程。程序就是一系列按一定要求排列的指令。控制器根据指令指挥计算机工作,程序设计人员则用指令表达自己的意图,并由控制器按程序指挥机器执行。一台计算机所能执行的全部指令称为计算机的指令系统。

一条计算机的指令通常分为两个部分:一部分指出执行的操作,如加、减运算等,称为"操作码";另一部分指出需要操作的数据或数据的地址,称为"操作数"。例如:

操作码→ADD AX,9←第二个操作数

第一个操作数存放地址

在这条指令中:ADD是操作码,AX是第一个操作数存放的地址,9是第二个操作数;执行这条指令就是将AX中的数和9相加,结果再存入AX中。

(2)工作原理

计算机通过执行程序来完成任务,而程序由若干条指令组成。因此,了解计算机执行一条指令的过程也就明白了计算机的工作原理。

计算机执行一条指令的全过程包括以下两个步骤:

①取指令和分析指令。按照程序所规定的次序,从内存储器取出当前要执行的指令,并将指令送到控制器的指令寄存器中。然后对该指令译码分析,即根据指令中的操作码确定计算机即将进行的操作。

②执行指令。控制器按照指令分析的结果,发出一系列的控制信号,指挥有关部件完成该指令的操作,同时为取下一条指令做好准备。

由此可见,计算机的工作过程就是取指令、分析指令和执行指令的过程。一台计算机的指令是有限的,但用它们可以编制出各种不同的程序,因此,计算机可完成的任务是无限的。计算机的工作就是执行程序。

2. 存储程序原理

程序是一条条机器指令按一定顺序组合而成的。要想实现自动运行,需要事先把指令存储起来,计算机在运行时逐一取出指令,然后根据指令进行操作。这就是程序存储原理。

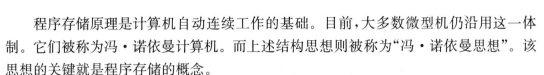

程序存储原理是计算机自动连续工作的基础。目前,大多数微型机仍沿用这一体制。它们被称为冯·诺依曼计算机。而上述结构思想则被称为"冯·诺依曼思想"。该思想的关键就是程序存储的概念。

1.4.4　计算机系统的主要技术指标

衡量计算机系统的主要技术指标有字长、运算速度、存储容量、系统总线的传输速率、外部设备配置和软件配置。

1. 字长

字长是指计算机的运算部件能够同时处理的二进制数据的位数。字长决定了计算机的精度、寻址速度和处理能力。一般情况下,字长越长,计算精度越高,处理能力越强。微型机按字长可分为:8 位(8080)、16 位(8086、80286)、32 位(80386、80486、Pentium)和 64 位(Alpha 21364)。

2. 运算速度

运算速度指 CPU 每秒能执行的指令条数,单位用每秒执行百万条指令数(Million Instructions Per Second,MIPS)表示。

在微型机中也使用主频表示运算速度。主频是指 CPU 的时钟频率,通常用其来表示系统的运算速度。单位有 MHz、GHz 等,主频越高,计算机的处理速度越快,现阶段计算机主频通常为1～2.6 GHz。虽然主频越高运算速度越快,但它不是决定运算速度的唯一因素。运算速度在很大程度上还取决于 CPU 的体系结构及其他技术指标。

3. 存储容量

存储容量是指微型机内配置的随机存储器的总字节数,在系统中直接与 CPU 相连,向 CPU 提供程序和原始数据,并存放 CPU 产生的处理结果数据。内存容量的大小也影响系统的综合速度和处理信息的能力。在实际应用中,很多软件要求有足够大的内存空间才能运行,如 Windows 7 系统内存一般应在 1 GB 以上, Office 2010 办公软件要求系统内存不少于 256 MB,而 Auto CAD、三维动画等大型软件最好应配置 2 GB 以上内存。现在微型机上配置的内存多为 2 GB、4 GB 或更大。

4. 系统总线的传输速率

系统总线的传输速率直接影响计算机输入输出的性能,它与总线中的数据宽度及总线周期有关。ISA 总线速率为 5 MB/s, PCI 总线速率达 133 MB/s 或 267 MB/s（64 位数据线）。

5. 外部设备配置

随着微型机的应用范围越来越广泛,配置合理的外设成为衡量一台机器综合性能的重要指标。微型机最基本的外设配置包括键盘、显示器、软盘驱动器、硬盘驱动器、鼠标等。如果将计算机升级为多媒体计算机,还要配置光盘驱动器、声卡、打印机、扫描仪等。

6. 软件配置

计算机的软件配置包括操作系统、程序设计语言、数据库管理系统、网络通信软件、汉字软件及其他各种应用软件等。对用户来说,如何选择合适的软件来充分发挥微型机的硬件功能是很重要的。

除了以上性能指标外,经常还要考虑机器的兼容性(Compatibility)、系统的可靠性(Reliability,平均无故障工作时间)和系统可维护性(Maintainability,故障的平均排除时间)。

1.5 计算机的软件系统

1.5.1 计算机软件概述

1. 程序

计算机的机器指令是指计算机执行某种操作的命令,如加法、减法、传送数据、发控制电压脉冲等。这种指令的功能用计算机的逻辑电路可以直接实现,因此能由计算机硬件直接识别执行。一台计算机可以有几十到几百条指令,它们的作用各不相同。所有指令的集合构成计算机的指令系统。指令系统是计算机基本功能具体而集中的体现。

无论多么复杂和高级的工作,计算机都是将计算机指令适当地排列成一个序列,逐条地执行,最后完成整个工作。这种把指令排列成一定的执行顺序并能完成一定目标的工作的指令序列,称为"程序"。

软件设计师在指令系统的基础上建立程序系统,扩充和发挥机器的功能。

2. 软件

软件是指为管理、运行、维护及应用计算机所开发的程序、数据和相关文档的集合。一个完整的计算机系统是由硬件系统和软件系统两部分组成的。

3. 软件的分类

软件一般可分为系统软件和应用软件两大类。如图 1-15 所示。为了方便地使用机器及其输入输出设备,充分发挥计算机系统的效率,围绕计算机系统本身开发的程序系统称作系统软件,例如,操作系统(常用的有 DOS、Windows、Unix、Linux 等)、语言编译程序、数据库管理软件。应用软件是专门为了某种使用目的而编写的程序系统,常用的有文字处理软件、专用的财务软件、人事管理软件、计算机辅助软件、绘图软件等。

图 1-15 软件系统层次示意图

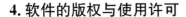

4. 软件的版权与使用许可

(1)软件的版权

和其他类型作品的版权保护制度一样,软件版权制度的基本作用也是维持软件版权人与社会公众利益的平衡。软件版权既要充分保护软件版权人的权利,也要保护公众运用软件进行生产和科研的权利。

用户从软件出版单位和计算机商家购买软件,取得的只是使用该软件的许可,而软件的版权人和出版单位则分别保留了软件的版权和专有出版权。软件许可合同的作用,就是知道如何使用软件和对软件的使用进行限制。

在版权意义上,软件可分为公用软件、商业软件、共享软件和免费软件,其中商业软件、共享软件和免费软件都享有版权保护。

①公用软件:公用软件的版权已被放弃,不受版权保护,可以复制、修改、开发衍生软件并销售。

②商业软件:商业软件受版权保护。对商业软件进行逆向开发或衍生软件开发都要经版权人许可。但为了预防原版软件意外损坏,可以存档复制。为了将软件应用于实际的计算机环境,也可以进行必要的修改。

③共享软件:共享软件实际上是一种商业软件,但它是在试用基础上提供的一种商业软件,所以也称为"试用软件"。共享软件的作者通常通过公告牌、在线服务、出售磁盘和个人之间的复制来发行其软件。发行共享软件的目的是为了让潜在的用户通过试用来决定是否购买。如果试用者希望在试用期过后继续使用该软件,就要支付少量费用并加以登记,以便获得软件的更新版本、故障的排除方法和其他支持。

④免费软件:免费软件是免费提供给公众使用的软件,常通过和共享软件相同的发行方式发行。

(2)软件使用许可

软件是一种特殊的作品,作者根据著作权法的规定对作品享有独占权,如果他人需要使用,就必须获得权利人的许可。软件许可协议就是软件许可合同,随着软件产业发展而发展,而软件产业的发展又随着计算机技术的发展而发展。软件也是产品,软件程序能够被批量生产和销售。但软件产品与普通商品有一个明显的不同,即程序作为软件产品的核心,是复杂脑力劳动的结果。因此,在商业化运作中,软件产品的一个典型特点是它可以被许可,而不可以作为简单的商品被买卖,其权利更不可以被买卖。购买正版软件实际上购买的是软件合法许可使用权,而不仅仅是正版软件的物质载体。对于软件,版权人通常以许可的方式行使其版权。以这种方式使用软件的被许可人只能在许可的范围内使用软件。未经许可,被许可人不得擅自处置其持有的软件复制品。

按照软件许可协议的订立方式划分,软件许可协议有两种类型:开封生效的许可协议和点击生效的许可协议。

①开封生效的许可协议。当人们到软件商店亲自购买软件时会发现软件是有包装的。通常情况是,只有打开玻璃纸或塑料纸的包装后,才能看到打印的软件使用许可协议和软件本身。一般只有付款买下软件后,才允许打开软件的包装。

②点击生效的许可协议。点击生效的许可协议是开封生效的许可协议的衍生品。它是开封生效的许可协议的电子形式。点击生效的许可协议与开封生效的许可协议非常类似,只不过它是在安装软件之前或者是在互联网上请求一种服务时在电脑屏幕上突然出现的。点击生效的许可协议有一个重要的特点就是:如果消费者不点击"我同意",程序就无法进行,用户将无法使用该软件。与开封生效的许可协议极为类似,但点击生效的许可协议的有效性存在很大争议。

1.5.2 操作系统的形成与发展

操作系统(Operating System,OS)是计算机中最重要的系统软件。操作系统是用于控制和管理计算机硬件和软件资源、合理地组织计算机工作流程以及方便用户使用计算机的程序的集合。

一个操作系统可以在概念上分割成两部分:内核(Kernel)以及壳(Shell)。一个壳程序包裹了与硬件直接交流的内核:硬件→内核→壳→应用程序。

在有些操作系统上内核与壳完全分开(如 Unix、Linux 等),这样用户就可以在一个内核上使用不同的壳;而另一些操作系统的内核与壳关系紧密(如 Microsoft Windows),内核及壳只是操作层次上不同而已。安装了操作系统的计算机称为"虚拟机"(Virtual Machine)。虚拟机是对裸机的扩展。

1. 操作系统的功能

操作系统的功能一般包括以下 5 个部分。

(1)CPU 管理(处理器管理)

CPU 是整个计算机系统的核心硬件资源。它的性能和使用情况对整个计算机系统的性能有关键的影响。CPU 是较为昂贵的资源,它的速度一般比其他硬件设备的工作速度要快得多,其他设备的正常运行往往也离不开 CPU。因此,有效地管理 CPU,充分地利用 CPU 资源也是操作系统最重要的管理任务。

在多道程序的环境中,CPU 分配的主要对象是进程,操作系统通过选择一个合适的进程占有 CPU 来实现对 CPU 的管理。因此,对 CPU 的管理归根结底是对进程的管理。操作系统有关进程方面的管理任务很多,主要有进程调度、进程控制、进程同步与互斥、进程通信、死锁检测与处理等。

(2)存储器管理

可以说存储器是另一种最重要的系统资源。一个作业要在 CPU 上运行,它的代码和数据就要全部或部分地驻留在内存中。操作系统也要占相当大的内存空间。在多道程序系统中,并发运行的程序都要占有自己的内存空间,因此内存总是一种紧张的系统资源。存储管理的任务是对要运行的作业分配内存空间,当一个作业运行结束时要收回其所占用的内存空间。为了使并发运行的作业相互之间不受干扰,不能有意或无意地存取自己空间之外的存储区,从而干扰、破坏其他作业的运行,操作系统要对每一个作业的内存空间和系统内存空间实施保护。

在现代计算机系统中,并发运行的作业越来越多,单个作业也越来越大。尽管近年

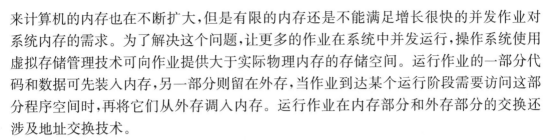

来计算机的内存也在不断扩大,但是有限的内存还是不能满足增长很快的并发作业对系统内存的需求。为了解决这个问题,让更多的作业在系统中并发运行,操作系统使用虚拟存储管理技术可向作业提供大于实际物理内存的存储空间。运行作业的一部分代码和数据可先装入内存,另一部分则留在外存,当作业到达某个运行阶段需要访问这部分程序空间时,再将它们从外存调入内存。运行作业在内存部分和外存部分的交换还涉及地址交换技术。

(3)文件管理

文件是计算机中信息的主要存放方式,也是用户存放在计算机中最重要的资源。文件管理的主要目的是将文件长期、有组织、有条理地存放在系统之中,并为用户和程序提供方便的建立、打开、关闭、撤消等存取接口,便于用户共享文件。文件管理的主要功能有文件存储空间的分配和回收,目录管理,文件的存取操作控制,文件的安全与维护,文件逻辑地址与物理地址的映像,文件系统的安装、卸载和检查等。

(4)设备管理

计算机系统的外围设备种类繁多、控制复杂、价格昂贵。与 CPU 相比,外部设备的运转速度较慢。如何提高 CPU 和设备的并行性,充分利用各种设备资源,便于用户和程序对设备的操作和控制,长期以来一直是操作系统要解决的主要问题。

计算机设备大致可以分为字符块的设备和字符设备两大类型。主机与字符块设备之间每次传输一个“块”大小的数据,块大小一般为 512 B、1024 B、2048 B 或 4096 B 等。块设备主要有硬盘、软盘、磁带和光盘等。主机与字符设备之间每次传输一个字节,常见的字符设备是终端、屏幕、打印机、绘图仪、串/并行口和通信口等。

为了提高 CPU 与外部设备运行的并行速度,CPU 与设备进行数据传输时一般经过通道和控制器并利用中断进行。

设备管理的主要任务有设备的分配和回收、设备的控制和信息传输技术以及设备驱动。由于系统要支持众多各种各样的设备,并且各类设备的控制和信息传输操作差别极大,因此设备管理方面的系统代码在操作系统核心中占有相当大的部分。一般与各种设备密切相关的代码是由设备制造商或专门的软件生产商编制的,以可装卸的形式植入操作系统的内核。

(5)用户接口

操作系统的重要目的就是为了方便用户使用计算机。操作系统内核通过系统调用向应用程序提供友好的接口,方便用户程序对文件和目录的操作,申请和释放内存,对各类设备进行 I/O 操作以及对进程进行控制。此外,操作系统还提供了命令级的接口,向用户提供了几百条程序命令,使用户方便地与系统交互。这些程序有的通过系统调用或系统调用的组合完成更为复杂的功能,有的不必与系统的核心交互,它们都极大地丰富了操作系统的软件宝库,方便交互用户操作文件和设备以及控制作业运行。

近年来,图形用户界面发展得很快,如 Windows 98、Windows XP、Windows 7 等。它们以图形和菜单作为主要显示界面,以鼠标作为主要的输入方式,受到了广大计算机用户的欢迎,并对计算机的普及起到了重要的作用。

2. 操作系统的分类

操作系统种类很多,各自具有不同的特征。对操作系统的分类,可以基于不同的角度。

从计算机体系结构的角度划分,操作系统分为单机操作系统(单机单任务操作系统、单机多任务操作系统)、多机多用户操作系统、网络操作系统、分布式操作系统。从操作系统工作的角度划分,操作系统分为单用户系统、批处理系统、分时系统、实时系统。

针对信息管理和信息处理技术的发展,以下从操作系统工作的角度,简要介绍几种主要操作系统的类型。

(1)单用户操作系统

单用户操作系统面对单一用户,所有资源均提供给单一用户使用,用户对系统有绝对的控制权。单用户操作系统是从早期的系统监控程序发展起来的,进而成为系统管理程序,再进一步发展为独立的操作系统。它是针对一台机器、一个用户的操作系统。

(2)批处理操作系统

批处理操作系统一般分为单道批处理系统和多道批处理系统。它们都是成批处理或者顺序共享式的系统,它允许多个用户以高速、非人工干预的方式进行成组作业和程序执行。批处理系统将作业成组(成批)提交给系统,由计算机顺序自动完成后再给出结果,从而减少了用户作业建立和打断的时间。

(3)分时操作系统

分时操作系统也是一类多道程序系统,它基于主从式多终端的计算机体系结构。一台功能很强的主计算机可以连接多个终端(几十台、上百台终端),提供多个用户同时上机操作。每个用户通过自己操作的终端,把用户作业送入主计算机,计算机也通过终端向各用户反馈其作业运行的情况。主计算机采用时间分片的方式轮流地为各个终端上的用户服务,及时地对用户的服务请求予以响应。虽然物理上只有一台计算机,但是每个用户都可以得到及时的服务响应,每个用户都可以感觉到是一台计算机在专门为自己服务,这就是分时系统。

分时操作系统是将主计算机 CPU 的运行时间分割成一个个长短相等(或者基本相等)的微小时间片,把这些时间片依次轮流地分配给各个终端用户的程序执行,每个用户程序仅仅在它获得的 CPU 时间片内执行。当时间片完结而用户又处于等待状态时,CPU 又在为另一个用户服务。用户程序就是这样断断续续,直到最终完成执行。虽然在微观上(微小时间片的数量级),用户程序的执行是断断续续的,作业运行是不连续的,但是在宏观上,用户的任何请求总能够及时得到响应。

(4)实时操作系统

实时操作系统是另一类特殊的多道程序系统,它主要应用于需要对外部事件进行及时响应并处理的领域。

实时含有立即、及时的意思。所以,对时间的响应是实时系统最关键的因素。实时系统是指系统对输入及时响应,对输出按需提供,无延迟的处理。换句话说,计算机能及时响应外部事件的请求,在规定的时间内完成事件的处理,并能控制所有实时设备和实

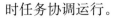

时任务协调运行。

实时控制系统通常是以计算机为中心的过程控制系统,也称为"计算机控制系统"。它既用于生产过程中的自动控制,包括自动数据采集、生产过程监测、执行机构的自动控制等;也可以用于监测制导性控制,如武器装备的制导、交通控制、自动驾驶与跟踪、导弹火箭与航空航天器的发射等。

实时信息系统通常指实时信息处理系统,它既可以是主机型多终端的联机系统,也可以是远程在线式的信息服务系统,还可以是网络互联式的信息系统。作为信息处理的计算机接收终端用户或者远程终端用户发来的服务请求,系统分门别类地进行数据与信息的检索、查找和处理,并及时反馈给用户。实时信息系统应用领域有航空订票系统、情报检索系统、信息查询系统等。

(5)网络操作系统

随着社会的信息化,计算机技术、通信技术和信息处理技术蓬勃发展,产生了计算机信息网络的概念,而计算机信息网络的物理基础则是计算机网络。

网络系统软件中的重要一环是网络操作系统(有人也将它称为"网络管理系统"),它与传统的单机操作系统不同,是建立在单机操作系统之上的一个开放式的软件系统,它面对的是各种不同的计算机系统的互联操作,面对不同的单机操作系统之间的资源共享、用户操作协调和与单机操作系统的交互,从而解决多个网络用户(甚至是全球远程的网络用户)之间共享资源的分配与管理。

(6)分布式操作系统

大量的计算机通过网络被联结在一起,可以获得极高的运算能力及广泛的数据共享。这种系统被称为"分布式系统"。

分布式系统的优点是它的分布式。分布式系统可以以较低的成本获得较高的运算性能。分布式系统的另一个优点是它的可靠性。由于有多个独立的 CPU 系统,因此当一个 CPU 系统发生故障时,整个系统仍能够工作。对于高可靠的环境,如核电站等,分布式系统有其用武之地。

1.5.3 程序设计语言

算法是用语言描述的。人能够理解的算法一般是用自然语言描述的。而计算机所需要的是计算机能够理解的算法,因此就要用计算机能够理解的语言,即使用程序设计语言进行设计。

程序设计语言是用于编写计算机程序的语言。语言的基础是一组记号和规则。根据规则由记号构成的记号串的总体就是语言。在程序设计语言中,这些记号串就是程序。程序设计语言包含三个方面,即语法、语义和语用。语法表示程序的结构或形式,亦即表示构成程序的各个记号之间的组合规则,但不涉及这些记号的特定含义,也不涉及使用者;语义表示程序的含义,亦即表示按照各种方法所表示的各个记号的特定含义,也不涉及使用者;语用表示程序与使用的关系。

程序设计语言的基本成分有数据成分、运算成分、控制成分和传输成分。其中,数据成分用于描述程序所涉及的数据;运算成分用于描述程序中所包含的运算;控制成分用于描述程序中所包含的控制;传输成分用于表达程序中数据的传输。

1. 程序设计语言分类

程序设计语言可分为机器语言、汇编语言和高级语言。

(1)机器语言

计算机能直接执行的指令称为"机器指令",所有机器指令的集合称为"该计算机的指令系统",由机器指令所构成的编程语言称为"机器语言",用机器语言编写的程序称为"机器语言程序"。

机器语言用二进制编码表示每条指令,它是计算机能识别和执行的语言。用机器语言编写的程序称为"机器语言程序"或"指令程序"(机器码程序)。因为机器只能直接识别和执行这种机器码程序,所以它又被称为"目标程序"。显然,用机器语言编写程序不易记忆、不易查错且不易修改。

(2)汇编语言

随着软件技术的发展,人们发现用机器语言编写程序非常不方便,因此提出将每一条机器语言指令用一串符号来代替,然后用符号进行程序设计,这样的语言称为"符号语言"或"汇编语言",其符号常常用英语的动词或动词的缩写表示。用汇编语言编写的程序称为"汇编语言源程序"。

汇编语言源程序与机器语言源程序相比,阅读和理解都比较方便,但计算机却无法直接识别和执行。由于汇编语言的符号命令和机器指令一一对应,于是人们设计了汇编程序,汇编程序的任务是自动地将用汇编语言编写的源程序翻译成计算机能够直接理解并执行的机器语言程序,即目标程序。再通过连接程序将目标程序中所需要的一些系统程序片段(如标准库函数等)连接到目标程序中,形成可执行文件才能执行,获得所希望的结果。

(3)高级语言

汇编语言程序虽然比机器语言程序在各方面有所改进,但由于汇编语言指令对应一条机器语言指令,程序设计仍然相当复杂。在科学计算、工程设计及数据处理等方面,常常涉及复杂的运算,这使得算法相对比较复杂,对于这样的运算处理,用汇编语言编制程序就显得相当困难了,于是,人们设计了各种高级语言。

高级语言的表示形式近似于人们的自然语言,对各种公式的表示近似于数学公式,而且一条高级语言语句的功能往往相当于很多条汇编语言的指令,程序编制相对比较简单。因此,在工程计算、定理证明和数据处理等方面,人们常用高级语言来编制程序。

用高级语言编写的程序称为"高级语言源程序"。同汇编语言源程序一样,计算机也不能理解和执行高级语言源程序,于是,人们设计了各种编译程序和解释程序,用于将高级语言源程序翻译成计算机能直接理解并执行的二进制代码的目标程序。

高级语言源程序的翻译有两种方式:一种是编译方式;另一种是解释方式。

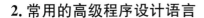

2. 常用的高级程序设计语言

常用的高级程序设计语言主要有 3 类:面向过程的程序设计语言、面向问题的程序设计语言和面向对象的程序设计语言。

(1)面向过程的程序设计语言

传统的程序设计高级语言几乎都是面向过程的程序设计语言,在程序设计中需要将任务的每个步骤逐一编写出来,对问题的描述接近于对问题的求解过程,易于掌握和书写。常用到的这类高级语言有 BASIC、FORTRAN、PASCAL、C 等。

(2)面向问题的程序设计语言

通常把面向问题的数据库系统语言称为"甚高级语言"。面向过程的高级语言要仔细告诉计算机每步"怎么做",而面向问题的甚高级语言就只需告诉计算机"做什么",不需要告诉它"怎么做",它就会自动完成所需的操作。

(3)面向对象的程序设计语言

传统的高级语言,用户不仅要告诉计算机"做什么",而且要告诉计算机"怎么做",也就是把每一步的操作事先都设想好,用高级语言编成程序,让计算机按指定好的步骤去执行。近年来出现了面向对象的程序设计语言。所谓"对象"是数据及相关方法的软件实体,可以在程序中用软件中的对象来代表现实世界中的对象。

目前,流行的这类程序设计语言有 JAVA、C++、VB、VC、PowerBuilder、Delphi 等。

程序设计语言是软件的重要方面,其发展趋势是模块化、简明化、形式化、并行化和可视化。

1.5.4　应用软件

计算机应用软件是为满足用户特定需求而设计的软件,根据应用软件的功能大致可以把应用软件分为以下几类:

(1)管理信息类软件

管理信息类应用软件在厂矿企业、事业单位、商业机构和政府部门等得到广泛使用,产品类型很多,仅在商业、企业领域,就有财务管理软件、人事管理软件、商店管理软件、酒店管理软件和商务管理软件等。

(2)字表处理软件

字表处理软件是用户使用量最大、应用最普遍的软件,在市场上占有极其重要的位置。如金山公司的 WPS、Microsoft Office 等。

(3)教育软件

教育软件市场的特点是开发企业多,销售额增长快。教育软件种类之丰富,是任何其他门类的软件所不能比拟的。教育软件可以分为几类:一类是面向家庭的学习软件,如"开天辟地""万事无忧"等;另一类是面向学校的辅助教育软件,如清华同方公司的园丁系列教育管理软件等;再就是以多媒体形式介绍科普和各类知识的软件。

(4)游戏软件

近年来,游戏软件持续增长,主要来自美国、欧洲、日本、韩国和我国。

(5)翻译软件

翻译软件主要有以下几类:一类是词典类,以"金山词霸"为代表;另一类是翻译类,以"东方快车"为代表;此外还有"金山快译""通译""汉神"等。

(6)杀毒软件

清除计算机病毒以及自动修复、整理被破坏的内存程序的软件通称为"杀毒软件"。以 KV3000、瑞星杀毒、Kill、VRV、金山毒霸等一批产品为代表。

(7)其他各种应用软件和工具软件

其他应用软件和工具软件有图形图像处理类、声音与视频播放加工处理类、网络应用类、数据处理类、电子图书类、科学计算类、投资经营类与家政管理类以及各种应用工具等。

1.6 多媒体

在 IT 行业迅猛发展的当今时代,多媒体技术以其多变的信息服务形式融入到社会及人们日常生活的方方面面,广泛应用于工业生产管理、学校教育、公共信息咨询、商业广告、军事指挥与训练,甚至家庭生活与娱乐等各个领域,使人们的生活更加丰富多彩。多媒体技术也成为当今世界的研究热点。

1.6.1 多媒体的分类

人们通常所说的"媒体"包括两种含义:一种是指信息的物理载体(存储和传递信息的实体),如书本、磁盘、光盘、磁带以及相关的播放设备等;另一种是指信息的表现形式(传播形式),如文字、声音、图像、动画等。

国际电话电报咨询委员会 CCITT 把媒体分成以下 5 类:

①感觉媒体:指直接作用于人的感觉器官,使人产生直接感觉的媒体,如引起听觉反应的声音、引起视觉反应的图像等。

②表示媒体:指传输感觉媒体的中介媒体,即用于数据交换的编码,如图像编码(JPEG)、文本编码(ASCII)和声音编码(WAV)等。

③表现媒体:指进行信息输入和输出的媒体,如键盘、鼠标等输入媒体和显示器、打印机等输出媒体。

④存储媒体:指用于存储表示媒体的物理介质,如硬盘、ROM 及 RAM 等。

⑤传输媒体:指传输表示媒体的物理介质,如电缆、光缆等。

1.6.2 多媒体技术

多媒体技术不是各种信息媒体的简单复合,它是一种把文本、图形、图像、动画和声音等形式的信息结合在一起,并通过计算机进行综合处理和控制,能支持完成一系列交互式操作的信息技术。

多媒体技术具有以下几个主要特点：

①集成性：能够对信息进行多通道统一获取、存储、组织与合成。

②控制性：多媒体技术以计算机为中心，综合处理和控制多媒体信息，并按人的要求以多种媒体形式表现出来，同时作用于人的多种感官。

③交互性：多媒体在应用方面有别于传统信息交流媒体的主要特点之一。传统媒体信息交流只能单向地、被动地传播信息，而多媒体则可以实现人对信息的主动选择和控制。

④非线性：与传统的循序渐进地获取知识的方式不同，多媒体技术借助超文本链接的方法，将信息以一种更灵活、更多变的方式呈现出来。

⑤实时性：用户通过软件或硬件方式可实时控制相应的多媒体信息。

⑥信息使用的方便性：用户可以按照自己的需求来使用信息。

⑦信息结构的动态性："多媒体是一部永远读不完的书"，用户可以按照自己的需求重组信息。

1.6.3 多媒体计算机系统

多媒体计算机系统一般由多媒体硬件系统和多媒体软件系统两部分组成，主要包括多媒体终端设备、多媒体网络设备、多媒体服务系统、多媒体软件和其他有关的设备。多媒体系统是一种高度集成的系统，包含了多种多样的技术和若干个实时交互的体系结构，其中应用软件与系统软件都属于多媒体软件系统。

1. 多媒体计算机的硬件系统

(1)基本部件

多媒体计算机的主要硬件除了常规的硬件，如主机、软盘驱动器、硬盘驱动器、显示器、网卡之外，至少还要包括音频信息处理硬件和相关输入/输出设备，如图 1-16 所示。

图 1-16 多媒体计算机

①音频卡：用于处理音频信息，它既可以把输入的声音信息进行模数转换(A/D)、压缩等处理，也可以把经过计算机处理的数字化的声音信号在还原(解压缩)、数模转换(D/A)后通过输出设备输出。

②输入/输出设备：多媒体计算机中用于实现人机交互的主要设备。输入设备主要包括话筒、录音机和电子乐器等，输出设备主要包括音箱及录音器材等。

(2)扩展部件

①多媒体网络接口：实现多媒体通信的重要扩充部件。多媒体外部设备将数据量

庞大的多媒体信息传送出去或接收进来,包括视频电话机、传真机、LAN 和 ISDN 等。

②视频卡:用来支持视频信号(如电视)的输入与输出。

③采集卡:能将电视信号转换成计算机的数字信号,便于使用软件对转换后的数字信号进行剪辑处理、加工和色彩控制。

④扫描仪:将摄影作品、绘画作品或其他印刷材料上的文字和图像,甚至实物,扫描到计算机中,以便进行加工处理。

⑤交互控制接口:用来连接触摸屏、鼠标、光笔等人机交互设备,这些设备将大大方便用户对多媒体计算机的使用。

⑥光驱:分为只读光驱(CD-ROM)和可读写光驱(CD-R、CD-RW)。其中可读写光驱又称为刻录机。

2. 多媒体计算机的软件系统

多媒体计算机的软件系统的核心为多媒体操作系统、多媒体系统处理工具及用户应用软件 3 部分。

①多媒体操作系统:或称为多媒体核心系统,具有实时任务调度、多媒体数据转换和同步控制功能,主要对多媒体设备进行驱动和控制,以及对图形用户界面进行管理等。

②多媒体系统处理工具:或称为多媒体系统开发工具软件,是多媒体系统的重要组成部分。

③用户应用软件:根据多媒体系统终端用户要求定制的应用软件或面向某一领域的用户应用软件系统,它是面向大规模用户的系统产品。

1.6.4 数据表示与数据压缩

1. 多媒体的数据表示

表示媒体的各种编码数据在计算机中都是以文件的形式存储的,即多媒体文件是一组二进制数据的有序集合。常见的多媒体数据文件格式如表 1-2 所示。

表 1-2　常见多媒体数据文件格式

文件类型		扩展名
音频	声音文件	WAV、AIF/AIFF、AU、ND、VOC、ASX/M2U/PLS、MP1/MP2/MP3、MLV/MPE/MPEG/MPG/MPV、RA/RM/RAM、MPA、INS、CDA、WMA
	MIDI 文件	MID/MIDI/RMF/RMI、CMF、RCP
	模块文件	MOD、S3M、XM、MTM/FAR/KAR/IT
图像	点阵形式图形图像文件	BMP、DIB、GIF、JPEG/JPGP、NG、RLE、TIF/TIFF、CGM、DRW、PCX、PSD、3DS、PSP、XBM
	数学描述图形图像文件	BM、CDR、COL、DWG/DXB/DXF、WMF/EMF、EPS、DRW
视频	动画文件	DL、FLI/FLC、GIF、GL、MOV/MOOV/MOVIE、MPG、MSL、MMM
	影像文件	AVI、MPEG、QT、RM、MP4

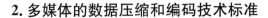

2. 多媒体的数据压缩和编码技术标准

目前,被国际社会广泛认可和应用的通用压缩编码标准大致有四种:H. 261、JPEG、MPEG 和 DVI。

①H. 261:它使用两种类型的压缩:一帧中的有损压缩(基于 DCT)和用于帧间压缩的无损编码,并在此基础上使编码器采用带有运动估计的 DCT 和 DPCM(差分脉冲编码调制)的混合方式。

②JPEG:一种基于 DCT 的静止图像的压缩和解压缩算法。它把冗长的图像信号和其他类型的静止图像去掉,甚至可以减小到原图像的百分之一(压缩比 100:1),但是在这个级别上,图像的质量并不好;当压缩比为 20:1 时,能看到图像稍微有点变化;当压缩比大于 20:1 时,图像质量将明显变差。

③MPEG:一组由 ITU 和 ISO 制定发布的视频、音频、数据的压缩标准。它采用的是一种减少图像冗余信息的压缩算法,它提供的压缩比可以高达 200:1,同时图像和音响的质量也非常高。

④DVI:其视频图像的压缩算法的性能与 MPEG-1 相当,即图像质量可达到 VHS 的水平,压缩后的图像数据率约为 1.5 Mb/s。之后又推出了 DVI 算法,称为"Indeo 技术",它能将数字视频文件压缩为原来的十分之一到五分之一。

1.6.5　多媒体工具软件

多媒体与人之间的交互最终是通过多媒体工具实现的。现在,与人们日常生活密切相关的多媒体工具,按应用功能大致可以分为图形制作和图像浏览工具、多媒体播放和音频工具、视频播放工具、流媒体播放工具以及多媒体节目写作工具等。在个人多媒体电脑中,现在最为流行的多媒体应用软件有以下几种。

1. 图形制作和图像浏览工具

图形制作和图像浏览工具 Adobe Photoshop 和 3DS MAX,可以算是真正的多媒体设计大师。此外,专业级的图形(图像)处理软件 CorelDRAW 和 FreeHand,微软的 Photo Editor 以及 Macromedia 公司推出的网页制作三剑客之一的 Fireworks 等,也都比较常见。至于图片(图像)浏览软件,当前流行的就是运行在 Windows 环境下的比较有名的 ACDSee 了。另外,Photodex Corporation 公司的 CompuPic 也是近来网上推荐率较高的高性能看图软件。

2. 多媒体播放和音频工具

这一类软件非常多,其中 Video for Windows 就可以对视频序列(包括伴音)进行一系列处理,实现软件播放功能。此外,还有 Multimedia XPlorer 等。但在家用电脑中,对媒体播放的应用可能还更多地停留在 MP3、CD 等音乐文件的播放上,所以重点考虑的还是音频工具软件。Winamp 是一款非常著名的高保真音乐播放软件,支持 MP3、MP2、MOD、S3M、MTM、ULT、XM、IT、669、CD-Audio、Line-In、WAV、VOC 等多种音频格式,还可以定制界面皮肤,并支持增强音频视觉和音频效果的 Plug-ins。另外,还有韩国

New Software Xperts 公司的 Soritong 以及 Sonique 等，Real 公司的 RealPlayer 以及 RealSystem G2 等音频播放工具。对于那些对音乐有着特殊爱好的多媒体用户，多媒体播放软件中的先驱 Jet-Audio 或目前最成熟的软波表合成器 Jet-MIDI 则可能会成为首选。它们都是韩国 Cowon 公司的产品，且界面华丽、音色绝佳，可支持的多媒体格式达 20 多种，完全可与著名的 Audio Station 相媲美，而后者最妙之处是提供了 "State-of-the-art"——艺术级的波表模拟，只要拥有一块 16 位的声卡，就可以实现具有音乐会临场般感觉的 MIDI 回放，体验高保真音响带来的听觉震撼。

3. 视频播放工具

只要电脑联网，用户就可以从各种在线视频播放器中获得众多的资源，选择要观看的视频，就可以在线观看了。另外，通过视频播放工具，可以观看 VCD 或 DVD。豪杰超级解霸软件曾经是许多多媒体计算机必备的视频播放工具，在媒体播放软件中，号称无出其右者。暴风影音是暴风网际公司推出的一款视频播放器，支持在线高清播放画质，大幅降低了系统资源占用，提高了在线高清视频播放的流畅度。除此之外，微软的 Windows Media Player 以及 Real 公司的 RealOne Player、Real Player 都属于这类软件。

著名的 QuickTime 不再是苹果公司的一种视频信息格式了，而是可以用来在线浏览 MOV 电影文档和 QuickTime VR 的虚拟实境网页的视频播放工具，同时也可以播放 MOV 和 AVI 等文件。

4. 流媒体播放工具

PPStream 是一套完整的基于 P2P 技术的流媒体超大规模应用解决方案，包括流媒体编码、发布、广播、播放和超大规模用户直播，能够为宽带用户提供稳定和流畅的视频直播节目。与传统的流媒体相比，PPStream 采用了 P2P-Streaming 技术，具有用户越多播放越稳定，支持数万人同时在线的大规模访问等特点。

PPLive 是另一款用于互联网上大规模视频直播的流媒体播放工具。本软件使用网状模型，有效解决了当前网络视频点播服务的带宽和负载有限问题，实现用户越多，播放越流畅的特性，整体服务质量大大提高。该软件特色：播放流畅、稳定，接入的节点越多，效果越好；系统配置要求低，占系统资源非常少；使用时数据缓存在内存里，不在硬盘上存储数据，对硬盘无任何伤害；多点下载，动态找到较近连接；支持多种格式的流媒体文件。

5. 多媒体节目写作工具

多媒体节目写作工具主要有三种：第一种是基于脚本语言的写作工具，典型的有 Toolbook，它能帮助创作者控制各种媒体数据的播放，其中 OpenScript 语言允许对 Windows 的 MCI(媒体控制接口)进行调用，控制各类媒体设备的播放或录制；第二类是基于流程图的写作工具，典型的有 Authorware 和 IconAuther，它们使用流程图来安排节目，每个流程图由许多图标组成，这些图标扮演脚本命令的角色，并与一个对话框对应，在对话框输入相应内容即可；第三类写作工具是基于时序的，典型的有 Action，它通过用元素检验时间轴线安排的方式实现对多媒体内容演示的同步控制。

1.7　数　据　库

在人们的日常生活和社会生产中都有大量的数据产生,例如,在医疗机构及其各部门,病人治疗的相关数据、医院物资管理的数据、核算分析数据、决策分析统计数据等都是被人们关注的数据。数据成为一种需要被管理和加工的非常重要的资源。如何实现对数据进行科学的收集、整理、存储、加工、传输是人们长期以来十分关注的问题。数据处理就是指对原始数据进行上述活动的技术。数据处理的目的是从大量的数据中获得所需的资料,提取有用的数据成分作为指挥生产、优化管理、补充知识的决策依据。数据库能够实现高效的数据处理和合理的数据存储,它有利于数据相对于处理程序的独立性和数据的共享性,并保证数据的完整性和安全性。本节在系统地介绍数据库的基本概念之前,先介绍信息与数据的概念与联系。

1. 信息与数据

信息与数据是数据库领域中两个基本的概念。信息与数据既相互关联,又相互区别。数据是信息的载体;信息则是数据的内涵,是对数据的语义解释。

(1)信息(information)

信息是指人脑对现实世界事务的存在方式或运动状态的反应。信息源于物质和能量,一切事物,包括自然界和人类都产生信息。信息是可以感知和存储的,并且可以加工、传递和再生。电子计算机是信息处理领域中最先进的工具之一,人类对收集到的信息使用计算机进行处理,在加工、处理后才能将其用于交流和使用。人们往往用数据去记载、描述和传播信息。同一个信息,其表现和传播方式可以是多种多样的。例如,对发现新型流感病毒这个信息,可以登报说明、网上发布,也可以通过电视等媒体进行传播,这几种表现和传播方式,都是对同一个信息的不同表现方式。

(2)数据(data)

数据是对客观事物的符号表示,是用于表示客观事物未经加工的原始素材,如图形符号、数字及字母等。或者说,数据是通过物理观察得来的事实和概念,是关于现实世界中的地方、事件、其他对象或概念的描述。在计算机科学中,数据则是指所有能输入到计算机并被计算机程序处理的符号的介质的总称。

数据是从一系列的观察和测量中得到的,并以数字或符号的形式来描述,计算机可以很方便地对数据进行处理。数据是对客观现象的表示形式。例如,在药房的药品记录中,如果人们最感兴趣的是药品的编号、名称、药品类型、药品价格等,可以这样描述:(2030,甘草片,中成药,盒,2.00)。如果单纯给出这条记录,可能让人难以理解其中的含义,但是了解这个记录每一项所含意义的人,会通过这条记录,获得这样的信息:编号为2030的这种药,是甘草片,它是一种中成药,每盒价格是2元。这种对事物描述的符号记录就是数据。数据有一定的格式,例如,药品编号栏最多允许4个字节,药品类型栏允许4个汉字等。

人们通过解释、归纳、分析和综合等方法,从数据获得的有意义的内容称为信息。因此,数据是信息存在的一种形式,只有通过解释或处理才能成为有用的信息。

(3)数据处理(data processing)

数据处理实际指的是利用计算机对各种类型的数据进行收集、存储、分类、计算、加工、检索及传输的全过程。这一过程主要是由人来对数据进行有效的组织,并把数据输入到计算机中。上述数据处理的全过程可以分为两个层次的操作:一是数据的收集、存储、分类、检索及传输和维护等,称为基本操作,这些基本操作环节构成数据处理流程;二是加工、计算和输出等,它们随管理对象的不同,操作要求也有所不同,这些操作被称为应用操作。

2. 数据管理方式的发展

计算机诞生于1946年。最初,计算机主要用于科学研究和工程技术领域的数值计算。但随着社会生产力和文明的不断发展,信息在人类社会活动中起着越来越重要的作用。与此同时,越来越大的信息量使得人们急切需要能够快速处理大量信息的工具和手段。20世纪50年代初期,人们开始用计算机进行数据处理。几十年来,数据处理技术随着计算机软、硬件的发展而不断地发展,它大致经历了以下的3个发展阶段。

(1)人工管理阶段

人工管理阶段是计算机用于数据处理的初级阶段。在该阶段,应用程序中除了要明确数据的逻辑结构外,还要考虑数据在计算机中如何存储和组织,并为数据分配空间,决定数据的存取方法。

(2)文件系统管理阶段

人工管理阶段数据处理的缺点显而易见,即数据独立性差、冗余度高等,从而造成数据的处理效率低,维护困难,数据分散。20世纪50年代后期到60年代中期,随着计算机软、硬件技术的发展,在操作系统引入了文件管理系统后,上述缺陷逐步被转劣为优。数据文件可以按文件名引用,应用程序通过文件管理系统与数据文件发生联系,数据的物理结构和逻辑结构间实现了转换,从而提高了数据的物理独立性,在文件系统中,还提供了多种文件组织形式,如顺序文件组织、索引文件组织和直接存取文件组织等。

(3)数据库系统管理阶段

文件系统管理阶段处理数据存在着诸多不足,而计算机管理规模越来越大,数据量急剧增长。随着计算机工业的迅速发展,大容量和快速存取的磁盘设备开始进入市场,给数据库系统的研究提供了良好的物质基础。

数据库系统是在文件系统的基础上发展起来的新技术,它克服了文件系统的缺点,解决了冗余和数据依赖问题,提供了更广泛的数据共享,为应用程序提供了更高的独立性,保证了数据的完整性和安全性,并为用户提供了方便的用户接口。

3. 数据模型

数据库是某个企业、组织或部门所涉及的数据的综合,它不仅要反映数据本身的内容,而且要反映数据之间的联系。由于计算机不可能直接处理现实世界中的具体事物,

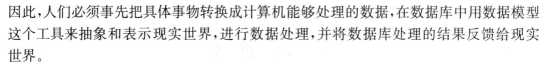

因此,人们必须事先把具体事物转换成计算机能够处理的数据,在数据库中用数据模型这个工具来抽象和表示现实世界,进行数据处理,并将数据库处理的结果反馈给现实世界。

不同的数据模型实际上是提供给用户模型化数据和信息的不同工具。根据模型应用的不同目的,可以将这些模型划分为两类,它们分属于两个不同的层次。第一类模型是概念层数据模型,习惯称为"概念模型",按照用户的观点来对数据和信息建模,主要用于数据库的设计。另一类模型是组织层数据模型,简称"数据模型",主要分为关系数据库、层次数据库和网状数据库,它按照计算机系统的观点对数据建模,主要用于数据库的实现。其中,关系型数据库是目前最重要的一种数据库。20 世纪 80 年代以来,计算机厂商推出的数据库管理系统(Database Management System,DBMS)大多都采用关系型数据库系统。

4. 数据库系统的组成

数据库系统(Database System,DBS)由数据库(Database,DB)、数据库管理系统、应用程序和各类人员组成。数据库是一个结构化的数据集合,主要是通过综合各个用户的文件,除去不必要的冗余,使之相互联系所形成的数据结构;数据库管理系统是数据库中专门用于数据管理的软件;各类人员指参与分析、设计、管理、维护和使用数据库中数据的人员,他们在数据库系统的开发、维护和应用中起着重要的作用。分析、设计、管理和使用数据库系统的人员主要是:数据库管理员、系统分析员、应用程序员和最终用户。

5. 当前主流数据库——关系数据库

1970 年,IBM 公司 San Jose 研究室的研究员 E. F. Codd 发表了题为《大型共享数据库的关系模型》的论文,提出了数据库的关系模型,奠定了关系数据库的理论基础。20 世纪 70 年代末,关系方法的理论研究和软件系统的研制均取得了很大成果,IBM 公司的 San Jose 研究室在 IBM 370 系列机上研制出关系数据库实验系统 System R。1981 年,IBM 公司又宣布研制出具有 System R 全部特征的数据库软件新产品 SQL/DS。与 System R 同期,美国加州大学伯克利分校也研制了 Ingres 数据库实验系统,并由 Ingres 公司发展成为 Ingres 数据库产品,使关系数据库产品从研究室走向了市场。

关系数据库产品一问世,就以其简单清晰的概念和易懂易学的数据库语言,使用户不需了解复杂的存取路径细节,不需说明"怎么干",只需指出"干什么",就能操作数据库,因而深受广大用户喜爱。市场上也随之涌现出许多性能优良的商品化关系数据库管理系统,即 RDBMS。著名的 DB2、Oracle、Ingres、Sybase、Informix 等都是关系数据库管理系统。关系数据库产品也从单一的集中式系统发展到可在网络环境下运行的分布式系统,从联机事务处理到支持信息管理、辅助决策,系统的功能不断完善,使数据库的应用领域迅速扩大。

习 题 1

一、单项选择题

1. 电路制造采用超大规模集成技术的计算机属于_____计算机。

    A. 第二代   B. 第三代   C. 第四代   D. 第五代

2. 通常,CPU 上主要的集成电路是_____。

    A. 控制器和存储器   B. 控制器和运算器   C. 控制器和 CPU   D. 运算器和 CPU

3. 微型机中存储器的基本存储单位一般为_____。

    A. 字节   B. 字   C. 位   D. 双字

4. 一台计算机的字长是 4 个字节,说明它_____。

    A. 在 CPU 中运算的结果最大为 2^{32}

    B. 在 CPU 中作为一个整体加以传送的二进制数码为 32 位

    C. 能处理的数值最大为 4 位十进制数 9999

    D. 能处理的字符串最多由 4 个英文字母组成

5. 下面关于计算机的应用领域的分类,正确的是_____。

    A. 计算机辅助教学、专家系统、人工智能

    B. 工程计算、数据结构、文字系统

    C. 实时控制、科学计算、数据处理

    D. 数值处理、人工智能、操作系统

6. 微型机在使用中突然断电后,数据会丢失的存储器是_____。

    A. ROM   B. RAM   C. 软盘   D. 光盘

7. 现今电子计算机被称为"冯·诺依曼计算机",这是因为它们都建立在冯·诺依曼提出的_____核心思想基础上。

    A. 二进制   B. 程序顺序存储与执行

    C. 采用大规模集成电路   D. 计算机分为五大部分

8. 计算机的性能主要取决于_____。

    A. 字长、运算速度、内存容量

    B. 磁盘容量、显示器的分辨率、打印机的配置

    C. 所配备的语言、所配置的操作系统和外部设置

    D. 机器的价格、所配置的操作系统、所使用的磁盘类型

9. CAT 是指_____。

    A. 计算机辅助制造   B. 计算机辅助设计

    C. 计算机辅助测试   D. 计算机辅助教学

10. 下列不属于计算机主要性能指标的是_____。

    A. 字长   B. 内存容量   C. 重量   D. 时钟脉冲

11. Pentium III/800 中,800 指的是_____。

    A. 主存容量   B. 主板型号   C. CPU 的主频   D. 每秒运行 800 条指令

12. 用 MIPS 来衡量的计算机性能指标是_____。

    A. 传输速率   B. 存储容量   C. 字长   D. 运算速度

13. 以下描述不正确的是_____。

    A. 计算机的字长即为一个字节的长度

    B. 两个字节可以存放一个汉字

    C. 在机器中存储的数由 0、1 代码组成

    D. 计算机内部存储的信息都是由 0、1 这两个数字组成的

14. "32 位微型机"中的"32"是指_____。

    A. 微型机型号   B. 机器字长   C. 内存容量   D. 显示器规格

15. 将二进制数 10000001 转换为十进制数应该是_____。

    A. 127   B. 129   C. 126   D. 128

16. 用一个字节表示无符号整数,能表示的最大整数是_____。

    A. 无穷大   B. 128   C. 256   D. 255

17. 微机中 1 KB 表示的二进制位数是_____。

    A. 1000   B. 8×1000   C. 1024   D. 8×1024

18. 用十六进制数给存储器中的字节地址编码。若编码为 0000H～FFFFH,则该存储器的容量是_____ KB。

    A. 32   B. 64   C. 128   D. 256

19. 下面关于字符的 ASCII 编码在机器中的表示方法的描述中准确的是_____。

    A. 使用 8 位二进制代码,最右边一个为 1

    B. 使用 8 位二进制代码,最左边一个为 0

    C. 使用 8 位二进制代码,最右边一个为 0

    D. 使用 8 位二进制代码,最左边一个为 1

20. 在微型计算机的汉字系统中,一个汉字的内码占_____字节。

    A. 1   B. 2   C. 3   D. 4

21. 在 16×16 点阵字库中,存储一个汉字的字模信息需用的字节数是_____。

    A. 8   B. 16   C. 32   D. 64

22. 下列字符中,ASCII 码值最大的是_____。

    A. Y   B. y   C. Z   D. A

23. 下列汉字输入法中无重码的是_____。

    A. 微软拼音输入法   B. 区位码输入法

    C. 智能 ABC 输入法   D. 五笔型输入法

24. 全角状态下,一个英文字符在屏幕上的宽度是_____。

    A. 1 个 ASCII 字符   B. 2 个 ASCII 字符

    C. 3 个 ASCII 字符   D. 4 个 ASCII 字符

25. 在微机上用汉语拼音输入"中国"二字,键入"zhongguo"8 个字符。那么,"中国"这两个汉字的内码所占用的字节数是_____。

    A. 2   B. 4   C. 8   D. 16

26.计算机的微处理芯片上集成有_____部件。
　　A. CPU 和运算器　　　　　　　　　B. 运算器和 I/O 接口
　　C. 控制器和运算器　　　　　　　　D. 控制器和存储器

27.计算机系统由_____组成。
　　A. 主机和系统软件　　　　　　　　B. 硬件系统和软件系统
　　C. 硬件系统和应用软件　　　　　　D. 微处理器和软件系统

28.在使用计算机时,如果发现计算机频繁地读写硬盘,最可能存在的原因是_____。
　　A. 中央处理器的速度太慢　　　　　B. 硬盘的容量太小
　　C. 内存的容量太小　　　　　　　　D. 软盘的容量太小

29.通常说一台微机的内存容量为 128 M,指的是_____。
　　A. 128 M 位　　　　B. 128 M 字节　　　　C. 128 M 字　　　　D. 128000 K 字

30.在微机的性能指标中,用户可用的内存容量通常是指_____。
　　A. RAM 的容量　　　　　　　　　　B. ROM 的容量
　　C. RAM 和 ROM 的容量之和　　　　D. CD-ROM 的容量

31.在微型计算机内存储器中,其内容由生产厂家事先写好的是_____存储器。
　　A. RAM　　　　　B. DRAM　　　　　C. ROM　　　　　D. SRAM

32.微型计算机存储系统中的 Cache 是指_____。
　　A. 只读存储器　　　　　　　　　　B. 高速缓冲存储器
　　C. 可编程只读存储器　　　　　　　D. 可擦除可再编程只读存储器

33.某个双面高密软盘格式化后,若每面有 80 个磁道,每个磁道有 18 个扇区,每个扇区有 512 个字节,则该软盘的容量是_____。
　　A. 720 KB　　　　　B. 360 KB　　　　　C. 1.44 MB　　　　D. 1.2 MB

34.微型机中,硬盘分区的目的是_____。
　　A. 将一个物理硬盘分为几个逻辑硬盘
　　B. 将一个逻辑硬盘分为几个物理硬盘
　　C. 将 DOS 系统分为几个部分
　　D. 将一个物理硬盘分成几个物理硬盘

35.微型计算机系统采用总线结构对 CPU、存储器和外设进行连接。总线通常由_____组成。
　　A. 数据总线、地址总线和控制总线　　B. 数据总线、信息总线和传输总线
　　C. 地址总线、运算总线和逻辑总线　　D. 逻辑总线、传输总线和通信总线

36.一条指令的执行通常可分为取指、译码和_____三个阶段。
　　A. 编辑　　　　　B. 编译　　　　　C. 执行　　　　　D 调试

37.一条计算机指令中规定其执行功能的部分称为_____。
　　A. 源地址码　　　　B. 操作码　　　　C. 目标地址码　　　D. 数据码

38.计算机程序必须在_____中才能运行。
　　A. 内存　　　　　B. 软盘　　　　　C. 硬盘　　　　　D. 网络

39.计算机软件通常包括_____。
　　A. 算法及数据结构　　　　　　　　B. 程序和数据结构
　　C. 程序、数据及相关文档　　　　　D. 文档及数据

40.计算机的软件系统可分为_____。

    A. 程序和数据　　　　　　　　　　B. 操作系统和语言处理系统

    C. 程序、数据和文档　　　　　　　D. 系统软件和应用软件

41.计算机系统软件中的核心软件是_____。

    A. 语言处理系统　　B. 服务系统　　C. 操作系统　　D. 数据库系统

42.操作系统的主要功能是_____。

    A. 管理源程序　　　　　　　　　　B. 管理数据库文件

    C. 控制和管理计算机系统的软硬件资源　D. 对高级语言进行编译

43.下列关于系统软件与应用软件的相互关系中,正确的是_____。

    A. 两者互为基础　　　　　　　　　B. 两者之间没有任何关系

    C. 前者以后者为基础　　　　　　　D. 后者以前者为基础

44.下面的说法中,正确的是_____。

    A. 所有的程序设计语言均可以直接运行在硬件平台上

    B. 程序设计语言必须在操作系统支持下运行

    C. 操作系统必须在程序设计语言的支持下运行

    D. 程序设计语言都是由英文字母组成的

45.用高级程序设计语言编写的程序称为_____。

    A. 目标程序　　　　B. 可执行程序　　C. 源程序　　　D. 伪代码程序

46.结构化程序设计方法中的三种基本结构为_____。

    A. 顺序、选择和循环　　　　　　　B. 模块、过程和函数

    C. 当型、直到型和过程　　　　　　D. 顺序、选择和转向

47.下列_____不是数据库系统采用的数据模型。

    A. 网状模型　　　　B. 层次模型　　　C. 总线模型　　D. 关系模型

二、简答题

    1.什么是计算思维？它有哪些特性？

    2.操作系统的功能是什么？有哪些分类？

第 2 章 　 Windows 7 操作系统

考 核 目 标

➤ 了解:操作系统、文件、文件夹等有关概念,Windows 操作系统的特点及启动、退出方法,附件的使用。

➤ 理解:剪贴板、窗口、对话框和控件、快捷方式的作用,回收站及其应用。

➤ 掌握:"开始"菜单、资源管理器的使用,文件管理,控制面板的使用。

➤ 应用:利用资源管理器完成系统的软、硬件管理,利用控制面板添加硬件、添加或删除程序、进行网络设置等。

　　用户与计算机交流都是通过操作系统进行的,操作系统由特定的程序组成。Windows 是目前广泛采用的操作系统。它能对计算机的硬件资源实施各种管理,以提高硬件资源的利用率,同时各种软件也受操作系统的管辖控制。

2.1　Windows 7 概述

2.1.1　Windows 7 的系统特点与功能

　　Windows 7 有很多版本,可以让不同的用户根据自己的需要进行选择。常用的版本有家庭普通版、家庭高级版、专业版和旗舰版。Windows 7 家庭高级版和 Windows 7 专业版是两大主力版本,前者面向家庭用户,后者针对商业用户,但目前应用最广泛的是 Windows 7 旗舰版。

　　Windows 7 除具有以往操作系统的所有特性外,在性能、易用性、安全性等方面,都有非常显著的提高。其优越性体现为:在性能方面有很大程度的提高;全新的"操作中心"使系统更加安全可靠;所包含的大量兼容性帮助,使系统的软硬件兼容性更强;增加了多点触控功能,当然,这一功能需要有触摸功能的显示器支持;电源管理的改进使应用 Windows 7 的笔记本电池寿命延长。

1. Windows 7 界面新特性

　　Windows 7 的桌面、任务栏等与以往操作系统相比有很大的改进。例如,桌面支持幻灯片壁纸播放功能;"个性化"命令,使用户能更加快捷地设置桌面壁纸、主题、声音、屏保等;窗口的智能缩放功能,使用户可以快速设置桌面的最大化或平行排列;Windows 7 的任务栏自动对同类程序的多个窗口进行集中管理;跳转列表(Jump List)是 Windows 7 的一个全新功能,通过它可以方便地找到某个程序的常用操作,并会根据程序的不同显示不同操作。

2. Windows 7 库

　　库是 Windows 7 众多新特性中的一项。所谓"库",就是专用的虚拟视图,用户可以将硬盘里不同位置的文件夹添加到库中,进行统一的浏览和内容修改。Windows 7 中一般包含视频、图片、文档、音乐 4 个库,同时也支持用户自行增加新库。

3. Windows 7 操作中心

　　Windows 7 去掉了以前操作系统里的"安全中心",取而代之的是"操作中心"(Action Center)。操作中心除了具有安全中心的功能外,还包括系统维护信息、电脑问题诊断等使用信息。

4. Device Stage 功能

　　Windows 7 引入了一种外部设备(如手机、相机、打印机等)和计算机交互的新方式,称为 Device Stage。它可以让用户看到外部设备连接在计算机上的状态,并在为每个设备定制的单一窗口下运行常用任务。大部分情况下,用户无需安装新软件,即可使用外部设备。

5.键盘快捷键

Windows 7 除了支持老版本操作系统中的快捷键组合外,还新增了不少全新的快捷键组合。如果想要了解新增快捷键,可以打开 Windows 7 的"帮助和支持",并搜索"快捷键",查看内容。

6.字体管理器

Windows 7 中已经没有了以前操作系统中的"添加字体"对话框,取而代之的是"字体管理器",用户可以选择合适的字体进行设置,其中的"Clear Type"技术,可以改善液晶显示器的文本可读性,使屏幕上的文字看起来和在纸上打印的文字一样清晰。

7.触摸功能

Windows 7 具有以往其他版本操作系统没有的触摸屏技术,当然也支持外置的手写板。如果设备支持,用户甚至可以同时使用多根手指进行操作,这就是多点触摸功能。当然,要实现触摸功能,必须要有相应的硬件配置(如可触摸屏幕等)。计算机是否支持触摸功能,可以在计算机"属性"里的"笔和属性"里查看,如果是"可用",就表示这台计算机支持触摸操作。

2.1.2 Windows 7 的启动与退出

1.启动

在计算机安装 Windows 7 系统后,打开显示器和主机开关,计算机将自动进入 Windows 7 系统。首先系统进行各种检查,检查完毕,进入 Windows 7 操作系统。

Windows 7 系统的启动有以下几种方法:

①打开主机和显示器开关,自动启动 Windows 7 系统。

②在"开始"菜单中,选择"关机",再选择"重新启动"。

③当计算机出现异常情况时,可以按计算机主机面板上的 RESET 键重新启动。

2.退出

在关机之前,用户必须首先关闭所有打开的应用程序和文档,以免一些尚未保存的文件和正在执行的程序遭到破坏;然后打开"开始"菜单,选择"关机"(也可以按"Alt＋F4"键),直到屏幕上出现如图 2-1 所示的"关闭 Windows"对话框。

图 2-1 "关闭 Windows"对话框

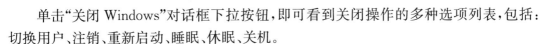

单击"关闭 Windows"对话框下拉按钮,即可看到关闭操作的多种选项列表,包括:切换用户、注销、重新启动、睡眠、休眠、关机。

①切换用户:保持当前用户,返回登录界面,可以选择新的身份登录到系统中。

②注销:注销用户,可以以其他用户的身份登录到系统中。

③重新启动:结束会话,关闭 Windows 并重新启动系统。

④睡眠:维持会话,计算机的数据仍然保存在内存中,以低功耗运行。

⑤休眠:将会话存入磁盘,这样可以安全地关掉电源。会话将在下次启动 Windows 时还原。

⑥关机:结束会话并关闭 Windows。这样就可以安全地关掉电源。

在下拉列表中选择"关机"后,单击"确定"按钮,即可关闭主机。

2.2　Windows 7 桌面

2.2.1　桌面构成

1. 桌面背景

桌面背景是 Windows 7 系统桌面的背景图案,又称为"壁纸"。背景图片一般是图像文件,Windows 7 系统自带了多个桌面背景图片供用户选择使用,也支持用户自定义桌面背景。若用户同时选择多个背景,并选择了"更改图片时间间隔",则可以实现桌面背景幻灯片的动态切换。设置完成后,记得保存修改。

2. 桌面图标

桌面图标是指整齐排列在桌面上的小图片,由图标图片和图标名称组成。双击图标快速启动对应的程序或窗口。桌面图标主要分为系统图标和快捷图标两种,系统图标是系统桌面上的默认图标,它的特征是在图标左下角没有 标志。

桌面上常见的系统图标有:

①计算机:用以管理计算机中的所有资源。

②网络:通过它,可以访问网上的其他计算机,共享资源。

③回收站:暂时存放用户删除的文件或文件夹,必要时可以恢复或彻底删除内容。

快捷图标是指应用程序的快捷启动方式,双击快捷图标可以快速启动相应的应用程序。

3. "开始"按钮

"开始"按钮位于屏幕的左下角,单击"开始"按钮,可弹出"开始"菜单。通过"开始"菜单,用户可以访问硬盘上的文件或者运行安装好的程序。Windows 7 系统的"开始"菜单和以前的系统相比没有太大变化,主要分成 5 个部分:常用程序列表、所有程序列表、常用位置列表、搜索栏、关闭按钮组。

4.任务栏

任务栏是位于桌面底部的一个条形区域,它显示了系统正在运行的程序、打开的窗口和当前时间等内容,用户可以通过任务栏完成许多操作。任务栏最左边圆球状的立体按钮就是"开始"菜单按钮,在"开始"菜单按钮的右边依次是快速启动区(包含浏览器图标、库图标等系统自带程序、当前打开的窗口和程序等)、语言栏(输入法语言)、通知区域(系统运行程序设置显示)、系统时间日期,如图 2-2 所示。

图 2-2　Windows 7 底部区域

(1)快速启动区

经常使用的程序可以通过右击对应的程序主文件或快捷方式,将其锁定到快速启动区。如果要删除已经锁定的图标,也可以右击该图标,然后在弹出的菜单中选中"将此程序从任务栏解锁"选项。另外,快速启动区的图标可以通过鼠标左键的拖拽移动,来改变它们的顺序。

(2)语言栏

Windows 7 的语言栏默认状态下是悬浮于桌面上的,可以通过单击语言栏的"最小化"按钮使其停靠到任务栏中。中文版的 Windows 7 自带了多种输入法供用户选择使用。常用的拼音输入法有 Windows 7 自带的微软拼音新体验输入风格、微软拼音 ABC 输入风格等,必要时也可以安装其他常用的输入法。

(3)通知区域

通知区域位于任务栏的右侧,其作用与老版本一样,用于显示在后台运行的程序或者其他通知。不同之处在于,老版本的 Windows 中会默认显示所有图标,但 Windows 7 默认情况下只会显示最基本的系统图标,分别为操作中心、电源选项(只针对笔记本电脑)、网络连接和音量图标。其他被隐藏的图标,需要单击向上箭头才可以显示。用户也可以单击"自定义"选项,设置某些程序图标的显示方式。

(4)系统时间日期

系统时间位于通知区域的右侧,Windows 7 的任务栏比较高,可以同时显示日期和时间。

5.显示桌面

"显示桌面"按钮位于任务栏的最右端,如果单击该按钮,则所有打开的窗口都会被最小化,不会显示窗口边框,只会显示完整桌面。再次单击该按钮,原先打开的窗口则会被恢复显示。

2.2.2　基本操作

1.鼠标的基本操作

使用鼠标操作 Windows 时,有 5 种基本操作要求掌握。

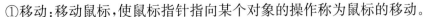

①移动:移动鼠标,使鼠标指针指向某个对象的操作称为鼠标的移动。

②单击:将鼠标的指针指向屏幕的某个位置,快速按下鼠标左键并立即释放,就是单击鼠标的操作。此操作用来选择一个对象或执行一个命令。

③双击:双击鼠标是指迅速地连续两次单击鼠标左键。该操作用来启动一个程序或打开一个文件,例如,快捷方式、文件夹、文档、应用程序等。

④右击:将鼠标的指针指向屏幕的某个位置,按下鼠标右键,然后立即释放,就是右击鼠标的操作。当在特定的对象上右击时,会弹出相应的快捷菜单,从而可以方便地完成对所选对象的操作。不同的对象会出现不同的快捷菜单。

⑤拖放:将鼠标指针指向 Windows 对象,按住鼠标左键不放,移动鼠标到特定的位置后释放鼠标便完成了一次鼠标的拖放操作。该操作常用于复制、移动对象,或者拖动滚动条与标尺的标杆。

2. 打开"计算机"窗口

窗口是 Windows 7 操作系统中最为重要的对象之一,是用户与计算机进行"交流"的场所。双击桌面上的"计算机"图标即可打开"计算机"窗口,通过它可以对存储在计算机中的所有资源进行操作。"计算机"窗口的组成部分如图 2-3 所示。

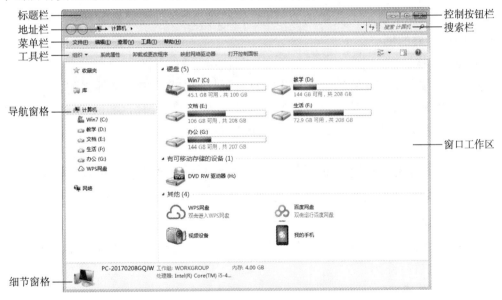

图 2-3　"计算机"窗口

在 Windows 7 中,打开一个程序、文件或文件夹时都将打开对应的窗口,虽然窗口的样式多种多样,但其组成结构大致相同,下面就以"计算机"窗口为例进行介绍。

(1)标题栏

在 Windows 7 窗口中,标题栏位于窗口的顶端,其最右端显示"最小化" 、"最大化/还原" 和"关闭" 3 个窗口控制按钮。在通常情况下,用户可以通过标题栏来移动窗口、改变窗口的大小和关闭窗口操作。

(2)地址栏

地址栏用于显示和输入当前浏览位置的详细路径信息。Windows 7 的地址栏提供按钮功能,通过单击地址栏文件夹后的 ▶ 按钮,可以跳转到与该文件夹同级的其他文件夹。地址栏最右端的 ▼ 按钮,可以打开用户访问的历史记录。

(3)搜索栏

Windows 7 地址栏右边的搜索栏与"开始"菜单中的"搜索框"作用和用法相同,都具有在计算机中搜索各种文件的功能,在搜索时,地址栏中会动态地显示搜索进度情况。

(4)工具栏

工具栏位于地址栏的下方,主要提供基本工具和菜单任务。它相当于 Windows XP 的菜单栏和工具栏的结合,但是 Windows 7 的工具栏具有智能化功能,它可以根据实际情况动态地选择最匹配的选项。工具栏的右侧还有 3 个设置按钮,其中"更改您的视图"按钮 ▣ ▾ 可以切换显示不同的视图;"显示预览窗格"按钮 ▣ 可以在窗口的右侧出现一个预览窗格;"获取帮助"按钮 ❔ 会打开"Windows 帮助和支持"窗口,为用户提供帮助文件。

(5)窗口工作区

窗口工作区用于显示主要的内容,如多个不同的文件夹、磁盘驱动等。它是"计算机"窗口中最主要的部位。

(6)导航窗格

导航窗格位于窗口左侧的位置,它为用户提供了树状结构的文件夹列表,方便用户迅速地定位目标文件夹。导航窗格中主要包含收藏夹、库、计算机和网络,用户可以通过单击每个类别前的箭头,展开或折叠每个类的内容。

(7)细节窗格

细节窗格位于窗口的最底部,一般用于显示当前操作的状态或提示信息,有时则显示用户所选对象的详细信息。

3. 窗口的基本操作

窗口的基本操作主要包括打开和关闭窗口、改变窗口大小、排列窗口、切换预览窗口等,下面分别进行介绍。

(1)打开和关闭窗口

在 Windows 7 中,打开窗口主要有 3 种方法:双击桌面图标、打开快捷菜单;通过"开始"菜单;关闭窗口主要有 4 种方法:通过标题栏,使用工具栏的菜单命令、任务栏快捷菜单和功能组合键。

(2)改变窗口大小

用户可以将鼠标指针移动到窗口四周的边框或 4 个角上,当鼠标指针变成双箭头形状时,按住鼠标左键不放,进行拖拽,可以拉伸或收缩窗口。

除了以上介绍的改变窗口大小的方法外,Windows 7 系统特有的 Aero 特效也可以改变窗口的大小。用鼠标拖拽当前窗口的标题栏至屏幕最上方,当光标碰到屏幕上边沿时,会出现放大的"气泡",同时将会看到"Aero Peek"效果(窗口边框里面透明)填充桌面,松开鼠标,该窗口即可全屏显示。若将窗口标题栏拖拽至屏幕的左、右边沿,则该窗口的大小将会变为占据一半的屏幕区域。当然,若要还原窗口,只需向下拖拽标题栏。

Windows 7 的 Aero 晃动功能可以快速清理窗口。用户只需将当前要保持显示的窗口拖住,然后左右晃动,其余的窗口将全部自动最小化;再次选中当前窗口标题栏并晃动,即可使其他窗口恢复显示。

(3)**排列窗口**

当用户打开多个窗口时,选择合适的排列方式可以让操作变得方便。在 Windows 7 系统任务栏的空白处右击,弹出的快捷菜单里列举了层叠、堆叠、并排 3 种窗口显示排列方式。用户还可以选择"显示桌面"选项,这时,所有的窗口都将最小化至任务栏。

(4)**切换预览窗口**

如果同时打开了多个窗口,用户可以在这些窗口之间进行切换预览,Windows 7 系统提供了多种方式让用户方便快捷地切换预览窗口。

窗口的切换预览有以下一些方法:

①使用"Alt+Tab"键切换预览窗口。在弹出的切换面板中会显示当前打开的窗口的缩略图,并且除当前选定窗口外,其余窗口都呈现透明状态。按住 Alt 键不放,再按 Tab 键或滚动鼠标滚轮就可以在现有窗口缩略图中切换。

②使用"Win+Tab"键切换窗口时,可以实现立体的 3D 切换效果。切换方法类似"Alt+Tab"。

③通过任务栏图标预览窗口。当鼠标指针移至任务栏中某个程序的按钮上时,该按钮的上方会显示与该程序相关的所有打开的窗口的预览缩略图,单击某个缩略图,即可切换至该窗口。

(5)**选择菜单命令**

窗口工具栏里一般都有菜单栏,单击菜单栏将弹出相应的下拉菜单,而多数下拉菜单中还包含有子菜单。在 Windows 7 中,用户需要在"组织"下拉列表中选择"布局"→"菜单栏"选项,才能显示窗口中的"菜单栏"。

下面将介绍菜单项中的各种符号标记、名称及作用。

• 灰暗的菜单项:当某个菜单项的执行条件不具备时,此菜单项为灰暗的,表示它当前不可操作。一旦条件具备,该菜单项会立即恢复为正常状态。

• 带"..."的菜单项:选中此菜单项,将弹出一个对话框或设置向导,用户可进一步选择。

• 右侧带"▶"的菜单项:选中此菜单项,将弹出一个下拉式菜单,供用户选择。

• 名字前带"⊙"的菜单项:称为单选命令。一组命令中,每次只能有一个命令被选中。

• 名字前带"√"的菜单项:称为复选命令。在该组命令中,可能有多个命令同时被选中。

• 名字后带快捷键的菜单项:用户通过使用这些快捷键,快速直接地执行相应的菜单命令。

• 带大写字母的菜单项：当菜单处于激活状态时，可直接键入该字母，执行相应的命令。

• 菜单的分组线：有些下拉菜单中，某几个功能相似的菜单之间以线条分隔，形成一组菜单项。

(6)操作窗口中的对象

窗口中的对象主要是文件和文件夹，其操作方法大致相同，本书将在2.3节对其进行详细介绍。

4.对话框的基本操作

对话框和向导是 Windows 操作系统里的次要窗口，包含按钮和命令，通过它可以完成特定命令和任务，对话框与向导和窗口的最大区别就是没有最大化和最小化按钮，一般不能改变其形状大小。

Windows 7 中的对话框多种多样，一般来说，对话框中的可操作元素主要包括命令按钮、选项卡、单选按钮、复选框、文本框、下拉列表框和数值框等，但并不是所有的对话框都包含以上所有元素，如图 2-4 所示。

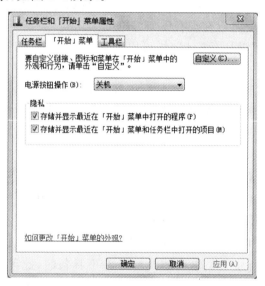

图 2-4 "任务栏和「开始」菜单属性"对话框

(1)选项卡

当对话框中的设置内容较多时，Windows 7 会按类别将其分为几个组，通常称这样的组为"选项卡"，各选项卡依次排列在一起。单击选项卡的名称可以切换到相应的设置页面。

(2)列表框

列表框在对话框里以矩形框形状显示，里面列出多个选项以供用户选择，有时会以下拉列表框的形式显示。

（3）**单选按钮**

单选按钮的外形是一个小圆圈，与菜单中的单选命令类似，单选按钮是一些互相排斥的选项，每次只能选择其中一个项目，被选中的圆圈中将会有个黑点。

（4）**复选框**

复选框中所列出的各个选项不是互相排斥的，用户可以根据需要选择其中的一个或多个选项。一个选择框可以代表打开和关闭两种选择。未被选中时，该复选框是一个空白的选择框，当选中某个复选框时，框内将出现一个"√"标记。

（5）**文本框**

文本框主要用来接收用户输入的信息，以便正确地完成对话框的操作。在文本框中，单击插入光标后即可在文本框中输入新字符。

（6）**数值框**

数值框用于输入或选中一个数值。它由文本框和微调按钮组成。在微调框中，单击其右侧微调按钮的向上或向下箭头可以增加或者减少数值。也可以在文本框中直接输入需要的数值。

（7）**命令按钮**

命令按钮简称"按钮"，其外形为一个圆角矩形块，上面显示有该按钮的名称。图 2-4 中的"确定"和"取消"都是命令按钮。单击命令按钮，即可执行相应的操作。

5. 桌面设置的基本操作

`操作 1` 　**更改桌面背景**

Windows 7 的桌面背景图案又称为"壁纸"。背景图片一般是图像文件，Windows 7 系统自带了多个桌面背景图片供用户选择使用，用户也可以自定义桌面背景。

①在桌面上右击，在弹出的快捷菜单中选择"个性化"命令，打开"个性化"设置窗口，如图 2-5 所示。

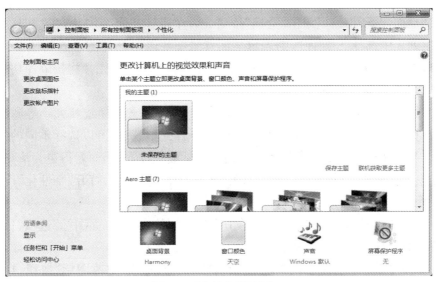

图 2-5　"个性化"设置窗口

②单击图 2-5 窗口左下方的"桌面背景"图标。

③打开"桌面背景"窗口,在"图片位置"下拉菜单里选择"Windows 桌面背景"选项,此时会在预览窗口中看到多个可用图片的缩略图,如图 2-6 所示。

图 2-6 "桌面背景"窗口

④在默认设置下,所有图片都处于选定状态,用户可单击"全部清除"按钮,清除图片选定状态。

⑤单击选中"场景"中的第一张图片,再单击"保存修改"按钮,即可将该图片设置为桌面背景。

⑥在"桌面背景"窗口里单击"全选"按钮或者单击选定多个图片,在"更改图片时间间隔"下拉列表中选择"5 分钟",则表示桌面背景图片以幻灯片的形式每隔 5 分钟换一张,若用户选择了"无序播放"复选框,则图片将随机切换,否则图片将按顺序切换。

操作 2 个性化设置图标

用户对于 Windows 7 系统桌面上的图标也可以自定义其样式和大小等属性。如果用户对"计算机""网络""回收站"等桌面系统图标样式不满意,可以选择不同的样式。如果是老人用户,还可以设置图标的大小以便将图标面积放大,从而看得更为清楚。

①在桌面上右击,在弹出的快捷菜单中选择"个性化"命令,打开"个性化"设置窗口,如图 2-5 所示。

②在打开的"个性化"设置窗口中,单击窗口左侧的"更改桌面图标"选项,打开"桌面图标设置"对话框,如图 2-7 所示。

③在如图 2-7 所示的对话框中选中"计算机"图标,单击"更改图标"按钮,打开"更改图标"对话框,如图 2-8 所示。

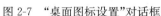

图 2-7　"桌面图标设置"对话框

图 2-8　"更改图标"对话框

④选择其中一个图标,然后单击"确定"按钮,返回至"桌面图标设置"对话框,再单击"确定"按钮,即可完成桌面上"计算机"图标样式的更改。

⑤在桌面上右击"计算机"图标,在打开的快捷菜单中选择"重命名"命令,可将图标名称"计算机"自行命名。

⑥在桌面空白处右击,在打开的快捷菜单里选择"查看"命令中的"大图标"选项,桌面图标即可变大。

操作 3　用户自己创建图标

创建图标是为了更快捷地执行某个文件,通过双击该图标便能实现。桌面上可以放置的由用户创建的图标有如下 3 种。

• 快捷图标:图标左下角有一个小箭头标志,这种图标可以直接从桌面执行某个应用程序。

• 文件夹图标:用一个文件夹形状的图形来表示,双击该图标可以打开某个文件夹。

• 文件图标:用一个文件形状的图形来表示,另外图形中还有与之相关联的编辑工具的标志,如 Word 等,双击该图标则先启动该编辑器,然后再打开文件。

(1)创建快捷图标:"记事本"

①在桌面空白处单击右键,在弹出的快捷菜单中选择"新建"→"快捷方式"命令。

②在弹出的对话框命令行中,输入"C:\Windows\Notepad.exe"。

③单击"下一步"按钮,在弹出的对话框中将"键入该快捷方式的名称"文本框中的"Notepad.exe"改写为"记事本"。

④单击"完成"按钮,桌面上将自动出现一个"记事本"图标。

(2)创建文件夹图标:"个人照片"文件夹

①在桌面空白处单击右键,从弹出的快捷菜单中选择"新建"→"文件夹"命令。

②桌面上会出现一文件夹形状的图标 ，光标落在图标下方的名称框中，系统默认的名称为"新建文件夹"且为蓝底色，表示此时可以改名。

③将名称改为"个人照片"文件夹，按回车键或光标脱离该框即可。

(3)创建文件图标："个人总结"

①在桌面空白处单击右键，在弹出的快捷菜单中选择"新建"→"Microsoft Word 文档"命令。

②桌面上会出现一个文件形状的图标 ，光标落在图标下方的名称框中，系统默认的名称为"新建 Microsoft Word 文档"且为蓝底色，表示此时可以改名。

③将名称改为"个人总结"，按回车键或光标脱离该名称框即可。

操作4 排列桌面上的图标

如果用户将过多的图标放到桌面上，屏幕会显得很乱。按以下操作可解决这个问题：在桌面上单击右键，即弹出一个快捷菜单，如图 2-9 所示。"排序方式"命令的子菜单中包含一组命令："名称""大小""项目类型""修改日期"。

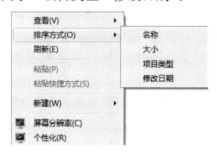

图 2-9　桌面快捷菜单

• 名称：若想按字母或拼音次序排列图标，则选择该命令。

• 大小：若想按文件大小次序排列图标，就选该命令。

• 项目类型：若想按所代表的文件类型排列图标，就选该命令。系统图标在前，应用程序的快捷方式图标在中，用户自定义的文件、文件夹图标排在最后。

• 修改日期：若想按最后一次修改的日期来排列图标，就选该命令。系统默认最近更新的文件排在最前。

操作5 设置系统声音

系统声音是在系统操作过程中产生的声音，如启动系统的声音、关闭程序的声音、主题自带声音、操作错误系统提示音等。用户也可以根据自己的喜好设置特别的声音，在"个性化"窗口里快速设置系统声音。

①在桌面上右击，在弹出的快捷菜单中选择"个性化"命令，打开"个性化"设置窗口，如图 2-5 所示。

②单击"个性化"窗口下方的"声音"超链接，打开"声音"对话框并选择"声音"选项卡，如图 2-10 所示。

图 2-10　"声音"对话框

③在"程序事件"列表里选择"设备连接"选项，然后单击"浏览"按钮，打开"浏览新的设备连接声音"对话框，在里面选择一个音乐，然后单击"打开"按钮，如图 2-11 所示。返回到"声音"对话框，最后单击"确定"按钮，即可完成"设备连接"声音的更改。

图 2-11　更改"设备连接"声音

操作 6　更改屏幕保护程序

屏幕保护程序简称"屏保"，是用于保护计算机屏幕的程序。当用户暂时停止使用计算机时，它能让显示器处于节能状态。Windows 7 系统提供了多种样式的屏保，用户可以设置屏幕保护程序的等待时间，在这段时间内如果用户没有对计算机进行任何操作，显示器就进入屏幕保护状态；当用户要重新开始操作计算机时，只需移动一下鼠标或按下键盘上的任意键，即可退出屏保。

如果屏幕保护程序设置了密码，则需要用户输入密码，才可以退出屏保。若用户不想使用屏幕保护功能，则可以将该程序中的选项设置为"无"。

①在桌面上右击，在弹出的快捷菜单中选择"个性化"命令，打开"个性化"设置窗口，如图2-5所示。

②单击"个性化"窗口下方的"屏幕保护程序"超链接，打开"屏幕保护程序设置"对话框，如图2-12所示。

③选择"屏幕保护程序"下拉列表框中"三维文字"选项；在"等待"微调框内设置时间为5分钟；选中"在恢复时显示登录屏幕"复选框。此三项操作表示屏幕保护样式为"三维文字"；在不操作计算机5分钟后屏保启动；如果设置登录密码，则退出屏幕保护需要输入密码。如图2-13所示。

图2-12 "屏幕保护程序设置"对话框　　　　图2-13 设置屏保

④单击"设置"按钮，进入"三维文字设置"对话框，可以详细设置屏幕保护的文字大小、旋转速度、字体颜色等。

⑤设置完成后，单击"确定"按钮，退回到"屏幕保护程序设置"对话框，最后单击"确定"按钮，即可完成屏幕保护的设置。

操作7　设置屏幕分辨率和刷新频率

屏幕分辨率和刷新频率都属于显示器的设置，分辨率是指显示器所能显示的点数。显示器可显示的点数越多，画面就越清晰，屏幕区域内显示的信息也就越多。刷新频率是指图像在屏幕上更新的速度，即屏幕上图像每秒钟出现的次数，设置刷新频率主要是防止屏幕出现闪烁现象，如果刷新率设置过低，就会对眼睛造成伤害。

通常使用的19寸宽屏液晶显示器一般设置为1440×900的分辨率，刷新频率设置为默认的60 Hz。这是因为刷新频率是针对CRT显示器来说的，而液晶显示器不存在刷新频率,只存在响应时间。

　　①在桌面上右击,在弹出的快捷菜单中选择"屏幕分辨率"命令,打开"屏幕分辨率"窗口,如图 2-14 所示。

图 2-14　"屏幕分辨率"窗口

　　②在分辨率下拉列表中拖动滑块改变分辨率的大小至"1366×768",单击"高级设置"。

　　③在打开的"通用即插即用监视器"对话框中,单击"监视器"选项卡,在"屏幕刷新频率"下拉列表中,可以根据需要选择合适的刷新频率。设置完成后单击"确定"按钮,如图 2-15 所示。

图 2-15　"通用即插即用监视器和 NVIDIA Geforce G 110M 属性"对话框

④返回到"屏幕分辨率"窗口,再次单击"确定"按钮,完成屏幕分辨率和刷新频率的设置。

2.3　Windows 7 文件管理

文件管理是 Windows 操作系统极其重要的功能。对于操作人员而言,需要经常处理纷繁复杂的文件以及对文件进行管理,因此要使操作计算机变得轻松,就需要掌握文件与文件夹的操作,同时使用各种软件来处理不同类型的文件。

2.3.1　文件管理概述

1. 磁盘

所谓"磁盘",通常是指计算机硬盘上划分出来的分区,用来存放计算机的各种资源。通常用盘符区别磁盘。盘符通常由磁盘图标、磁盘名称和磁盘使用信息组成,用大写英文字母加一个冒号来表示,如 E:(简称 E 盘)。用户可以根据自己的实际情况在不同的磁盘内存存放相应的内容。

2. 文件

文件是存储在外部设备上的一组相关信息的集合。任何程序和数据都以文件的形式存储在计算机之中。其种类很多,可以是文字、图片、声音、视频以及应用程序等多种内容,但其外观有一些共同之处,在 Windows 7 系统中的平铺显示方式下,文件主要由文件名、文件扩展名、分隔点、文件图标及文件描述信息等组成。一般情况下,相同类型文件的图标和扩展名是一样的,它们是区分文件类型的标志,是由区分该文件的程序决定的。例如,扩展名为. xlsx 的文件表示它是由 Excel 程序生成的文档,而文件名是由用户在建立文件时设置的,目的是方便用户识别,该文件名可随时更改。

Windows 7 系统中常用的文件扩展名及其表示的文件类型见表 2-1。

表 2-1　Windows 7 常用文件扩展名及文件类型

文件类型	扩展名	文件类型	扩展名
文本文件	. txt	图片文件	. jpg 或. bmp
应用程序文件	. exe 或. com	备份文件	. bak
批处理文件	. bat	配置文件	. ini
Word 文档	. docx	Excel 文件	. xlsx
音频文件	. mp3	视频文件	. avi
帮助文件	. hlp	信息文件	. inf
数据文件	. dat	动态链接库	. dll
驱动程序文件	. drv	WinRAR 压缩文件	. rar

3. 文件夹

文件夹是计算机保存和管理文件的一种方式,通常被称为"目录"。在屏幕上一般

用 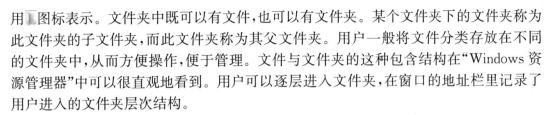 图标表示。文件夹中既可以有文件，也可以有文件夹。某个文件夹下的文件夹称为此文件夹的子文件夹，而此文件夹称为其父文件夹。用户一般将文件分类存放在不同的文件夹中，从而方便操作，便于管理。文件与文件夹的这种包含结构在"Windows 资源管理器"中可以很直观地看到。用户可以逐层进入文件夹，在窗口的地址栏里记录了用户进入的文件夹层次结构。

4. 复制、移动和删除

文件或文件夹的复制和移动是文件管理中最常用、最基本的操作。

复制操作是将选定的对象从源位置复制到新的位置，也可以复制到同一位置。复制完成后源文件或源文件夹保持不变。

移动操作是将选定的对象从源位置移动到新的位置，不可以移动到同一位置。移动完成后源文件或源文件夹将消失。

当文件或文件夹已经没有任何作用时，应该及时删除，以免占用存储空间。

5. 回收站

回收站用来收集硬盘中被删除的对象，以保护误删的文件。

Windows 系统会把用户刚删除的文件放在"回收站"中，并且把最近删除的文件放在窗口工作区的最顶端。当发现硬盘中的文件被误删除时，可以到"回收站"中把被删除的文件"还原"到原来的位置，这就为删除文件或文件夹提供了安全保障。

6. 剪贴板

剪贴板实际上是内存中的一块区域，它是 Windows 实现信息传送和共享的一种手段，剪贴板中的信息不仅可以用于同一个应用程序的不同文档之间，也可用于不同的 Windows 应用程序之间。传送和共享的信息可以是一段文字、数据，也可以是一幅图像、图形或声音等。但在 Windows 7 系统中已经没有界面形式的剪贴板查看器了，位于 C:\WINDOWS\system32 里面的 clip 即为剪贴板程序。

7. 库

库是 Windows 7 系统新增的一项功能，默认有文档库、音乐库、图片库和视频库，分别用于管理计算机中相应类型的文件，可以使用与文件夹相同的方式浏览文件。除了这 4 种默认的库以外，用户也可以根据自己的需要创建新的库。在使用库时，可以将其他位置的常用文件夹包含进来，例如，将计算机中的某个驱动器或网络中的文件夹包含到库中。

8. 快捷方式

快捷方式是一种特殊类型的文件，用于实现对计算机资源的链接。可以将某些经常使用的程序、文件、文件夹等以快捷方式的形式，置于桌面上或某个文件夹中。快捷方式实际上是一个扩展名为.lnk 的链接文件，当不需要时，可以将其直接删除而不会影响到源文件。

9. 资源的搜索

Windows 7 系统可以在两个位置进行搜索，分别是"开始"菜单中的"搜索"文本框和窗口中的搜索栏。系统会根据用户输入的内容自动进行搜索,搜索完成会在"开始"菜单内或窗口中显示搜索到的全部内容。在用窗口搜索栏进行搜索时,还有"添加搜索筛选器"选项,用户可以通过它来提高搜索的精度;如果用户经常会用到同样的搜索操作,还可以把该操作保存下来,通过它即可快速查看搜索结果。

2.3.2 文件管理操作

计算机中的数据大多数都是以文件的形式存储在硬盘上的,而文件夹则用来存放文件。对于文件或文件夹的操作都是在"计算机"窗口和"Windows 资源管理器"窗口中进行的。通过对文件和文件夹进行操作,可使计算机中存储的数据变得井井有条,用户管理起来就会更加轻松、有序。

1. 使用"计算机"管理文件及磁盘

"计算机"用于管理计算机中的文件、文件夹和磁盘等资源。在桌面上双击"计算机"图标,将打开"计算机"窗口。在该窗口中,可以看到计算机上的各种资源,这些资源以图标的方式显示在窗口中。单击某个图标时,在窗口的底部就会显示与其有关的信息。

下面以查看本地磁盘 E:中的文件并来回切换所显示的内容为例,介绍如何利用"计算机"窗口来浏览文件和文件夹。

首先,双击"计算机"图标,打开如图 2-16 所示的"计算机"窗口。在该窗口中列出了计算机的各主要存储设备。然后,双击 E:驱动器图标,即可打开该存储设备并显示保存在其中的文件和文件夹,如图 2-17 所示。

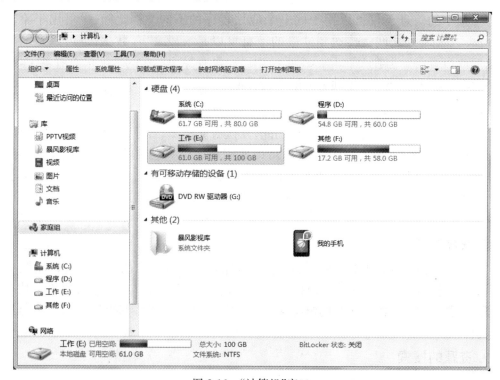

图 2-16 "计算机"窗口

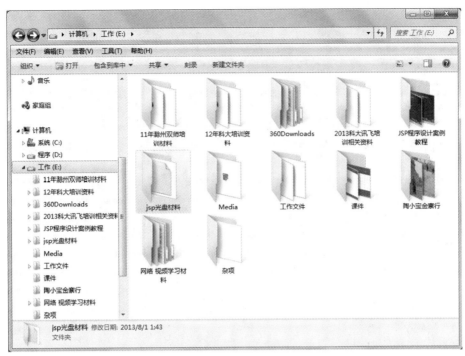

图 2-17　E:驱动器窗口

在"计算机"与打开的文件夹窗口的工具栏上,有 2 个工具按钮,可以帮助用户更加便捷地浏览所需要的文件和文件夹。

● "后退"按钮 ：单击此按钮,将退回到浏览当前文件夹之前浏览过的那个文件夹。

● "前进"按钮 ：此按钮的功能与"后退"按钮相反,当单击"后退"按钮后,再单击"前进"按钮,可浏览到单击"后退"按钮前浏览过的文件夹。

在"计算机"窗口的地址栏中,单击每一级目录右边的黑色箭头,将会弹出该目录下包含的所有子文件夹,用户可以利用该功能快速跳转到对应的文件夹中;地址栏最右边的向下黑色箭头可以打开历史记录,用户可以通过该操作,在曾经访问过的文件夹之间来回切换。

2. 使用 Windows 资源管理器管理文件

Windows 7 系统中的"Windows 资源管理器"是利用窗口左侧的"导航窗格"实现的,其功能比 Windows XP 的功能更加强大实用。其中增加了"收藏夹""库""计算机""网络"等树形目录。用户可以通过导航窗格查看磁盘目录下的文件夹及其子文件夹,不过,和地址栏一样,它也无法直接查看文件。

打开"Windows 资源管理器"窗口可以通过以下两种方法来实现。

①单击"开始"按钮,在弹出的菜单列表中选择"所有程序"命令,在弹出的"所有程序"列表中选择"附件"命令,并在其下级菜单列表中选择"Windows 资源管理器",即可打开"资源管理器"窗口。

②右击"开始"按钮,在弹出的快捷菜单中选择"打开"命令。

用户打开"资源管理器"窗口后,优先显示的是库及库中所包含的类别文件夹,如图 2-18 所示。

图 2-18   "资源管理器"窗口

若用户需要查看资源所在的磁盘目录,可以在资源管理器的导航窗格中单击"计算机"目录前的 ▷ 按钮,展开下一级目录,此时该按钮变为 ◢ 按钮,再单击相应的文件夹目录,右侧的窗口工作区中将显示该文件夹的内容,如图 2-19 所示。

图 2-19   通过导航窗格查看文件夹

3. 文件和文件夹的显示方式和排序方式

在 Windows 7 系统中有一个通用特性,即窗口中文件的显示方式和排序方式具有共同的特点。用户可以根据实际需要选择一种适合自己使用的文件显示方式和排序方式。

(1)文件和文件夹的显示方式

在 Windows 7 系统中,当在"计算机"或"Windows 资源管理器"中打开文件夹时,文件夹的内容都是以图标方式显示在窗口的。图标的显示方式有 8 种:"超大图标""大图标""中等图标""小图标""列表""详细信息""平铺"和"内容"。如果要改变图标的显示方式,可以单击工具栏右侧的 [图标] 按钮(或在窗口空白处右击,在弹出的快捷菜单中选择"查看"选项),按照用户的需要选择显示方式。如图 2-20 所示。

图 2-20　文件和文件夹显示方式

(2)文件和文件夹的排序方式

在查看文件的相关信息时,如果发现有些需要的信息没有显示出来,或者显示的方式不适合查看,可以调整文件和文件夹的排列方式。为文件和文件夹选用一种更加突出其特点的排列方式,以适合用户查找和使用,这将会给浏览带来极大的方便。具体方法就是在窗口空白处右击,在弹出的快捷菜单里选择"排序方式"选项,分别是按"名称""修改日期""类型""大小"等排序,如图 2-21 所示;而"递增"和"递减"选项是指确定排序方式后再以增减排序排列。

Windows 7 系统还提供"更多…"的选项,单击该选项会打开"选择详细信息"对话框让用户进行选择,在打开的如图 2-22 所示的对话框中,从"详细信息"下拉列表框中选中需要显示的信息项前面的复选框,包括名称、修改日期、类型、大小等。选中项目,单击"下移"或"上移"按钮可以设置信息显示的先后顺序。如果不想让某一项显示,可以取消选中其复选框。

图 2-21　文件和文件夹排序方式

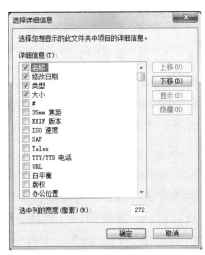

图 2-22　"选择详细信息"对话框

4. 创建重命名新文件夹和文件

文件夹是用于存放文件或其他文件夹的,利用文件夹可以更好地将磁盘组织起来。在 Windows 7 系统中,可以在许多位置创建文件夹。例如,可以在桌面上,也可以在"资源管理器"、库或"计算机"窗口中创建。

(1)创建新文件夹

在磁盘、文件夹或桌面上直接创建一个新的文件夹,然后就可以在其中存放各种文件。创建的方法有多种,用户可以根据自己的操作习惯进行选择。

右击桌面空白处或窗口空白处,在弹出的快捷菜单中选择"新建"→"文件夹"命令,即可在桌面或窗口中新建一个文件夹;也可以在窗口的菜单栏中选择"文件"→"新建"→"文件夹"命令创建一个新的文件夹。

(2)创建新文件

如果在创建新文件时用户不想打开应用程序,可以先创建一个新的空白文件。其创建方法与创建新的文件夹方法相同。

例如,若想制作一份个人简历,可以通过右击窗口工作区的空白处,在弹出的快捷菜单中选择"新建"→"Microsoft Word 文档"命令,此时当前文件夹中会出现一个"Microsoft Word 文档"的图标,默认状态下,该文件被命名为"新建 Microsoft Word 文档",呈蓝底色,便于用户修改名称,文件扩展名则未被选中。双击该图标打开该应用程序文档,就可以在新建的空白文档中输入内容。

(3)单个文件或文件夹的重命名

①利用快捷菜单。

- 找到并选中需更名的文件或文件夹。
- 单击鼠标右键,弹出快捷菜单。
- 选择"重命名",输入新的文件名即可。

②利用"另存为"菜单项。如果用户已打开了某个文件,则可利用以下方法给文件重命名。

- 单击"文件"菜单中的"另存为"菜单项,打开"另存为"对话框。
- 在"保存位置"文本框中找到保存位置。
- 在"文件名"文本框中输入新的文件名并"确定"。

在更改文件名时,如果所更换的新文件名与已存在的文件名重复,则系统会弹出提示对话框,提醒用户更换新的名称,以免重复。更改名称时要输入完整的文件名标识,文件名和文件类型中间要有一个半角的下圆点符号来作为分隔符。

(4)对多个文件或文件夹重命名

在 Windows 7 系统中,可以根据所编辑的文件,对它们进行统一的一次性重命名。首先,选中多个要进行重命名的文件,然后选择"文件"→"重命名"命令,输入新的文件名称后,按 Enter 键即可实现对多个文件进行统一重命名。例如,输入"s1",则第一个文件的名称是 s1(1),其他选中的文件则依次被命名为 s1(2)、s1(3)等,如图 2-23 所示。

图 2-23　对多个文件重命名

5. 选取文件或文件夹

(1)选择单个文件或文件夹

①打开"计算机"或"Windows 资源管理器"。

②单击需选择的文件或文件夹,则其被选中且呈蓝色状态显示。

(2)选择多个相邻的文件或文件夹

①打开"计算机"或"Windows 资源管理器"。

②先单击需选择的第一个对象。

③按住 Shift 键,再单击最后一个对象,则它们之间的所有对象被选中。

(3)选择多个不相邻的文件或文件夹

①打开"计算机"或"Windows 资源管理器"。

②先单击需选择的第一个对象。

③按住 Ctrl 键,逐一单击需选择的对象,则多个不相邻的对象被选中。

(4)选定所有文件

①全部选定:选择"编辑"菜单中的"全选"或按"Ctrl＋A"组合键,选中所有文件。

②反向选择:选择"编辑"菜单中的"反向选择",则选中所有选中文件之外的文件。

(5)撤消选定

在空白处单击鼠标,即可撤消选定。

6. 复制文件或文件夹

(1)菜单方式

①找到并选中需复制的文件或文件夹。

②选择菜单"编辑"→"复制"命令,则被选中的文件或文件夹被复制到剪贴板。

③选择需复制的目的文件夹或磁盘。

④选择菜单"编辑"→"粘贴"命令,将剪贴板中的内容复制到目的地。

(2)快捷键方式

①找到并选中需复制的文件或文件夹。

②按"Ctrl+C"键,则被选中需复制的文件或文件夹被复制到剪贴板。

③选择需复制的目的文件夹或磁盘。

④按"Ctrl+V"键,将剪贴板中的内容复制到目的地。

(3)鼠标拖动方式

①找到并选中需复制的文件或文件夹。

②按 Ctrl 键,同时拖动鼠标到目的地,然后放开 Ctrl 键。

7. 移动文件或文件夹

文件和文件夹的复制与移动的方法基本相似,复制后保留原件;而移动后不保留原件。

(1)菜单方式

①找到并选中需移动的文件或文件夹。

②选择菜单"编辑"→"剪切"命令,则被选中需移动的文件或文件夹被剪切到剪贴板。

③找到并打开想移到的文件夹或磁盘。

④选择菜单"编辑"→"粘贴"命令,将剪贴板中的内容粘贴到目的地。

(2)快捷键方式

①找到并选中需移动的文件或文件夹。

②按"Ctrl+X"键,则被选中的文件或文件夹被剪切到剪贴板。

③找到目的文件夹或磁盘。

④按"Ctrl+V"键,将剪贴板中的内容粘贴到目的地。

(3)鼠标拖动方式

①找到并选中需移动的文件或文件夹。

②按住 Shift 键,同时拖动它到目的地,然后放开即可。

用户也可以通过快捷菜单的方式进行复制(移动)文件或文件夹。具体方法是右击需复制的文件或文件夹,在弹出的快捷菜单中选择"剪切"("复制")命令,在目标文件夹或磁盘的空白处右击,选择"粘贴"命令即可完成操作。

8. 删除文件或文件夹

在系统中,经常会存在一些过时的、没用的文件。为了保证计算机硬盘的可用容量,提高计算机的运行速度,需要将这些文件或文件夹删除。在"计算机"窗口或资源管理器窗口中,删除文件或文件夹非常方便。

删除文件或文件夹有许多方法,常见的有以下几种:

(1)利用快捷菜单

选中需删除的文件或文件夹,单击右键弹出快捷菜单,选择快捷菜单中的"删除"命令。

(2)利用菜单栏

选中需删除的文件或文件夹,单击菜单栏中的"文件"按钮或窗口工具栏中的"组织"按钮,再选择下拉菜单中的"删除"命令。

(3)利用键盘

选中需删除的文件或文件夹,按 Delete 键。

(4)利用鼠标

用鼠标将要删除的文件或文件夹直接拖动到桌面的"回收站"图标上。

对于一些没用的文件或文件夹,可以将其彻底删除。首先,在打开的文件夹窗口中选定要删除的文件或文件夹,然后按"Shift+Delete"键或者在按住 Shift 键的同时选择"文件"→"删除"命令,将弹出一个"确认删除"的对话框,如图 2-24 所示,在该对话框中可以确认是否要永久删除所选定的文件或文件夹。单击"是"按钮后,系统将把这些文件或文件夹从磁盘上彻底删除,而不会将其存放在"回收站"中,但这样便无法对所做的操作进行还原。因此,在进行此操作时要特别小心。

图 2-24　确认是否永久删除

9. 回收站的操作

在 Windows 7 系统中,有一个专为用户设立的"回收站",用来保护误删的文件。

(1)还原文件和文件夹

如果用户在使用过程中,删除了不该删除的文件,可以通过"回收站"中的"还原"命令或直接单击回收站窗口中工具栏上的"还原此项目"按钮,将其还原到原来的位置。首先,双击桌面上的"回收站"图标,在打开的"回收站"窗口中,选中要还原的文件和文件夹,然后选择"文件"→"还原"命令或者右击要还原的文件,从弹出的快捷菜单中选择"还原"命令,文件就会还原到原来的位置。

(2)清空"回收站"

删除的文件或文件夹虽然都被存放在"回收站"中,但并没有从磁盘中真正删除,它们仍占用磁盘空间。为了提高计算机的运行速度,并增加磁盘的可用空间,需要及时对"回收站"进行清理。

清理时,选择"文件"→"清空回收站"命令或直接单击窗口工具栏中的"清空回收站"按钮,即可将回收站中的所有文件和文件夹永久删除。如果用户只想永久地删除其中的一个或多个文件,并不想删除所有的文件,可以选中并右击一个或多个要删除的文件,从弹出的快捷菜单中选择"删除"命令。

(3)设置"回收站"属性

回收站还原或删除文件和文件夹的过程中,用户可以使用回收站默认设置,也可以按照自己的需求进行属性设置。

回收站的属性设置很简单,用户只需右击桌面"回收站"图标,在弹出的快捷菜单中选择"属性"命令,打开"回收站"属性对话框,用户可以在该对话框内设置回收站的属性,如图 2-25 所示。

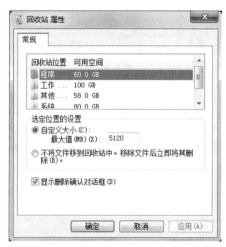

图 2-25　设置"回收站"属性

回收站属性设置的各类选项如下所述：

①回收站位置，即回收站存储空间放置在哪个磁盘空间中。系统默认状态下一般都是放在系统安装盘 C:盘，用户也可以设置放在其他磁盘。

②自定义大小，即回收站存储空间的大小。在系统默认状态下，回收站最大占用该硬盘空间的 10%，用户也可以自行修改。

③如果用户想停用回收站，可选中"不将文件移动到回收站中。移除文件后立即将其删除"单选按钮。建议用户在使用过程中不要选中该选项。

④选中"显示删除确认对话框"复选框，即在删除时会打开"系统提示"对话框，如果不选该复选框，则不会打开对话框。建议不要禁用该复选框。

10. 文件和文件夹的设置

使用 Windows 7 系统对文件或文件夹进行管理的内容包括多个方面，除了普通的文件或文件夹操作外，还包括改变文件或文件夹的外观、设置文件或文件夹的只读和隐藏属性、加密文件和文件夹、压缩文件和文件夹等内容，下面将分别进行介绍。

操作 1　设置文件和文件夹的外观

文件和文件夹的图标外形都可以进行改变，由于文件是由各种应用程序生成的，都有相应固定的程序图标，所以一般无须更改图标。文件夹图标系统默认下都很相似，用户如果想要某个文件夹更加醒目特殊，可以更改其图标外形。

用户右击某个文件夹，在弹出的快捷菜单中选择"属性"命令，打开该文件夹的"属性"对话框，选择其中的"自定义"选项卡，单击"文件夹图标"栏里的"更改图标"按钮，如图 2-26 所示，在打开的"更改图标"对话框内选择一张图片作为该文件夹图标，或者单击"浏览"按钮，在计算机硬盘里寻找一张图片作为该文件夹图标，如图 2-27 所示。

图 2-26　单击"更改图标"按钮

图 2-27　更改图标

在"属性"对话框"自定义"选项卡的"文件夹图片"栏里,单击"选择文件"按钮,可以在计算机硬盘里选择一张图片,然后单击"打开"按钮,返回"属性"对话框,最后单击"确定"按钮,则文件夹外观改变为选定图片的文件夹图标。

操作 2 **设置文件和文件夹的只读与隐藏属性**

文件和文件夹的只读属性表示:用户只能对文件或文件夹的内容进行查看访问而无法进行修改。一旦文件和文件夹被赋予了只读属性,就可以防止用户误操作删除损坏该文件或文件夹。

设置文件和文件夹的只读属性,只需右击文件或文件夹,在弹出的快捷菜单中选择"属性"命令,打开"属性"对话框,在"常规"选项卡的"属性"栏中选中"只读"复选框,单击"确定"按钮,如图 2-28 所示。如果文件夹内有文件或子文件夹,还会打开"确认属性更改"对话框,选中"将更改应用于此文件夹、子文件夹和文件"单选按钮,然后单击"确定"按钮,如图 2-29 所示,返回"属性"对话框,单击"确定"按钮即可完成设置。

如果用户想取消文件和文件夹的只读属性,步骤和设置只读属性一样,只不过是要取消图 2-28 中"只读"复选框的选中状态。

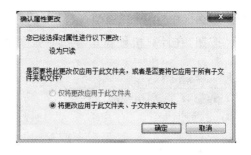

图 2-28　设置只读属性　　　　　　图 2-29　确认属性修改

如果用户不想让计算机的某些文件或文件夹被其他人看到,用户可以隐藏这些文件或文件夹。当用户想查看时,再将其显示出来。操作方法如下:

①右击选中需要隐藏的文件或文件夹,在弹出的快捷菜单中选择"属性"命令,在打开的"属性"对话框的"常规"选项卡中,"属性"栏里选中"隐藏"复选框,如图 2-28 所示。

②单击"确定"按钮,即可完成隐藏该文件或文件夹的设置。

③若用户想再显示该文件夹,则需先打开"资源管理器"窗口,然后单击工具栏上的"组织"按钮,在弹出菜单中选择"文件夹和搜索选项"命令,如图 2-30 所示。

图 2-30 选择"文件夹和搜索选项"命令

④在打开的"文件夹选项"对话框中,切换至"查看"选项卡,在"高级设置"列表框中的"隐藏文件和文件夹"选项组中选中"显示隐藏的文件、文件夹和驱动器"单选按钮,如图 2-31 所示,单击"确定"按钮即可显示被隐藏的文件夹。

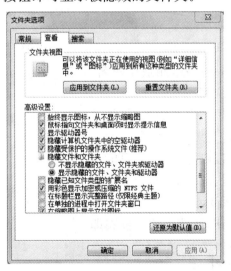

图 2-31 选择"显示隐藏的文件、文件夹和驱动器"单选按钮

操作3 共享文件和文件夹

现在家庭或办公生活环境里经常使用多台计算机,而多台计算机里的文件和文件夹可以通过局域网供多用户共享使用。用户只需将文件或文件夹设置为共享属性,以

供其他用户查看、复制或者修改该文件或文件夹。

一般来说，文件夹可以直接共享，而文件则必须放入某个文件夹中，才能共享。另外，用户必须先允许来宾账户访问，方可让局域网内的其他用户访问共享文件夹。设置文件夹的共享属性，其操作步骤如下：

①右击需要共享的文件夹，从弹出的快捷菜单中选择"属性"命令。

②在打开的如图 2-28 所示的文件夹属性对话框中，选择"共享"选项卡，如图 2-32 所示，单击"高级共享"按钮。

③在打开的"高级共享"对话框中，选中"共享文件夹"复选框，共享名、共享用户数量、注释都可以自己设置，也可以保持默认状态，然后单击"权限"按钮，如图2-33所示。

图 2-32 "共享"选项卡

图 2-33 "高级共享"对话框

④打开"权限"对话框，可以在"组或用户名"区域里看到组里成员，默认 Everyone 即所有的用户，在 Everyone 的权限里，"完全控制"是指其他用户可以删除修改本机上共享文件夹里的文件；"更改"可以修改，不可以删除；"读取"只能浏览复制，不可以修改。一般在"读取"选项中选择"允许"复选框，如图 2-34 所示。

⑤最后单击"确定"按钮，所选定的文件夹即成为共享文件夹。

操作 4 搜索文件与文件夹

Windows 7 系统的搜索功能非常方便快捷，搜索的方式主要有两种：一种是使用"开始"菜单中的"搜索"文本框进行搜索；另一种是使用"计算机"窗口"搜索"文本框进行搜索。下面分别予以介绍。

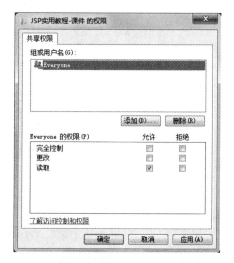

图 2-34 选定文件夹的"权限"对话框

(1)"开始"菜单搜索框

"开始"菜单中的搜索框位于菜单的最下方,它能够在全局范围内进行搜索。用户只需把要搜索的内容或关键字输入到搜索框中,搜索就开始进行了,其结果将很快显现在"开始"菜单中。单击目标文件夹的超链接,即可直接跳转。

(2)"计算机"窗口搜索栏

用户可以直接在"计算机"窗口右上角的搜索框中输入查询的关键字,系统自动进行搜索,而地址栏会在搜索时显示搜索的进度情况。窗口中的"搜索"文本框仅在当前目录中搜索,因此,只有在根目录"计算机"窗口下搜索,才会以整个计算机为搜索目标。

在窗口搜索框内还有"添加搜索筛选器"选项,用户可以通过它来提高搜索的精度。这需要用户进入"库"窗口,因为该窗口的"添加搜索筛选器"最全面。启动"添加搜索筛选器"只需单击搜索框即可。"添加搜索筛选器"选项可以将搜索关键字按照种类、修改日期、类型、名称的规则进行查找。在搜索文件对象时,允许用户使用"﹡、?"作为通配符。

2.4　Windows 7 管理与控制

为了更好地控制和利用计算机的强大功能,Windows 7 系统为用户提供了一个管理计算机的场所——"控制面板",它就好比是整个计算机的"总控制室",在这里几乎可以控制计算机的所有功能。了解"控制面板"的各项内容同样是非常重要的,通过它不仅可使计算机更好地辅助办公,还能按照实际需要设置个性化的计算机。

2.4.1　管理工具

1. 控制面板

控制面板是一组工具软件的集合,通过它可以进行各种软硬件的配置,如鼠标、打印机、键盘、字体等。在"控制面板"中,用户不仅可以根据自己的喜好对鼠标、键盘和桌面等进行设置和管理,还可以进行添加或删除程序等操作。启动控制面板的方法很多,最简单的是选择"开始"→"控制面板"命令。

"控制面板"有两种查看方式:按类别查看和按大图标(小图标)查看,如图 2-35 和图 2-36所示。按图标查看是具体到每项设置的界面形式,按类别查看是 Windows 7 系统提供的最新的界面形式,它把相关的"控制面板"项目按类别组合在一起呈现在用户面前。这两种查看方式可以互相切换。本节后面的设置均在按图标查看方式下进行。

图 2-35　按类别查看"控制面板"

图 2-36　按图标查看"控制面板"

2. 任务管理器

任务管理器是 Windows 系统中一个非常好用的工具，在 Windows XP 中，要打开任务管理器可同时按下"Ctrl＋Alt＋Del"键，但在 Windows 7 系统中用户按下"Ctrl＋Alt＋Del"组合键时，会显示一个列表界面，只有单击其中的"启动任务管理器"按钮，方可打开"任务管理器"窗口。

任务管理器可以帮助用户查看系统中正在运行的程序和服务，还可以强制关闭一些没有响应的程序窗口。此外资源监视器提供了全面、详细的系统与计算机的各项状态运行信号，包括 CPU、内存、磁盘以及网络等。

2.4.2　控制面板的操作

操作 1　查看系统属性

如果要查看关于计算机系统方面的信息，可在控制面板中单击"系统"图标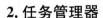，打开"系统信息"窗口，如图 2-37 所示。从中可以看到有关计算机的基本信息，包括操作系统版本、CPU 类型、频率及内存的大小、网络链接情况以及 Windows 激活等。

图 2-37　"系统信息"窗口

若想知道计算机硬件方面更为详细的信息，可单击"设备管理器"图标或直接单击"系统信息"窗口左侧的"设备管理器"超链接，打开"设备管理器"窗口，如图 2-38 所示。该窗口中列出了计算机中的所有硬件设备，单击各设备前面的▷按钮可展开其下的各个选项,双击不同的选项即可打开相应的属性对话框,其中显示了该设备的详细信息。用户可按照实际需求进行设置。

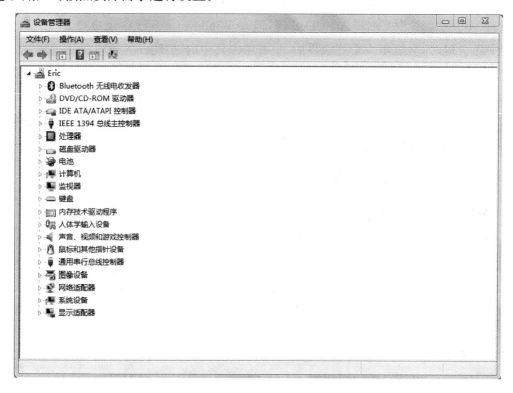

图 2-38   "设备管理器"窗口

操作2   设置用户账户

Windows 7 系统是一个允许多用户多任务的操作系统,当多个用户使用一台计算机时,为了建立各自专用的工作环境,每个用户都可以建立个人账户,并设置密码登录,保护自己保存在计算机上的文件安全。每个账户登录之后都可以对系统进行自定义设置,其中一些隐私信息也必须登录后才能看见,这样使用同一台计算机的每个用户都不会相互干扰了。

一般来说,用户账户的类型主要有三种:管理员账户、标准用户账户和来宾账户。不同的账户类型有不同的操作权限。管理员账户是第一次启动计算机后系统自动创建的一个账户,它拥有最高的操作权限,可以进行很多高级管理。此外,它还能控制其他用户的权限。标准用户账户是受到一定限制的账户,用户在系统中可以创建多个标准账户,也可以改变其账户类型。该账户类型一般无权更改大多数计算机的设置,无法删除重要文件,无法安装软硬件,无法访问其他用户的文件。来宾账户是给那些在计算机上没有标准用户账户的人使用的,只是一个临时账户,主要用于远程登录的网上用户访问计算机系统。系统默认状态下,来宾账户是不被激活的,它必须被激活以后才能使用。

设置用户账户的操作步骤如下。

①在控制面板中单击"用户账户"图标📇，打开"用户账户"窗口，如图 2-39 所示。

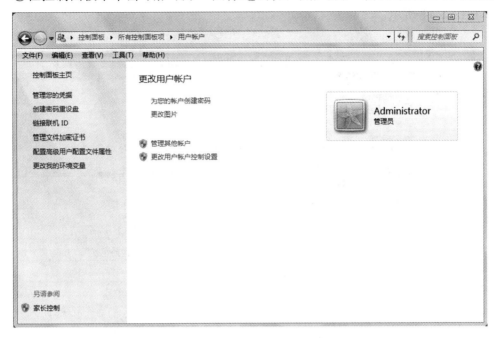

图 2-39　"用户账户"窗口

②单击"管理其他账户"超链接，打开"管理账户"窗口，如图 2-40 所示。

图 2-40　"管理账户"窗口

③在窗口中单击"创建一个新账户"超链接，打开"创建新账户"窗口，在"新账户

名"文本框内输入新用户的名称"小周"。如果是创建标准账户,则选中"标准用户"单选按钮;如果是创建管理员账户,则选中"管理员"单选按钮。此例选中"管理员"单选按钮,如图 2-41 所示。

图 2-41　"创建新账户"窗口

④单击"创建账户"按钮,即可成功创建用户名为"小周"的管理员账户,如图 2-42 所示。创建完成后也可以更改用户账户的类型等设置。

图 2-42　创建"小周"管理员账户

⑤返回图 2-39 所示的窗口,单击"更改图片"超链接,即可对当前账户设置新的图片,如图 2-43 所示。用户也可以单击"浏览更多图片"超链接,在硬盘里选择其他图片。

图 2-43　新添加的用户账户窗口

⑥返回图 2-39 所示的窗口,单击"更改用户账户控制设置"超链接,即可对当前用户账户设置"何时通知您有关计算机更改的消息",如图 2-44 所示。此外,还可以单击"创建密码"超链接,为指定用户设置新的密码等。

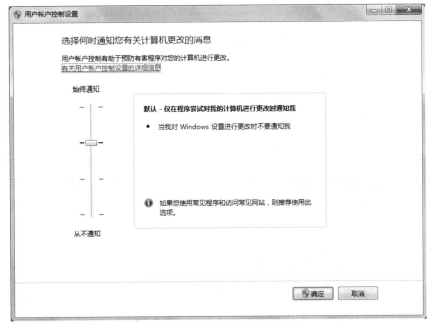

图 2-44　"用户账户控制设置"窗口

操作3 修复和卸载软件

将软件安装在计算机中之后,如果使用一段时间发现软件出现了一些问题,就需要对其进行修复、更改或将其从计算机中删除(也称为卸载),这些操作都可以在控制面板中进行。

操作步骤如下:

①打开控制面板,单击"程序和功能"图标 ,打开"卸载或更改程序"窗口,在程序列表框中右击要卸载的程序,弹出"卸载/更改"菜单命令,如图2-45所示。

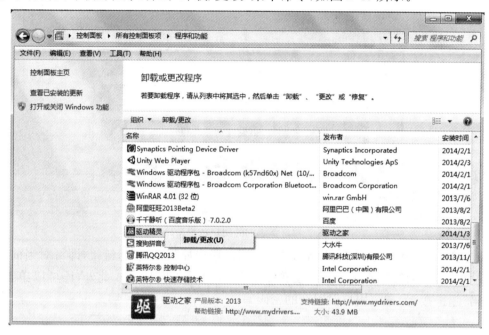

图2-45 选择"卸载/更改"命令

②选择该命令后,大部分应用程序会弹出卸载窗口,要求用户选择更改软件、修复软件或卸载软件,而有些程序只会弹出对话框,要求用户确认卸载。

③当卸载完成后,返回"程序和功能"窗口,程序列表框里要卸载的程序已经消失,说明已被完全卸载。

某些软件除了可以通过控制面板进行卸载外,还可通过软件安装时自动生成的卸载程序来完成。该卸载程序的快捷方式一般位于"开始"→"所有程序"菜单下该软件所在的子菜单中,其名称一般包括"卸载""反安装"或"Uninstall"等文字,单击即可进入其卸载界面。

2.4.3 任务管理器的操作

操作1 启动"任务管理器"

启动"任务管理器"的方法:按快捷键"Ctrl+Shift+Esc"可以打开任务管理器;也可以在搜索框中输入"任务管理器"并回车,打开任务管理器;右击任务栏选择"启动任务管理器"命令,打开"Windows 任务管理器"窗口,如图 2-46 所示。在"Windows 任务管理器"窗口的最下方状态栏,显示当前计算机的"进程数""CPU 使用率"和"物理内存"信息。

打开"任务管理器"窗口后,可以选择"选项"→"前端显示"命令,如果要频繁运行任务管理器,而不想看到其在任务栏中的按钮,可以选择"选项"→"使用时自动最小化"命令。当任务管理器隐藏时,要打开其窗口,可以单击任务栏中的任务管理器图标。还可以在"任务管理器"窗口中设置当前打开的多个窗口的排列方式,其效果和右击任务栏相同。

操作 2　管理应用程序和进程

任务管理器中的"应用程序"选项卡如图 2-46 所示,其中列出了所有正在运行的应用程序。这些应用程序的名称列在"任务"栏中,"状态"栏显示了它们的运行状态,正在运行还是没有响应。

当一个应用程序运行失败后,为了释放它占据的内存和 CPU 等关键资源,用户可以切换出"任务管理器",此时"应用程序"选项卡中会显示这个应用程序"没有响应",单击"结束任务"按钮可以结束该应用程序,释放它占据的所有资源。

此外,还可以选中某一个应用程序,单击"切换至"按钮切换到该应用程序窗口。单击"新任务"按钮,将打开"创建新任务"对话框,用户可以直接在"打开"文本框中输入命令运行某个应用程序。

如图 2-47 所示,任务管理器"进程"选项卡包括所有运行各自地址空间的进程、所有应用和系统服务。有些应用程序可能会同时出现几个进程,Windows 7 系统自身也会同时运行一些进程。

图 2-46　"Windows 任务管理器"窗口

图 2-47　"进程"选项卡

使用任务管理器"进程"选项卡可以监视每个进程,这样就可以手工关闭一些没有被使用的服务,释放资源为其他进程或应用程序所用。仅需要选中某个进程,单击"结束进程"按钮,就可以中止一个进程,但并非所有进程都可以由任务管理器来关闭。

所有显示的进程都可以按任一列的升序或降序来排列。默认情况下,"进程"选项卡显示映像名称(进程名称)、用户名、CPU 和内存使用情况等。如果希望显示更多的其他列,用户可以选择"查看"→"选择列"命令,打开"选择列"对话框。在对话框中,启用相应的复选框即可显示该列。

操作 3　查看系统性能

Windows 7 系统的任务管理器主要用于查看或结束正在运行的程序和服务,而资源监视器则专门用于查看计算机的各项状态运行信号。在"任务管理器"窗口中,选择"性能"选项卡,该对话框包括 CPU 使用情况和总体分析结果、内存使用总计等,如图 2-48 所示。其中,"CPU 使用率"动态刷新当前 CPU 使用的百分比;"CPU 使用记录"则显示了最近一段时间 CPU 使用记录曲线。默认的刷新时间间隔为两秒钟。用户可选择"查看"→"更新速度"命令,在级联菜单中选择将刷新率改为"高"(每秒 2 次)、"低"(每 4 秒一次)或"暂停"(不刷新)。页面中显示当前的"进程数""线程数"和"句柄数"的情况。线程是包含在进程中的,一个进程中至少有一个线程,每个线程都是一个相对独立的部分。句柄则是包含在线程中的更小单位,例如,屏幕上显示的每个窗口、菜单、列表框都是一个句柄。

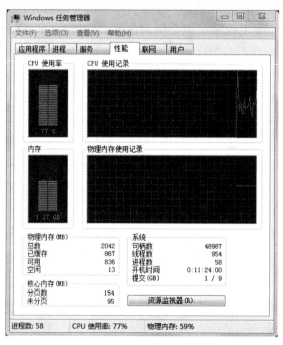

图 2-48　性能选项卡

在"性能"选项卡页面中,单击"资源监视器"按钮,打开"资源监视器"窗口,如图 2-49所示。该窗口可用于显示所有进程在 CPU 的使用情况、当前进程内存的使用情况和当前进程的磁盘访问情况等。

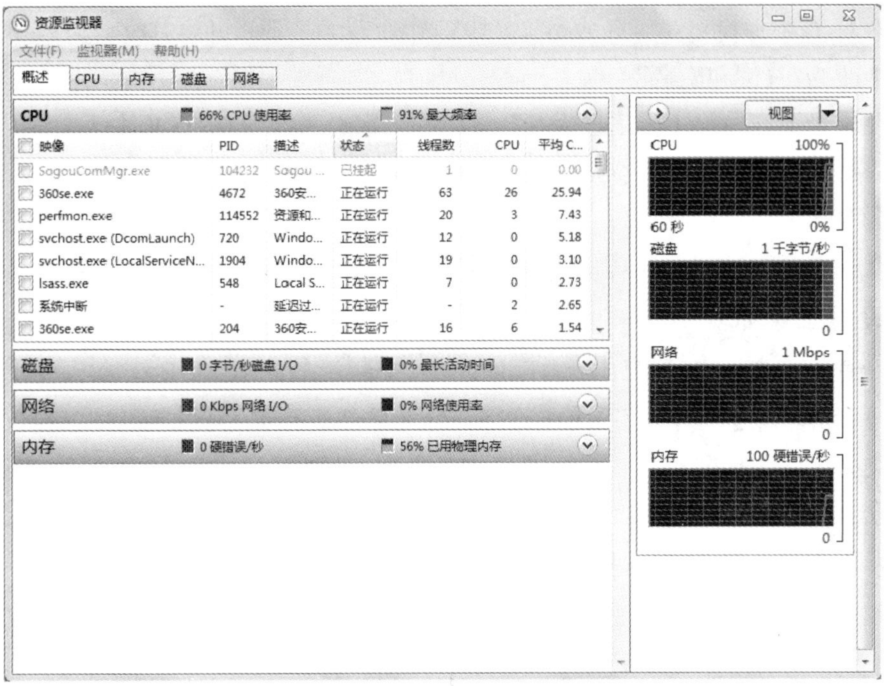

图 2-49　"资源监视器"窗口

2.5　Windows 7 应用案例

1. 新建"文件、文件夹、快捷方式",并对其复制、移动

①在 C:盘根目录下创建名为"学习资源"的文件夹。在"学习资源"中创建名为"图片收藏"的文件夹,并在其下创建名为"我的照片"的子文件夹。

②在"学习资源"中创建下列结构的文件夹:

```
我的网站
    ├──Images
    └──index
```

③在"学习资源"中创建一文本文件"HelloText. txt",文件内容为"祝大家愉快!",并设置该文件具有只读、隐藏属性。

④启动附件里的"画图"软件,画一填充色为蓝色的圆形,保存该图片到"图片收藏"文件夹下,取名为"基本图形. bmp"。

⑤将文件"HelloText. txt"复制到"我的网站"中。

⑥在"学习资源"中建立 C:盘的快捷方式,取名为"My Disc"。

⑦将 C:盘中的文件夹"学习资源"移到 D:盘中。

⑧删除"学习资源"中名为"我的照片"的文件夹,并清空回收站。

2. 文件的查找

①在 C:盘中查找文件"edit. com",将其复制到"学习资源",并将其改名为"编辑. com",文件属性改为"只读和隐藏"。

②在硬盘上查找第 1 个字母为"s"、最后一个字母为"a"的所有文件。

③查找 C:盘中所有 exe 类型的文件,将查找的文件数记录在"exeFiles. txt"中,并将该文件保存在"学习资源"中。

④查找 C:盘中 2012-01-01 之后修改过的所有扩展名为". doc"的文件。

3. 设置工作环境

①设置桌面背景,背景图片为自己的照片,显示方式为"拉伸"。

②设置屏幕保护程序,使系统在等待 3 分钟后即运行屏幕保护程序"三维文字",要求旋转类型设置为摇摆式。

③设置任务栏自动隐藏,任务栏按钮设置为"当任务栏被占满时合并",在"开始"菜单中电源按钮显示为"注销",其余设置系统默认。

习 题 2

一、单项选择题

1. 双击鼠标左键一般表示_____。

    A. "选中""打开"或"拖放"   B. "选中""指定"或"切换到"

    C. "拖放""指定"或"启动"   D. "启动""打开"或"运行"

2. 安装 Windows 7 后通常会显示哪个桌面图标_____。

    A. 计算机   B. 网络   C. 回收站   D. 控制面板

3. 按下_____组合键,可以迅速锁定计算机。

    A. Ctrl+M   B. Win+M   C. Ctrl+L   D. Win+L

4. 将 Windows 7 桌面上的某个应用程序的图标删除,意味着_____。

    A. 该应用程序连同其图标一起被删除

    B. 只删除了该应用程序,对应的图标被保留

    C. 只删除了图标,对应的应用程序被保留

    D. 该应用程序连同其图标一起被隐藏

5. "开始"菜单的左窗格显示的最近使用程序的数目默认为( )。

    A. 6   B. 8   C. 12   D. 10

6. 在 Windows 7 中,使用剪贴板移动文件或文件夹时,在选定要移动的文件或文件夹后,选择_____命令,然后从"编辑"菜单中选择"粘贴"命令即可。

    A. 清除   B. 剪切   C. 复制   D. 粘贴

7. Windows 7 文件名中不能含有的符号是(　　)。

　　A. $　　　　　　　　B. *　　　　　　　C. 空格符　　　　　　　D. ~

8. 关于文件夹,下面说法错误的是_____。

　　A. 文件夹只能建立在根目录下

　　B. 文件夹可以建立在根目录下,也可以建立在其他的文件夹下

　　C. 文件夹的属性可以改变

　　D. 文件夹的名称可以改变

9. 下面有关 Windows 7 文件名的叙述中,错误的是_____。

　　A. 文件名中允许使用大小写字母　　　　B. 文件名中允许使用多个圆点分隔符

　　C. 文件名中允许使用空格　　　　　　　D. 文件名中至少要有 8 个字符

10. 文件的扩展名一般与_____有关。

　　A. 文件的大小　　　　　　　　　　　B. 文件的类型

　　C. 文件的创建日期　　　　　　　　　D. 文件的存储位置

11. 如果要打开一个文件,下面说法正确的是_____。

　　A. 单击鼠标左键可将文件打开　　　　B. 单击鼠标右键可将文件打开

　　C. 双击鼠标右键可将文件打开　　　　D. 双击鼠标左键可将文件打开

12. 在 "Windows 资源管理器"中,选定多个不连续的文件或文件夹的方法是_____。

　　A. 逐一单击各个文件或文件夹

　　B. 按下 Alt 键不放,再逐一单击各个文件或文件夹

　　C. 按下 Ctrl 键不放,再逐一单击各个文件或文件夹

　　D. 按下 Shift 键并保持不放,再逐一单击各个文件或文件夹

13. 在 Windows 资源管理器窗口中,不可以取消显示下列哪项组成部分_____。

　　A. 菜单栏　　　　　　B. 搜索栏　　　　　C. 导航窗格　　　　　　D. 细节窗格

14. 以下关闭窗口的方法错误的是_____。

　　A. 双击标题栏左边的控制菜单按钮

　　B. 单击标题栏控制菜单图标,在下拉菜单选择"关闭"命令

　　C. 双击标题栏

　　D. 单击标题栏右边的"关闭"按钮

15. 在"计算机"或"Windows 资源管理器"窗口中,先选定文件或文件夹,然后按"Shift＋
Delete"键,单击"确定"按钮,则该文件或文件夹将_____。

　　A. 被删除并放入"回收站"　　　　　B. 不被删除也不放入"回收站"

　　C. 直接被删除而不放入"回收站"　　D. 不被删除但放入"回收站"

16. 在 Windows 7 中,_____不是"附件"程序组中的工具。

　　A. 记事本　　　　　　　　　　　B. Windows Media Player

　　C. 录音机　　　　　　　　　　　D. 便笺

17. 在 Windows 7 中,选择汉字输入法后,可以按_____实现全角和半角的切换。

　　A. CapsLock 键　　　B. Ctrl＋圆点键　　C. Shift＋空格键　　　D. Ctrl＋空格键

18. 在计算机上,用汉语拼音输入"中国"二字,输入"zhongguo"8 个字符。那么,"中国"2 个
字的内码所占用的字节数是_____。

　　A. 2　　　　　　　　　B. 4　　　　　　　　C. 8　　　　　　　　　D. 16

19. Windows 7 中"磁盘碎片整理程序"的主要功能是_____。

    A. 修复损坏的磁盘   B. 缩小磁盘空间

    C. 提高文件访问速度   D. 扩大磁盘空间

20. Windows 7 提供了多任务、多窗口的操作环境,以下说法错误的是_____。

    A. 可以同时打开多个窗口   B. 当前窗口可以有多个

    C. 可以在任务栏中进行多窗口切换   D. 只能有一个窗口是当前窗口

二、操作题

①在 D:盘的根目录下建立如图 2-50 所示的文件夹结构。

图 2-50   文件夹结构

②在 WORD 文件夹中建立一个空文档 CZ. TXT,并输入内容"Windows 操作练习"。

③在 BMP 文件夹中建立一个空图形文件 TEMP. BMP,并打开绘制简单图形。

④将 WORD 文件夹中的文件 CZ. TXT 复制到 PPT\LX1 中,并将其属性设置为"隐藏"。

⑤将 BMP 文件夹中的文件 TEMP. BMP 移动到 WORD 文件夹中。

⑥将 WORD 文件夹中的文件 CZ. TXT 改名为 HF. DOC。

⑦将 BMP 文件夹和 LX11 文件夹删除。

⑧在桌面上为文件 HF. DOC 创建一个快捷方式。

第 3 章　文字处理软件
Word 2010

考核目标

➤ 了解：模板、分隔符、样式。

➤ 理解：Word 窗体组成，视图及菜单、按钮的使用，文档打
开、保存、关闭，数学公式，文本框，图片的插入、删除及格
式设置。

➤ 掌握：文字的复制、粘贴、选择性粘贴、移动、查找、替换操
作，页面设置，段落格式设置，文字格式设置，图文表混排，
文档的打印输出，文本框、图片、形状与表格等对象的插入
与编辑。

➤ 应用：使用文字处理软件创建文档，完成对文档的排版等
处理。

Microsoft Office 2010 是微软推出的新一代办公套装软件,它主要由 Word 2010、Excel 2010、PowerPoint 2010、Access 2010、Outlook 2010 等组件构成。其中,Word 2010 是一款图文编辑工具,可用于创建和编辑具有专业外观的文档,如个人简历、会议记录、毕业论文等。Excel 2010 是数据处理程序,可用来执行计算、分析信息以及可视化电子表格中的数据,如期末成绩表、工资表等。PowerPoint 2010 是幻灯片制作程序,可用来创建和编辑用于幻灯片播放、会议和网页的演示文稿,如电子课件、产品介绍、项目立项申报等。

3.1 Word 2010 概述

3.1.1 Word 2010 的常用功能

作为图文处理软件,Word 2010 除了传统的文字、图形、表格、艺术字、数学公式等的编辑和处理功能外,还增加了很多新功能。

①新增字体特效,可将阴影、凹凸效果、发光、映像等视觉效果轻松应用到文档文本中,让文字不再枯燥。

②新型图片编辑工具,可简化图片色彩饱和度、色温、裁剪等处理,尤其新增"删除背景"功能,是快速抠图的好工具。

③自动缓存当前打开窗口的截图,可通过"插入"→"屏幕截图"轻松实现截屏功能。

④优化的 SmartArt 图形功能,可构建精彩的图表。

⑤改进的搜索和导航体验,可更加便捷地查找信息。

⑥优化文件打印功能,由 3 个选项改进成一个基本可以完成所有打印操作的面板。

⑦对用户在互联网中下载的文档,Word 2010 自动启动"保护模式",增强安全性。

⑧多语言翻译功能。

3.1.2 Word 2010 的启动与退出

1.启动

Word 2010 的启动方法主要有以下几种:

①"开始"按钮启动。单击任务栏上的"开始"按钮→"所有程序"→"Microsoft Office"→"Microsoft Word 2010",即可启动 Word 2010。

②快捷方式启动。双击桌面上的"Microsoft Word 2010"快捷图标来启动。

③通过现有的文档启动。在"我的电脑"或"资源管理器"中双击电脑上已存在的 Word 2010 文档图标。

2.退出

常用的退出方法如下:

①选择"文件"→"退出"命令。

②单击标题栏最左侧的控制菜单按钮，出现如图 3-1 所示的控制菜单,选择"关闭"命令;或双击控制菜单按钮。

③单击标题栏右侧的"关闭"按钮。

④按"Alt＋F4"组合键。

图 3-1　Word 控制菜单

3.1.3　Word 2010 的工作窗口

启动 Word 2010 后进入图 3-2 所示的 Word 2010 窗口,它主要由标题栏、"文件"选项卡、主选项卡区、功能区、文档编辑区、状态栏、标尺、滚动条等组成。

图 3-2　Word 2010 窗口

1. 标题栏

最左端为"控制菜单"按钮,单击此图标或按下"Alt＋空格"将弹出控制菜单。为"快速访问工具栏"区,单击其右边的下三角形可以将个人常用命令以图标形式显示到此处,如"保存""撤消"等。文档1 - Microsoft Word显示正处于编辑状态的文档的文件名以及所使用的软件名。最右端为窗口控制按钮区,分别为"最小化""最大化/还原"和"关闭"按钮。

2. "文件"选项卡

单击"文件"选项卡,可打开或关闭其下拉菜单,此下拉菜单中包含对文件的基本操作命令,如"保存""新建""打开""关闭""另存为…"和"打印"等。除此之外,还包含"选项"命令,利用该命令可以对 Word 使用时的一些常规选项进行设置。

3. 功能区

Word 2010 用各种功能区取代传统的菜单栏和工具栏,单击具体功能区的名称时将切换到与之相对应的功能区面板。

Word 2010 默认显示"开始""插入""页面布局""引用""邮件""审阅""视图"7 个主要选项卡,每个选项卡根据功能不同又分为若干个组,如"开始"功能区中包括剪贴板、字体、段落、样式和编辑 5 个组。

如果工具按钮名称下方有倒三角图标(如:"开始"功能区→"剪贴板"功能组→"粘贴"按钮^{粘贴}),则单击将弹出更多此按钮的相关选项。如果功能组区右下角带 图标,单击时将弹出此功能组的对话框。

可以自定义功能区,方法是"文件"选项卡→"选项"→"自定义功能区",在右边进行相应设置。

4. 文档编辑区

文档编辑区是用户工作的主要区域,显示正在编辑的 Word 文档。

5. 状态栏

状态栏最左边显示正在编辑的文档的各种编辑状态信息,如页面信息、字数、插入/改写状态等。 为视图按钮区,从左向右分别是页面视图、阅读版式视图、Web 版式视图、大纲视图和草稿,用鼠标单击相应的按钮,可以改变文档的显示模式。最右边 100% 为文档的显示比例, 为缩放滑块区,可用于更改正在编辑的文档的显示比例。

6. 标尺

标尺用于显示纵横坐标,用户可以通过移动标尺来改变对文档的布局,如缩进段落、调整页边距、改变栏宽以及设置制表位等。

标尺由两部分组成:水平标尺和垂直标尺。在默认情况下,水平标尺位于功能区的下方。

通过单击"视图"→"标尺"或垂直滚动区上方的 图标可以显示或隐藏标尺。

7. 滚动条

滚动条可用来查看文档当前显示屏在文档中的相对位置,用户用鼠标拖动滚动条中的滚动块或单击滚动箭头,就可以到达和显示文档中的不同位置。

通过单击"文件"选项卡→"选项"→"高级",勾选或去除"显示水平滚动条""显示垂直滚动条"前正方形中的勾号,可以显示或隐藏对应的滚动条。

3.1.4 文档视图

视图即简单查看文档的方式,Word 2010 向用户提供页面视图、阅读版式视图、Web 版式视图、大纲视图、草稿视图等视图方式。用户既可以根据不同的需要在"视图"功能区中选择需要的文档视图模式,也可以在状态栏的视图切换区 单击"视图"按钮选择视图。

1. 页面视图

页面视图可以看到与打印效果相同的文档,即为"所见即所得"显示效果。在进行文本输入、编辑和格式编排时通常采用页面视图,页面视图可以更好地显示排版效果,因此常用于文本、格式、版面或文档外观等的修改,其显示效果与文档的打印效果一致,如图 3-3 所示。

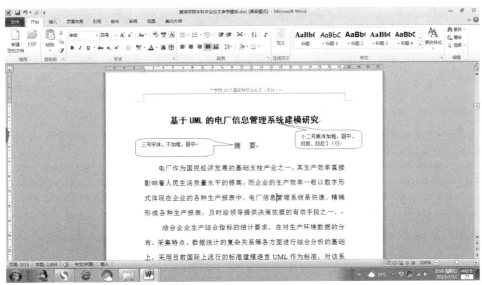

图 3-3　页面视图

2. 阅读版式视图

阅读版式视图主要用于以阅读方式查看文档。它最大的优点是利用最大的空间来阅读或批注文档。在阅读版式视图下,Word 会隐藏许多工具栏,从而使窗口工作区中显示最多的内容,如图 3-4 所示。

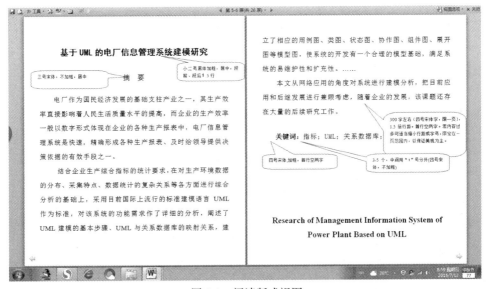

图 3-4　阅读版式视图

3. Web 版式视图

Web 版式视图是以网页的形式显示 Word 文档,此视图适用于发送电子邮件和创建网页,如图 3-5 所示。

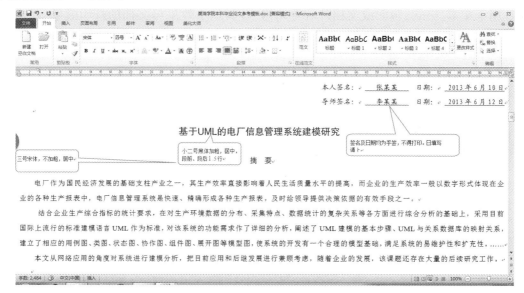

图 3-5　Web 版式视图

4. 大纲视图

大纲视图是显示文档结构和大纲工具的视图,它将所有的标题分级显示出来,层次分明,特别适合较多层次的文档,如报告文体和章节排版等。在大纲视图下,用户可以方便地移动和重组长文档,如图 3-6 所示。

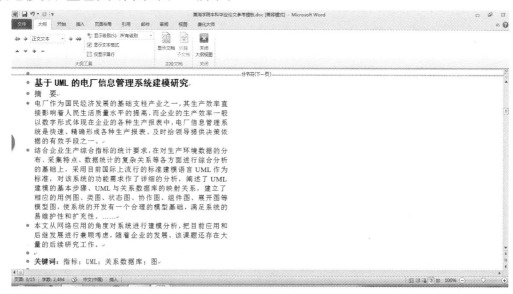

图 3-6　大纲视图

5. 草稿视图

草稿视图主要用于查看草稿形式的文档，便于快速编辑文本。在草稿视图中不会显示页眉、页脚等文档元素，如图 3-7 所示。

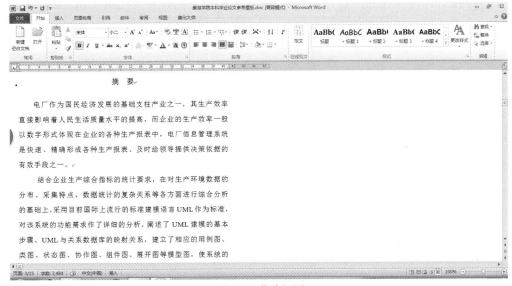

图 3-7　草稿视图

3.2　Word 2010 文档的录入与编辑

3.2.1　文档的新建、保存和打开

开始编辑文档之前，必须先建立新的 Word 文档或者打开已经存在的文档；编辑结束后，为了保证以后能查看到编辑过的效果，必须保存文档，然后退出 Word 程序。

1. 新建文档

新建一个 Word 文档的方法主要有以下几种：

①启动 Word 2010 时，会自动创建一个新的空白文档，并默认命名为"文档 1"。

②单击"快速访问工具栏"中的"新建"按钮。

③选择"文件"→"新建"，在打开的"可用模板"中选择"空白文档"，单击"创建"。

④按快捷键"Ctrl＋N"。

无论采用哪些方式建立了新的文档，默认的文件名为"Doc1"，保存类型默认为"docx"。用户可以给这个文档起新的文件名，如"2018 年工作总结"；也可以为这个文档选择其他的保存类型，如"doc"。

2. 保存文档

新建文档或者对某个文档进行修改后，需要保存编辑后的结果。保存文档的方法有以下几种：

①选择"文件"→"保存"命令。

②单击"快速访问工具栏"中的"保存"按钮🔲。

③按组合键"Ctrl＋S"。

当第一次保存新文档或选择"文件"→"另存为"命令时，均会出现"另存为"对话框，如图 3-8 所示，选择保存的位置并输入文件名，再选定文档保存类型后单击"保存"按钮。

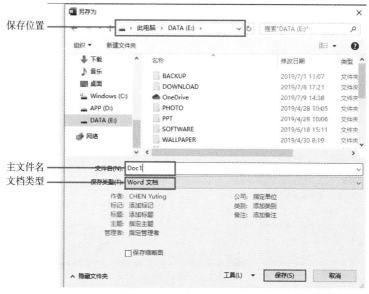

图 3-8　"另存为"对话框

用户可以设置自动保存，方法是：单击"文件"→"选项"→"保存"，在"保存文档"区域中选中"保存自动恢复信息时间间隔"，输入间隔时间，如图 3-9 所示。

图 3-9　自动保存间隔时间的设置

3. 打开文档

在进入 Word 后,要打开已存在的 Word 文档,常用以下几种方法:

①单击"快速访问工具栏"中的"打开"按钮。

②选择"文件"→"打开"命令。

③选择"文件"→"最近所用文件"。

④使用组合键"Ctrl＋O"。

使用上述任一方法,均会出现"打开"对话框,如图 3-10 所示。在"查找范围"中选择文档所在的位置,在文件列表中选择要打开的文件,单击"打开"即可。

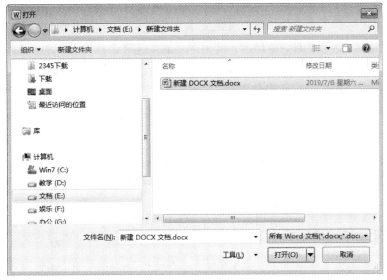

图 3-10 "打开"对话框

在方法③中,"最近所用文件"中列出的"最近使用的文档"的数目,可在"文件"→"选项"→"高级"中进行设置。

3.2.2 文档的录入

创建新文档后,就可以在文档编辑区中录入文本了。文本是文字、符号、特殊字符和图形、图片等内容的总称。

1. 文本插入点的位置调整

在文档编辑区处,有一个闪动的竖线光标,称为"当前光标",当前光标所在的位置称为"插入点",它表示用户输入内容的位置。用户可以用鼠标或键盘移动插入点。表 3-1 列出了用键盘移动插入点的方法。

表 3-1 使用键盘移动插入点

按　键	作　用
↑　↓　←　→	向上、下、左、右移动
PageUp　PageDown	向上/下移动一屏
Home　End	到当前行开始/末尾处
Ctrl＋Home　Ctrl＋End	到本文档开始/结束处

即点即输是 Word 重要的功能之一,即指鼠标指针指向需要编辑的文字位置,单击鼠标即可进行文字输入。

说明:如果在空白处,要双击鼠标才有效。

2. 选择输入法

如果输入英文,直接输入键盘字符即可。如果输入中文,则必须选择中文输入法,可通过组合键"Ctrl+Shift""Ctrl+空格"或单击任务栏右端的输入法图标,进行输入法的切换。

3. 输入内容

输入内容时先不必考虑格式,只以纯文本方式进行。当文字到达行尾时 Word 会自动换行。一个自然段结束时,按 Enter 键另起一段,这时会在段尾产生一个段落标记↵。

当在一个段落内想强制换行时,可按下"Shift+Enter"组合键,Word 会插入一个换行符↓,插入点光标将移到下一行的开端。利用换行符可以形成段中段的效果,但实际上它们仍属同一段落,沿用同一段落格式。换行符和段落标记是不同的,如图 3-11 所示。

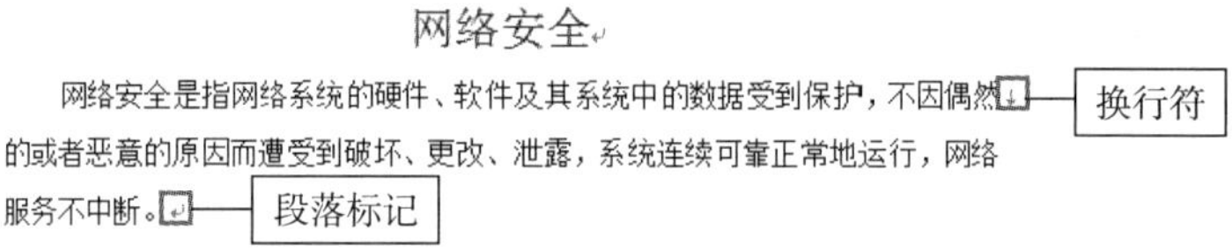

网络安全↵

网络安全是指网络系统的硬件、软件及其系统中的数据受到保护,不因偶然↓　　　　换行符

的或者恶意的原因而遭受到破坏、更改、泄露,系统连续可靠正常地运行,网络

服务不中断。↵　　　段落标记

图 3-11　换行符和段落标记

4. 插入符号和特殊字符

有些符号和特殊字符并不显示在键盘上,例如,→、1/4、∞、①、æ、☆等。输入这些符号可以使用以下两种方法。

(1)使用"符号"对话框输入

单击"插入"→"符号"组→"符号"→"其他符号",出现如图 3-12 所示的"符号"对话框,双击想要插入的符号,或者选择要插入的符号,单击对话框下面的"插入"按钮,即可在光标停留的位置插入选择的符号。

图 3-12　"符号"对话框

(2)使用输入法的"软键盘"输入

右击"输入法"工具栏上的"软键盘" ⌨ 按钮,在弹出的"软键盘"菜单中选择特殊符号。输入结束后,再次单击"软键盘"按钮,关闭软键盘。

5. 插入日期和时间

Word 文档中的日期可以直接从键盘输入,也可以使用"插入"选项卡插入日期和时间。单击"插入"→"文本"组→"日期和时间" 📅 日期和时间 。出现如图 3-13 所示的"日期和时间"对话框,选择要插入日期和时间的格式,单击"确定"。

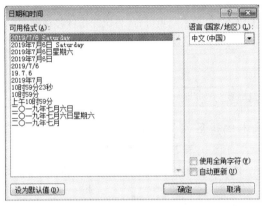

图 3-13　"日期和时间"对话框

6. 拼写检验与自动更正

Word 提供了拼写检验功能,在文档编辑过程中,如果发现文字的下方出现红色或绿色波浪线,则表示文字的拼写或语法可能有错误。在标有波浪线的字符上单击鼠标右键,可用快捷菜单中的命令,忽略或纠正这些错误。

3.2.3　选择文本

文字录入完毕后,就可以对文档的内容进行编辑处理,如字符格式化、段落设置等。Windows 下的操作都遵循"先选定对象,后操作对象"的原则。

在选定文本内容后,被选中的部分变为黑底白字(反相显示),如图 3-14 所示。

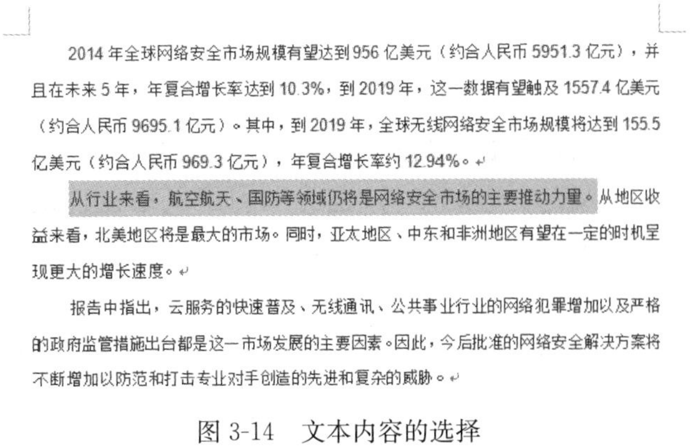

2014 年全球网络安全市场规模有望达到 956 亿美元(约合人民币 5951.3 亿元),并且在未来 5 年,年复合增长率达到 10.3%,到 2019 年,这一数据有望触及 1557.4 亿美元(约合人民币 9695.1 亿元)。其中,到 2019 年,全球无线网络安全市场规模将达到 155.5 亿美元(约合人民币 969.3 亿元),年复合增长率约 12.94%。

从行业来看,航空航天、国防等领域仍将是网络安全市场的主要推动力量。从地区收益来看,北美地区将是最大的市场。同时,亚太地区、中东和非洲地区有望在一定的时机呈现更大的增长速度。

报告中指出,云服务的快速普及、无线通讯、公共事业行业的网络犯罪增加以及严格的政府监管措施出台都是这一市场发展的主要因素。因此,今后批准的网络安全解决方案将不断增加以防范和打击专业对手创造的先进和复杂的威胁。

图 3-14　文本内容的选择

表 3-2 和表 3-3 分别给出了用鼠标和键盘选定文档内容的方法。

表 3-2　用鼠标选定文本

鼠标操作	将选定的文档内容
双击要选定的字/词	一个单词或一个中文字/词
按住 Ctrl 键,句子内单击	一个句子
将鼠标移到某一行左侧的选择栏,鼠标指针变为"⚞"时单击	一行
先选择一行,再按住左键向上或向下拖拽鼠标	多行
在某段落左侧的选择栏处双击;或在段落内任意处三击左键	一个段落
先选择一段落,同时往上或往下拖动鼠标	多个段落
单击所选字符的开始处,按住 Shift 键,单击结束处;或将鼠标指针移动到要选定文本的开始处,然后按住鼠标左键不放拖到最后一个字符后松开鼠标	任意连续字符
按住 Alt,同时拖拽鼠标	矩形字符块(列块)
单击图形	一个图形
将鼠标移到左侧的选择栏,鼠标变为"⚞"时三击左键	整篇文档

注意:选择栏位于文本编辑区左侧的空白区域处。

表 3-3　用键盘选定文本

键盘操作	选定的文档内容	键盘操作	选定的文档内容
Shift+→	右侧一个字符	Shift+End	从当前字符至行尾
Shift+←	左侧一个字符	Ctrl+Shift+↑	从当前字符至段首
Shift+↑	上一行	Ctrl+Shift+↓	从当前字符至段尾
Shift+↓	下一行	F8	扩展选择
Shift+Home	从当前字符至行首	Shift+F8	缩减选择
Ctrl+A	整篇文档		

3.2.4　修改文本

1. 插入文本

在编辑文档时,有时需要增加或修订文字信息,Word 2010 提供两种编辑状态,插入和改写,默认是插入状态。处于插入状态时,在插入点输入文本,插入点后面的文本会后移;在改写状态下,新的文本会替代插入点后面原有的文本。单击状态栏上的"插入"或按 Insert 键可以切换这两种状态。

2. 删除文本

在编辑的过程中,发现有错误,可以按 Backspace 键逐个删除插入点左边的字符,或按 Delete 键逐个删除插入点右边的字符;也可以利用鼠标先选定要删除的内容,再按 Backspace 键或 Delete 键删除所有选定的内容。

3. 移动文本

移动文本主要有以下 4 种方法。

(1)使用快捷键

①选定要移动的文本。

②按"Ctrl＋X"组合键。

③移动插入点到目标位置。

④按"Ctrl＋V"组合键。

(2)使用鼠标拖动

①选定要移动的文本。

②将鼠标指针移到选定的内容上,指针显示为向左的箭头,按下鼠标左键,指针下方会出现一虚线框。

③拖动鼠标到目标位置。

④放开鼠标左键。

(3)使用剪贴板

①选定要移动的文本。

②单击"开始"→"剪贴板"组→"剪切"按钮 。

③移动插入点到目标位置。

④单击"粘贴"按钮 。

(4)使用快捷菜单

①选定要移动的文本。

②在所选定的文本上右击,在出现的快捷菜单上选择"剪切" 。

③移动插入点到目标位置。

④右击,在出现的快捷菜单上选择"粘贴" 。

4. 复制文本

(1)使用快捷键

①选定要复制的文本。

②按"Ctrl＋C"组合键。

③移动插入点到目标位置。

④按"Ctrl＋V"组合键。

(2)使用鼠标拖动

①选定要复制的文本。

②将鼠标指针移到选定的内容上,指针显示为向左的箭头,按住 Ctrl 键,同时按下鼠标左键拖动,指针下方会出现一虚线框及中间有"＋"符号的方框。

③拖动鼠标到目标位置。

④放开鼠标左键。

(3)使用剪贴板

①选定要复制的文本内容。

②单击"开始"→"剪贴板"组→"复制"按钮 。

③移动插入点到目标位置。

④单击"粘贴"按钮 。

(4)使用快捷菜单

①选定要移动的文本。

②在所选定的文本上右击,在出现的快捷菜单上选择"复制" 。

③移动插入点到目标位置。

④右击,在出现的快捷菜单上选择"粘贴"。

5. 查找与替换

Word 提供了强大的查找和替换功能,可以快速准确地查找和替换文本内容,尤其对于一些较长的文档,通过这些功能可以大大提高工作效率。

(1)查找

①将光标移至要查找的起始位置,单击"开始"→"编辑"组→"查找"  ,或按"Ctrl+F"组合键,弹出"查找"导航窗格,如图 3-15 所示,在文本框中输入要查找的内容。单击"查找"按钮右侧的下拉箭头,选择"高级查找",弹出如图 3-16 所示的"查找和替换"对话框。

图 3-15 "查找"导航窗格   图 3-16 "查找和替换"对话框

②在"查找内容"文本框中输入要查找的内容,单击"更多"按钮,可设置搜索的范围、查找对象的格式、查找的特殊字符等。

③单击"查找下一处"按钮依次查找,被找到的字符反白显示。

(2)替换

替换功能是查找功能的扩展,适用于替换多处相同的内容。

在"替换为"文本框中输入要替换的内容,系统可以每次替换一处查找到的内容,也可以一次性全部替换。

利用替换功能还可以删除文本。方法是:在"替换为"一栏中不输入任何内容,替换时会以空字符代替找到的文本,等于进行了删除操作。

6. 撤消与恢复

如果在编辑时出现误操作,可单击快速访问工具栏中的"撤消"按钮或按下"Ctrl+Z"组合键来撤消刚刚的操作。用"重复"按钮可以将撤消的操作重新执行。

3.3　文档排版

进行必要的信息录入和编辑工作后,要对文档的外观进行必要的设置和修改,即对文档进行格式设置,包括字符格式设置、段落格式设置及页面格式设置等。

3.3.1　字符格式设置

字符格式设置包括对字符的字体、字号、字形、字符颜色 **A** ▾ 、字符效果和字符间距等进行设置。

1. 使用"开始"功能区下的"字体"选项组中的按钮进行设置

选中要进行格式设置的文本,单击"开始"→"字体"选项组中的按钮进行设置。设置效果如下:

黑体三号 楷体五号 拼音 文本边框

加粗 *倾斜* 下划线 ~~删除线~~ 上标 下标 轮廓阴影

映像 发光 突出显示文本 文本底纹 带 圈 文 字

2. 使用"字体"对话框进行设置

选中要进行格式设置的文本,单击"开始"→"字体"选项组右下角的 按钮;或者右击选中的文本,在快捷菜单中选择"字体"命令,打开"字体"对话框,如图 3-17 所示。

在"字体"对话框中,单击"高级"选项卡,如图 3-18 所示,可以设置字符缩放、字符间距和字符的垂直位置等。

图 3-17　"字体"对话框"字体"选项卡

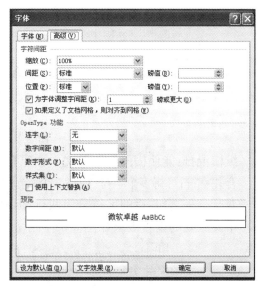

图 3-18　"字体"对话框"高级"选项卡

①"缩放":缩放并不是字符整体都缩小或放大,只是字符宽度发生变化,而高度不变。在"缩放"下拉列表框中输入1~600的整数数字,可以设置相应的缩放比例。

②"间距":用来设置两个相邻字符之间的水平间距。通常情况下,采用单位"磅"来度量。在"间距"中选择"加宽"或"紧缩"并输入具体磅值。间距的最大值是1584磅,最小值是0磅。

③"位置":用来设置字符之间的垂直位置。"标准"是字符的默认位置;"提升"是相对于原来的基线,字符上升一定的磅值;"降低"是下降一定的磅值。如图3-19所示。

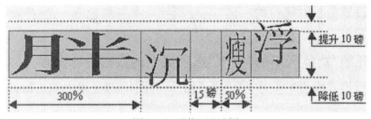

图3-19 "位置"示例

3. 使用悬浮工具栏进行设置

选中要进行格式设置的文本,将鼠标移向已选定文本的右上角,出现如图3-20所示悬浮工具栏,在悬浮工具栏中设置字体格式。

图3-20 悬浮工具栏

4. 中文版式

有时需要进行一些比较特殊的格式设置,例如,给字符加注拼音，设置带圈字符、纵横混排、合并字符、双行合一等,Word提供的中文版式功能可以很好地实现这些设置。中文版式命令按钮如图3-21所示。

图3-21 中文版式

纵横混排:能使横向排版的文本在原有基础上向左旋转90°。

合并字符:可将多个字符(最多6个)合并成一个字符,合并后的字符只占一个字符位置。

双行合一:合并后的字符分为两行,但只占一行位置。

中文版式的设置效果如图3-22所示。

图3-22 "中文版式"设置效果

5. 格式的清除

选定要清除格式的文档内容,单击"文件"→"字体"组→"清除格式"按钮 ,即可清除设置的格式。

3.3.2 段落格式设置

段落是以回车键结束的一段文字,每个段落的结尾都有一个段落标记↵。段落格式是指以段落为对象的格式设置,主要包括设置段落的对齐方式、段落缩进、行间距和段落间距等。

在进行段落格式设置时,首先选中要进行格式设置的段落,然后再进行设置。

1. 使用"开始"功能区下的"段落"选项组中的按钮进行设置

选中要进行格式设置的文本,单击"开始"→"段落"选项组中的按钮进行设置。

2. 使用"段落"对话框进行设置

选中要进行格式设置的段落,单击"开始"→"段落"选项组右下角的 按钮;或者右击选中的段落,在快捷菜单中选择"段落"命令,都可以打开"段落"对话框,如图 3-23 所示,在"段落"对话框中进行相应的设置。

①"对齐方式":指段落在文档中的横向排列方式。在"对齐方式"下拉列表中,用户可选择"左对齐""右对齐""居中对齐""两端对齐"和"分散对齐"5 种对齐方式。设置效果如图 3-24 所示。

图 3-23 "段落"对话框

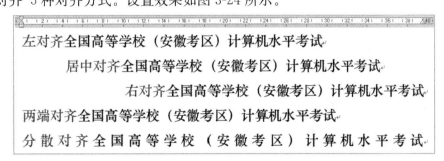

图 3-24 "对齐"设置效果

对齐方式的区别如下:

• 左对齐:段中每行文字以左边为基准对齐,右边可能会出现不够整齐的情况,尤其在英文文章中,英语单词长短不一,段落每行右边不够整齐更明显。

• 居中对齐:段中每行文字沿水平方向向中间集中对齐。

• 右对齐：段中每行文字以右边为基准对齐，左边可能会出现不够整齐的情况。

• 两端对齐：除最后一行左对齐外，段中其他行文字，左右两端的边缘都对齐，整齐排列。

• 分散对齐：段中每行文字，根据字数自动平均分布于整行。例如，某行只有 3 个字，则一个字在最左边，一个字在中间，一个字在最右边。

②"缩进"：段落缩进是指段落文本和页边距之间的距离，在"缩进"区域设置缩进类型及缩进值，包括左缩进、右缩进、首行缩进和悬挂缩进。正文中有 4 个段落，分别以不同缩进格式缩进 8 个字符为例，缩进设置后效果如图 3-25 所示。

图 3-25 "缩进"设置效果

注意：取消左缩进、右缩进，对应的缩进值改设为 0；取消首行缩进和悬挂缩进，在"特殊格式"项中选"无"。

③"间距"：指两个段落之间的距离，分为段前间距和段后间距两项。

④"行间距"：指一个段落中行与行之间的距离，有"最小值""固定值""多倍行距"等选项。

"缩进"和"间距"的度量单位一般是厘米、磅或行，可以直接输入；也可以在"文件"→"选项"→"高级"选项的"显示"区域中进行设置，如图 3-26 所示。

图 3-26 度量单位的设置

3. 使用水平标尺设置缩进量

在水平标尺上可以看到 4 个标记，一个位于标尺的右端，另外 3 个分别位于标尺的左端。将鼠标移到这些标记上，会分别显示"右缩进""首行缩进""悬挂缩进"和"左缩进"的提示信息,如图 3-27 所示。鼠标指针指向其中之一,按左键拖动,则可改变各种缩进量。

图 3-27 标尺上的缩进标记

将光标定位于要设置缩进量的段落(或直接选中该段落),再将鼠标指针指向"右缩进""首行缩进""悬挂缩进"和"左缩进"的任一个标记,按下鼠标左键拖动则可设置相应的格式,如图 3-28 所示。按住 Alt 键不放,拖动缩进标记,可以精确调整缩进的位置。

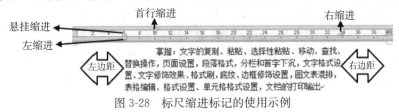

图 3-28 标尺缩进标记的使用示例

4. 首字下沉

单击段落中任一位置,选择"插入"→"文本"组→"首字下沉"按钮,选择"首字下沉"选项,弹出"首字下沉"对话框。如图 3-29 所示。在对话框中选择"下沉"或"悬挂",设置下沉行数,可获得首字下沉效果,如图 3-30 所示。

图 3-29 "首字下沉"对话框

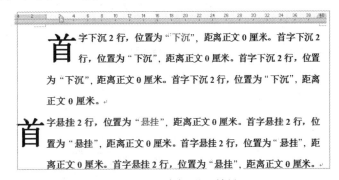

图 3-30 "首字下沉"效果

取消"首字下沉",选择要取消此格式的段落,在"首字下沉"对话框中,选择"无"。

5. 项目符号和编号

选定需要添加项目符号和编号的段落,单击"开始"→"段落"组→"项目符号"三 ▼或"编号"三 右侧的下拉箭头,在打开的下拉列表中选择项目符号或编号的样式,如图 3-31、图 3-32 所示。一般项目符号用于平级关系;编号用于顺序关系。

信息工程学院
■ 软件工程专业
■ 网络工程专业
■ 电子商务专业
■ 计算机科学与技术专业

信息工程学院
① 软件工程专业
② 网络工程专业
③ 电子商务专业
④ 计算机科学与技术专业

图 3-31 "项目符号"设置   图 3-32 "编号"设置

取消项目符号和编号,先选择要取消此格式的段落,然后在项目符号或编号的下拉列表中选择"无"。

3.3.3 页面设置

通过对文档的页面进行排版,可以使文档的总体布局更加美观。

1.边框和底纹

在 Word 中,可为文档中的字符、段落、表格、图形等对象设置各种边框和底纹,也可给文档加页面边框。

(1)设置边框

选中要设置边框底纹的文本或段落,单击"开始"→"段落"组→"下框线"右侧的下拉箭头,在弹出的下拉列表中选择"边框和底纹"命令,如图 3-33 所示,打开"边框和底纹"对话框。在"边框"选项卡中,选择"设置"选项,选择边框类型,设置边框的"线型""颜色""宽度",最后选择"应用于"范围,单击"确定",如图 3-34 所示。单击"选项"按钮,打开"边框和底纹选项"对话框,可以设置边框"距正文的间距"。

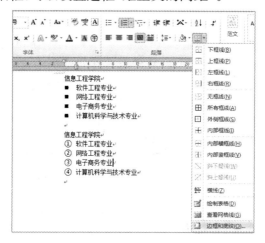

图 3-33 "边框和底纹"设置

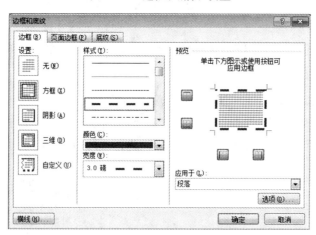

图 3-34 "边框"的设置

取消边框,在"边框"选项卡中,单击"设置"选项中的"无"。

(2)设置底纹

在"边框和底纹"对话框中,单击"底纹"选项卡,选择底纹"填充"的颜色,"图案"的样式及"颜色",最后选择"应用于"范围,单击"确定",如图 3-35 所示。选择边框和底纹的应用范围,是"文字"还是"段落",效果如图 3-36 所示。

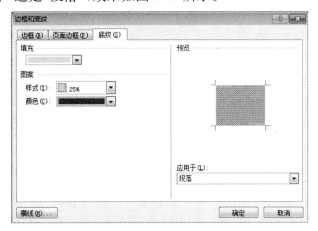

图 3-35　"底纹"的设置

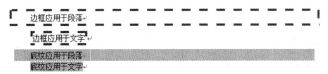

图 3-36　效果应用于"段落"或"文字"的区别

取消底纹,在"底纹"选项卡中,选择"无填充颜色"。

2. 页面背景

(1)页面边框

页面边框是给整个页面加边框,单击"页面布局"→"页面背景"组→"页面边框",或单击"开始"→"段落"组→"下框线"右侧的下拉箭头,在弹出的下拉列表中选择"边框和底纹"命令,在"边框和底纹"对话框中选择"页面边框"选项卡,打开如图 3-37 所示的对话框,其中的设置基本上与"边框"选项卡相同,只是多了一个"艺术型"下拉列表框。对"页面边框"进行相应设定,效果如图 3-38 所示。

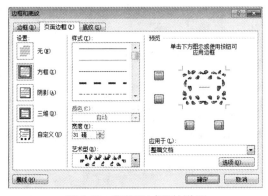

图 3-37　"页面边框"的设置

图 3-38　整篇文档的边框效果

(2)水印

水印是经常用到的一个 Word 功能,尤其是在处理绝密、机密、秘密等密级文档的时候,这是必用的一个功能。单击"页面布局"→"页面背景"组→"水印",可以选择预定义的水印文字及格式,也可以自定义水印。图 3-39 为自定义文字/图片水印效果。

图 3-39　自定义文字/图片水印效果

(3)页面颜色

在使用 Word 2010 编辑文档的时候,有时需要为文档页面设置背景颜色。单击"页面布局"→"页面背景"组→"页面颜色",可以选择单色作页面颜色,也可以自定义颜色;或在填充效果中选择渐变色、纹理、图案、图片作页面的背景。图 3-40 为黄色/鱼类化石作页面背景效果。

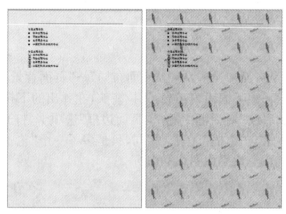

图 3-40　黄色/鱼类化石作页面背景效果

3.页眉和页脚

页眉和页脚一般位于每个页面的顶部和底部,可在页眉和页脚中插入页码、日期或公司徽标等文字和图形。只有在页面视图和打印预览方式下,才能看到页眉和页脚的效果。

(1)插入页眉和页脚

单击"插入"→"页眉和页脚"组→"页眉"或"页脚"按钮,在弹出的下拉列表中选择相

应的内置页眉或页脚样式,此时系统会自动激活如图 3-41 所示的"页眉和页脚工具"的
"设计"功能选项卡,窗口自动切换到页面视图模式,正文呈灰色不可编辑状态。

图 3-41　"设计"功能选项卡

在页眉或页脚处输入页眉、页脚的内容,允许输入多行内容,可以与正文一样编辑。
单击"设计"功能选项卡中的"关闭页眉和页脚"按钮,退出页眉、页脚编辑状态。

(2)删除页眉或页脚

单击"插入"→"页眉和页脚"组→"页眉"或"页脚"按钮,在弹出的下拉列表中选择
"删除页眉"或"删除页脚"命令。

说明:在使用 Word 文档中设置页眉时,页眉上都会有一条横线出现。在文档中双
击页眉,进入页眉编辑状态,单击"页面布局"→"页面背景"组→"页面边框"按钮,在打开
的"边框和底纹"对话框中选择"边框"选项卡,选择"无"边框,"应用于"段落,可以去除页
眉下的横线。

通常 Word 会自动为整个文档插入相同的页眉、页脚,在"设计"功能选项卡中选择
"首页不同""奇偶页不同"可以为首页、奇偶页插入不同的页眉、页脚,还可将文档分成若
干节并断开各节的链接,以便为各节插入不同的页眉和页脚。

4. 插入页码

单击"插入"→"页眉和页脚"组→"页码"按钮,在弹出的下拉列表中选择需要插入页
码的位置及页码样式。如图 3-42 所示。

图 3-42　插入页码

5. 脚注和尾注

脚注和尾注属于注释性文本。脚注一般位于每页的底端,对文档中的文本作注释、
批注或其他参考说明;尾注一般位于文档末尾,用于说明资料所引用的文献。添加脚注
或尾注的方法如下:

①将插入点移到要插入脚注、尾注的位置。

②单击"引用"→"脚注"组→"插入脚注"或"插入尾注"按钮,光标跳转至注释区域,输入注释文本,输入完毕后,单击文档任意位置即可。

单击"引用"→"脚注"选项组右下角的 按钮,打开"脚注和尾注"对话框,如图 3-43 所示,可对脚注和尾注的位置和格式进行进一步的设置。

图 3-43 "脚注和尾注"对话框

6. 分隔符

分隔符一般用于文档的分页、分节处理,主要有分页符、分节符两类。

(1)插入分隔符

将光标定位于要插入分隔符的位置,选择"页面布局"→"页面设置"组→"分隔符",在下拉列表中选择相应的分隔符类型,如图 3-44 所示。

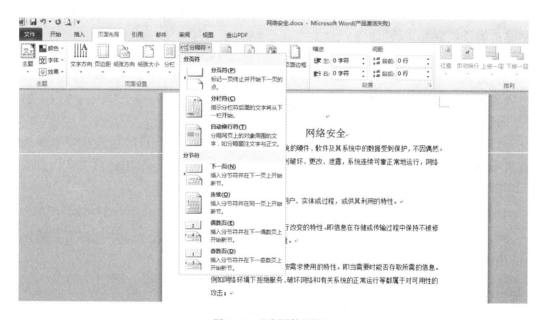

图 3-44 "分隔符"设置

(2)分隔符类型

①分页符。分页符主要包括以下 3 种:

• 分页符:插入分页符后,强制分页。

• 分栏符:对文档进行分栏后,会自动在分栏处插入分栏符。

• 自动换行符:在段落内强制换行,与"Shift+Enter"组合键功能相同,会产生换行符↵。

②分节符。节是文档中的一部分,在插入分节符之前,Word 将整篇文档视为一节。在需要改变行号、分栏数、页眉、页脚及页边距时,要创建新的节。分节符主要包括以下 4 种:

• 下一页:下一节从下一页开始,插入点后的内容会在下一页显示。

• 连续：不改变下一节内容的位置。

• 偶数页：下一节从下一个偶数页开始，插入点后的内容会在下一个偶数页上显示。

• 奇数页：下一节从下一个奇数页开始，插入点后的内容会在下一个奇数页上显示。

分隔符一般在大纲视图中可以看到。

选择分隔符或将光标置于分隔符前，按 Delete 键，可删除分隔符。

7. 分栏

在编辑报纸、杂志时，经常需要对文章作各种复杂的分栏排版，使版面更加生动、美观。

选定要进行分栏的段落，单击"页面布局"→"页面设置"组→"分栏"按钮，选择"更多分栏"，打开"分栏"对话框，进行相应的设置，如图 3-45 所示。

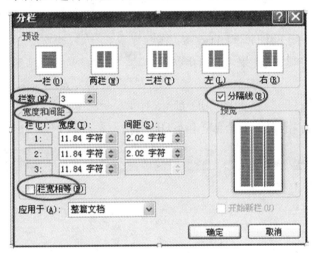

图 3-45　"分栏"对话框

分栏的度量单位默认是"字符"，若要改为其他单位，则可以在"文件"→"选项"→"高级"→"显示"区域中设置，并取消"以字符宽度为度量单位"的设置，见图 3-26。

注意：为文章最后一段分栏，需在最后一段后加回车。

取消分栏，在"分栏"对话框中，选择"一栏"。

8. 格式刷

当需要将某种已经设定好的字符格式或段落格式应用到其他字符或段落时，可以使用格式刷工具。方法是：

①选择已设定好格式的字符或段落。

②单击"开始"→"剪贴板"组→"格式刷" 按钮，此时鼠标指针变成刷子形状。

③拖动鼠标去刷要应用此格式的文本或段落，即可。

复制段落格式时，选定的内容一定要包含段落标记符↵。

若要反复多次刷，可双击"格式刷"按钮，再依次去刷要应用此格式的字符或段落，最后单击"格式刷"按钮或按 Esc 键退出格式刷状态。

9.页面设置

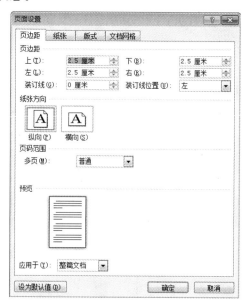

页面设置包括进行页边距、纸张大小和方向、文字方向、添加行号等属性的设置。页面设置直接决定了文档的打印效果。

在"页面布局"→"页面设置"功能组中，单击相应的按钮，分别进行文字方向、页边距、纸张方向、纸张大小的设置；也可单击"页面设置"功能组中右下角的 ⌐ 按钮，打开"页面设置"对话框，如图 3-46 所示，进行更细致的设置。

10. 文档打印

Word 文档具有所见即所得的效果，在页面视图中文档的显示效果与打印效果一致。

图 3-46 "页面设置"对话框

单击"文件"→"打印"，在如图 3-47 所示的"打印窗口"中进行相应的打印预览和打印设置。

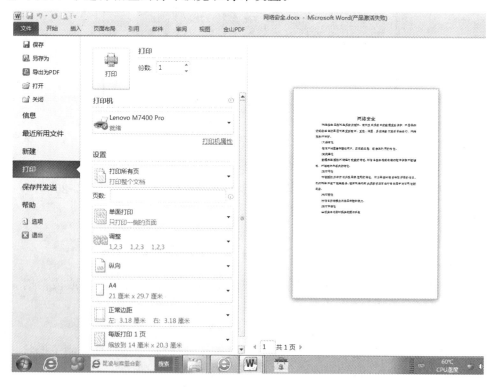

图 3-47 "打印"设置

3.4　图　文　混　排

Word 2010 是一款图文编辑软件,具有强大的图形处理功能,其使用的图形有剪贴画、图片、自选形状、SmartArt 图形、屏幕截图、艺术字、数学公式、文本框等,这些都可以直接插入到文档中。图形被插入到文档后,可以添加各种特殊效果,如阴影效果和三维效果等,进而编辑出图文并茂的文档。

3.4.1　插入图片

1. 插入剪贴画

剪贴画是指 Word 剪辑库中自带的图片,Word 中提供了多种剪贴画,并以不同的主题进行分类。操作方法如下 :

①将插入点置于要插入剪贴画的位置。

②单击“插入”→“插图”组→“剪贴画” 按钮,打开“剪贴画”任务窗格,如图 3-48 所示。

③在“搜索文字”文本框中输入剪贴画的相关主题或关键字,单击“搜索”按钮。

④如果搜索成功,列表框中会显示相应的剪贴画,单击所需的剪贴画即可。

剪贴画插入后,系统会自动激活“图片工具”的“格式”功能选项卡,可对剪贴画进行裁剪、旋转、调整亮度、边框效果、布局排列等编辑操作。

2. 插入来自文件的图片

Word 可以插入来自文件的图片文件,如:. bmp(位图)、. wmf(图元)、. jpg、. png、. gif 等。操作步骤如下 :

①将光标置于要插入图片处。

②单击“插入”→“插图”组→“图片”按钮,打开“插入图片”对话框,如图 3-49 所示。

图 3-48　“剪贴画”任务窗格

③选择所需的图片文件,单击“插入”按钮。

如果单击“插入”按钮右侧的下拉箭头,在弹出的下拉菜单中选择“链接到文件”命令,Word 将把图片以链接的方式插入到文档中。当原图片文件发生变化时,文档中的图片会随之自动更新。

图 3-49　"插入图片"对话框

3. 插入屏幕截图

用户还可以截取屏幕的内容,将其作为图片插入到文档中。

插入屏幕截图操作方法:

①将插入点置于要插入屏幕图片的位置。

②单击"插入"→"插图"组→"屏幕截图"按钮,打开如图 3-50 所示的下拉列表。

③若要添加整个屏幕图片,单击"可用视窗"库中的缩略图,Word 自动将该窗口图片插入到文档中。

④如果想截取电脑屏幕上的部分区域,可选择"屏幕剪辑"命令,指针变成"十"字形时,拖动鼠标,选取需要截取的图片区域,松开鼠标后,系统将自动重返文档编辑窗口,并将截取的图片插入到文档中。

图 3-50　"屏幕截图"下拉列表

4. 利用剪贴板插入图片

存放于剪贴板中的图片可以插入到当前文档中。按 PrtScn 键可将整个屏幕窗口的内容复制到剪贴板中,按"Alt＋PrtScn"组合键可将当前活动窗口的内容复制到剪贴板中,然后使用"粘贴"命令粘贴到当前文档中。

3.4.2　编辑处理图片

图片的许多操作都需要使用图片工具，选中图片就会出现"图片工具"面板，单击"格式"功能区中的按钮，可以完成对图片的编辑工作，如图 3-51 所示。

图 3-51　图片工具的"格式"功能选项卡

1. 调整图片大小和旋转图片

调整图片大小有两种方法。

(1)用鼠标拖动

单击图片，图片四周会出现 8 个尺寸控制点和一个绿色的旋转控制点，如图 3-52 所示。将鼠标移到其中一个尺寸控制点上，按住鼠标左键拖动，便可改变图片大小。

将鼠标移到绿色的旋转控制点上，按住鼠标左键不放，拖动鼠标可以进行旋转。

图 3-52　缩放、旋转图片

(2)通过"布局"对话框进行精确设置

操作步骤如下：

①选定要调整的图片。

②选择"图片工具"→"格式"→"大小"选项组右下角的按钮 ；或右击图片，在弹出的快捷菜单中选择"大小和位置"命令，均可打开"布局"对话框"大小"选项卡，如图 3-53 所示。

图 3-53　"布局"对话框"大小"选项卡

③在"高度"和"宽度"选项组中输入具体的数值,在"缩放"选项组中设置缩放比例。如果选中"锁定纵横比"复选框,图片将按原宽高的比值进行调整。在"旋转"选项组中可设置图片旋转的角度。单击"重置"按钮可恢复图片的原始尺寸。

④设置完毕后,单击"确定"按钮。

2. 设置图片格式

插入的图片可以快速应用为 Word 内置的图片样式,方法是:选中图片,在"图片工具"→"格式"→"图片样式"组中,选择一种图片样式应用即可。

除此之外,还可以自己设置图片的格式。方法是:选择"图片工具"→"格式"→"图片样式"组→"图片边框"命令,可设置图片边框线的颜色、宽度和线型;"图片效果"可对图片应用视觉效果,如发光、映像等;"图片版式"可将图片转换为 SmartArt 图形。通过功能区按钮可设置图 3-54 所示的效果。

图 3-54　设置图片格式效果

另外,单击"图片样式"选项组右下角的按钮 ，可打开"设置图片格式"对话框,如图3-55所示,从中也可对图片进行各种设置。

图 3-55　"设置图片格式"对话框

3. 调整图片的显示效果

选中图片,选择"图片工具"→"格式"→"调整"组中的按钮,可对图片的亮度、对比度、颜色、艺术效果等进行设置,效果如图 3-56 所示。

单击"颜色"按钮,可设置图片的饱和度和色调。

单击"更正"按钮,可设置图片的锐化和柔化以及亮度和对比度等。

单击"艺术效果"按钮,可将艺术效果应用到图片中,使其看上去像油画或草图。

图 3-56　设置图片的显示效果

4. 删除图片背景

Word 2010 提供快速抠除图片中不需要的背景功能,实现如图 3-57 所示效果,由"删除背景"工具实现。操作步骤如下:

①选定图片。

②选择"图片工具"→"格式"→"调整"选项组中的"删除背景"按钮。

③进入图片编辑状态,拖动矩形边框四周上的控制点,以便圈出最终要保留的图片区域。

④完成图片区域的选定后,单击功能区中的"背景清除"→"关闭"选项组中的"保留更改"按钮,或直接单击图片范围以外的区域,即可删除图片背景并保留矩形圈起的部分。

图 3-57　删除图片背景

如果希望不删除图片背景并返回图片原始状态,则选定图片,单击功能区中的"背景清除"→"关闭"选项组中的"放弃所有更改"按钮。

5. 裁剪图片

裁剪图片方法如下:

①选中图片。

②选择"图片工具"→"格式"→"大小"组→"裁剪"按钮,图片边缘会出现 8 个裁剪控制手柄,如图 3-58 所示,拖动手柄到适合位置后松手,再单击文档其他位置,退

出裁剪状态即可。

图 3-58 裁剪图片

6. 设置图片的文字环绕方式和位置

文字环绕方式是指图片周围的文字分布情况。图片在文档中的存放方式分为嵌入式和浮动式。嵌入式指图片位于文本中,可随文本一起移动及设定格式,但图片本身不能自由浮动;浮动式使文字环绕在图片四周或将图片浮于文字上方等,图片在页面上可以自由移动,但当图片移动时周围文字的位置将发生变化。

默认情况下,插入到文档内的图片为嵌入式,可根据需要对其环绕方式和位置进行修改。操作步骤如下:

① 选中图片。

② 单击"图片工具"→"格式"→"排列"组→"自动换行"按钮,在打开的下拉列表中可设置图片与文字的环绕方式,选择"其他布局选项"命令,可打开"布局"对话框的"文字环绕"选项卡,如图 3-59 所示。在此选项卡中,还可设置图片距正文的距离。

图 3-59 "文字环绕"选项卡

③ 单击"排列"组→"位置"按钮,在打开的下拉列表中可对图片在文档中的位置进行设置,如顶端居左等,选择"其他布局选项"命令,可打开"布局"对话框的"位置"选项卡,如图3-60所示,从中可设置图片在水平和垂直方向的对齐方式和具体位置。

图 3-60　"位置"选项卡

3.4.3　绘制、编辑自选图形

Word 2010 包含一套可以手工绘制的现成形状,例如,直线、箭头、标注、流程图等。这些图形称为"自选图形",可以被直接使用在文档中。

1. 绘制自选图形

绘制自选图形的操作步骤如下:

①选择"插入"→"插图"组→"形状",在打开的下拉列表中列出了各种形状,如图 3-61 所示。

图 3-61　形状样式列表

②选择要绘制的形状,鼠标指针变成"十"字形时,在文档中单击或按住鼠标左键拖动即可。此时,系统会自动激活"绘图工具"的"格式"功能选项卡,如图 3-62 所示。

图 3-62 "绘图工具"的"格式"功能选项卡

③如果要连续插入多个相同的形状,可在所需形状上右击,在快捷菜单中选择"锁定绘图模式",即可在文档中连续单击插入多个所选形状。绘制完成后按 Esc 键可退出绘图模式。

2. 编辑绘制的图形

(1)图形的选择

对图形进行编辑前,首先要进行选择,常用以下几种方法:

①选择单个图形,单击即可。

②选择多个图形,按住 Ctrl 键,再依次单击图形。

③选择"绘图工具"→"格式"→"排列"组→"选择窗格",可打开"选择和可见性"窗格,单击其中的形状名称即可选中该图形;若按住 Ctrl 键,再依次单击形状名称,可同时选中多个图形。

(2)在自选图形中添加文字

右击自选图形,在弹出的快捷菜单中选择"添加文字",此时在图形中出现文本光标,输入文字即可。选中文字可以设置字符格式。

(3)调整图形的大小和旋转角度

调整的方法和前面讲的调整图片的大小和旋转角度的方法相同。

(4)设置自选图形的格式

选择"绘图工具"→"格式"→"形状样式"选项组右下角的按钮 ，可打开"设置形状格式"对话框,如图 3-63 所示,从中可对图形的填充效果、线条颜色、线型、阴影效果、三维效果等进行设置。

图 3-63 "设置形状格式"对话框

(5)多个图形对象的编辑

当文档中有多个图形对象时,为了使图文混排变得容易方便,有时需要对这些图形对象进行组合、对齐、调整叠放次序等操作。

①组合和取消组合。组合:选择需要组合的图形,单击"绘图工具"→"格式"→"排列"组→"组合"按钮,在打开的下拉菜单中选择"组合"命令。取消组合:选中组合对象,在上面的下拉菜单中选择"取消组合"命令。

②对齐方式。选中多个图形,单击"绘图工具"→"格式"→"排列"组→"对齐"按钮,在打开的下拉菜单中可选择相关命令。

③叠放次序。选中一个图形,单击"绘图工具"→"格式"→"排列"组→"上移一层"或"下移一层"按钮,也可单击旁边的下拉箭头,在打开的下拉菜单中选择"置于顶层"或"置于底层"。

3.4.4　文本框

文本框作为一个图形对象,可存放文本或图形。文本框可放置于页面上的任意位置,根据需要可调整其大小,对文本框内的文字可进行字体、对齐方式等格式设置,对文本框本身也可设置填充颜色、线条颜色及线型等。

1. 插入文本框

文本框有两种类型:横排文本框和竖排文本框。插入方法如下:

①选择"插入"→"文本"组→"文本框",在打开的下拉菜单中选择"绘制文本框"命令,插入横排文本框;若选择"绘制竖排文本框"命令,则插入竖排文本框。

②此时鼠标指针变成"十"字形,按住鼠标左键拖动。此时系统自动激活"绘图工具"的"格式"功能选项卡。

③在文本框中输入文字。利用"开始"选项卡中的按钮对文字进行字体、对齐方式等设置。

若给已有文本添加文本框,则需先选中这些文本,其他操作相同。

2. 编辑文本框

(1)文本框的移动和缩放

若要移动或缩放文本框,首先要单击文本框边框选择文本框。

移动:选中文本框,将鼠标停留在文本框边框线上,鼠标指针变为四向箭头时拖动鼠标至新位置。

缩放:和缩放图片的方法相同。

(2)设置文本框的格式

选中文本框,选择"绘图工具"→"格式"→"形状样式"组→"形状填充"或"形状轮廓"或"形状效果"按钮,可设置文本框的填充效果,轮廓线的线型、颜色、宽度,以及文本框的外观效果。

单击"形状样式"选项组右下角的按钮 ,可打开"设置形状格式"对话框,如图 3-64 所示,其中可对文本框的内部边距、填充效果、轮廓、格式等进行设置,效果如图3-65所示。

图3-64 "设置形状格式"对话框

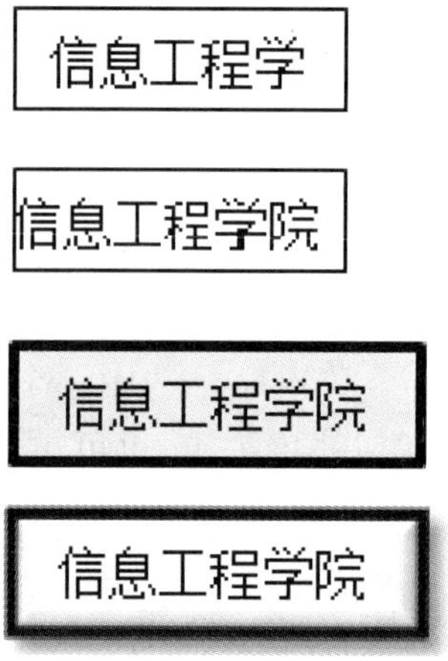

图3-65 设置文本框的格式

3.4.5 艺术字

艺术字不同于普通文字,本质上也是图形对象。

1. 插入艺术字

操作步骤如下:

①选择"插入"→"文本"组→"艺术字"按钮,在打开的下拉列表中列出了艺术字的样式,如图3-66所示。

②选择一种艺术字样式,则在文档中添加了内容为"请在此放置您的文字"的文本框,删除其中的内容,输入所需的文字,然后单击文档的其他位置,完成艺术字的插入。图3-67为在文档中插入的艺术字。

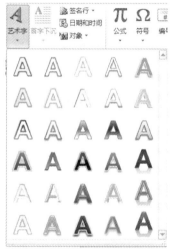

图3-66 艺术字样式

图3-67 艺术字的插入与编辑

2. 编辑艺术字

(1)修改艺术字文本

单击艺术字,进入编辑状态,进行修改。

(2)修改艺术字样式

选择艺术字,选择"绘图工具"→"格式"→"艺术字样式"组→"快速样式"按钮,在打开的下拉列表中选择所需的样式。单击"文本填充""文本轮廓"或"文本效果"按钮,可重新设置艺术字的填充效果,艺术字轮廓线的线型、颜色、粗细以及艺术字的外观效果。在"转换"下拉列表中可对艺术字进行形状的设置,如"双波形 2"等。

(3)设置艺术字文本框的形状样式

方法与设置自选图形格式的方法相同。

3.4.6　插入公式

使用 Word 2010 提供的公式编辑功能,可以在文档中插入一个复杂的数学公式。公式编辑器提供了丰富的数学符号、公式模板和公式框架,方便用户使用。

插入数学公式的方法如下:

①单击"插入"→"符号"组→"公式"按钮,在打开的下拉列表中列出了各种公式,如图3-68所示。

图 3-68　公式下拉列表

②选择对应的公式,如果所要插入的公式不在内置公式范围内,则选择"插入新公式(I)",弹出"在此键入公式"公式输入框,系统自动激活"公式工具"的"设计"功能选项卡,如图 3-69 所示。利用选项卡中的公式结构和符号,完成公式的输入,如图 3-70 所示。

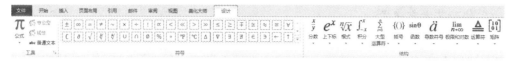

图 3-69 "公式工具"的"设计"功能选项卡

$$\lim_{\substack{n \to \infty \\ r \to 10}} \frac{n!}{r!\,(n-r)!}$$

$$f(t) = \frac{1}{\sqrt{2\pi}} \int_{-\infty}^{\infty} F(\omega) \mathrm{e}^{-j\omega t} \mathrm{d}\,\omega$$

$$f(x) = a_0 + \sum_{n=0}^{\infty} \left(a_n \cos \frac{n\pi x}{L} + b_n \sin \frac{n\pi x}{L} \right)$$

图 3-70 数学公式举例

③公式编辑完后,在公式输入框外单击,退出公式编辑状态。

3.4.7 插入 SmartArt 图形

SmartArt 图形是信息和观点的视觉表示形式,可以快速、轻松、有效地传达信息。SmartArt 图形包括图形列表、流程图、组织结构图等。

操作步骤如下:

①单击"插入"→"插图"组→"SmartArt"按钮,弹出如图 3-71 所示的"选择 SmartArt 图形"对话框。

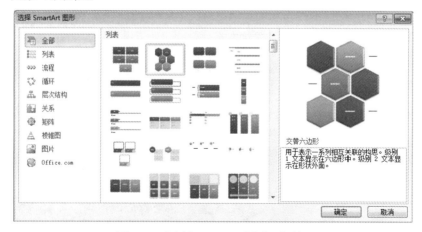

图 3-71 "选择 SmartArt 图形"对话框

②在对话框中选择所需的 SmartArt 图形,单击"确定"。

③此时,系统自动激活"SmartArt 工具"的"设计"和"格式"功能选项卡,可对其进行编辑。如图 3-72 所示。

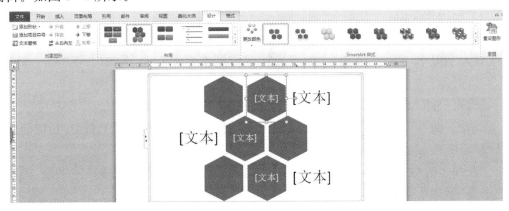

图 3-72 "SmartArt 工具"的"设计"和"格式"功能选项卡

3.4.8 插入超链接

超链接可以在两个对象之间建立连接关系,当点击一个对象的时候就会跳到另一个对象的位置,在 Web 页中常用,使 Internet 成为一个巨大的信息网。在 Word 2010 中,也可以插入超链接。

(1)文档外部的超链接

①选定要插入超链接的对象,可以是图片,也可以是一段文字,如"百度"两字。

②单击"插入"→"链接"组→"超链接"按钮 ;或在选定的对象上右击,在快捷菜单中选择"超链接",将弹出"插入超链接"对话框,如图 3-73 所示。

图 3-73 "插入超链接"对话框

③在弹出的对话框中选择要链接到的外部文件或在地址栏输入外部网页的网址,如"www.baidu.com",点击"确定"按钮。

④这时文字变成了带下划线的蓝色。只要按住 Ctrl 键单击文字,就可打开建立超链接的外部文件或弹出建立链接的网页。

（2）文档内部的超链接

建立文档内部的超链接需要先在要到达的文档位置设置书签，此后建立超链接的步骤与之前操作类似。

①建立书签。将光标定位到要到达的文档位置，单击"插入"→"链接"组→"书签"按钮，写入书签名，点击"添加"。如将光标定位到本章第 2 页，添加书签"第 3 章第 2 页"。

②选定要插入超链接的对象。如文字"回到本章第 2 页"。

③单击"插入"→"链接"组→"超链接"按钮；或在选定的对象上右击，在快捷菜单中选择"超链接"，将弹出"插入超链接"对话框，如图 3-73 所示。

④在弹出的对话框中，选择"本文档中的位置"→"书签"组里选择具体书签，如刚添加的书签"第 3 章第 2 页"，然后点击"确定"按钮。

⑤按住 Ctrl 键单击建立了超链接的对象，即可跳转到指定书签位置。

3.5　表　格

Word 2010 提供强大的表格制作功能，可以对表格内的数据进行排序、统计等，可用于日程表、档案统计表、工资报表等。

Word 表格中的水平线称为"行线"，垂直线称为"列线"，由行线和列线围起来的小方块称"单元格"，表格内容分别存放在这些单元格中。水平方向的单元格组成行，垂直方向的单元格组成列。

3.5.1　建立表格

1. 鼠标拖动方式

①将光标置于要插入表格的位置。

②单击"插入"→"表格"组→"表格"按钮，弹出如图 3-74 所示的"插入表格"下拉列表，鼠标放在最上的网格框上。

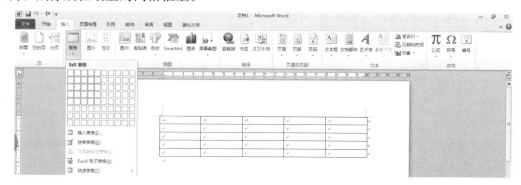

图 3-74　"插入表格"下拉列表

③在网格框上移动鼠标，确定表格的行数和列数。

④鼠标穿过需要制作表格的行数和列数后单击鼠标左键,即可得到一张空表。

插入表格的同时,系统将自动激活"表格工具"功能选项卡,如图 3-75 所示,该功能选项卡又分别包含"设计"与"布局"两个功能选项卡。

图 3-75　表格工具的"设计"功能选项卡

2."插入表格"对话框方式

①将光标置于要插入表格的位置。

②单击"插入"→"表格"组→"表格"按钮 ,在弹出的下拉列表中选择"插入表格"命令,打开如图 3-76 所示的"插入表格"对话框。

③在"插入表格"对话框中设置列数、行数及列宽等参数,单击"确定"。

"自动调整"操作功能如下:

● 固定列宽:自动在窗口中平均分配各列或设定列宽。

● 根据内容调整表格:表格的列宽会根据单元格中内容的最大宽度自动调整。

图 3-76　"插入表格"对话框

● 根据窗口调整表格:调整后的表格宽度与页面的版心宽度相同。

3.绘制表格

若想建立不规则表格,可在图 3-74 所示的下拉列表中,选择"绘制表格"命令,鼠标指针变为笔状,单击并拖动鼠标即可绘制表格线。绘制完后,按 Esc 键退出绘制模式。

用"绘图边框"功能组中的线型、宽度、颜色可以分别设置表格线的线型、粗细和颜色。

单击"绘图边框"组→"擦除"按钮,鼠标指针变为橡皮状,在要擦除的表格线上单击,即可删除该表格线,形成不规则表格。

3.5.2　编辑表格

1.输入内容

在单元格内单击,输入文本、图片等内容。在输入过程中,若按 Enter 键,则在同一单元格中开始新的段落。Word 将每个单元格视为一个小的文档,从而可以对它进行文档的各种编辑和排版。

2.插入点在表格中的移动

插入点在表格中移动主要有以下 3 种方法:

①鼠标在单元格中单击。

②按 Tab 键,插入点移到下一个单元格。

③按"Shift+Tab"键,插入点移到上一个单元格。

3. 表格的选择

对表格进行编辑前,首先要选定表格。表 3-4 为选定表格的操作方法。

表 3-4　选定表格的操作方法

鼠标操作	选定区域
在单元格内双击;或将鼠标移至在单元格的左端列线处,当鼠标指针变成➚时,单击鼠标	一个单元格
鼠标直接拖动选择某个区域;或在单元格的左端线➚处,单击并拖动鼠标;或按住 Shift 键同时单击鼠标	相邻单元格区域
按住 Ctrl 键同时单击鼠标	不相邻单元格
在表格左边框线➚旁,单击鼠标	一行
在表格左边框线➚旁,单击并拖动鼠标	连续多行
在表格上边框线⬇上,单击鼠标	一列
在表格上边框线⬇上,单击并拖动鼠标	连续多列
单击表格左上角的✛图标	整个表格

4. 单元格、行、列、表格的插入与删除

(1)插入单元格、行、列

将光标定位于要插入行、列、单元格的位置,然后用以下几种方法操作:

①单击"表格工具"→"布局"→"行和列"功能组中相应的插入按钮,如图 3-77 所示。

②单击"行和列"功能组右下角的按钮🔲,打开"插入单元格"对话框,如图 3-78 所示,选择相应选项,单击"确定"。

图 3-77　插入按钮　　　　　　　　图 3-78　"插入单元格"对话框

③单击鼠标右键,弹出快捷菜单,选择"插入"级联菜单中的相应选项。

④若将插入点移到表格行最后,按 Enter 键,则在此行后插入一个新行。

⑤若要在表格的最后插入一行,可单击表格最后一行的最后一个单元格,按 Tab 键;或将插入点移到最后一行的回车符处,按 Enter 键。

(2)删除单元格、行、列

先选定要删除的单元格行、列,其他操作基本与插入操作类似,可以用以下几种方法:

①单击"表格工具"→"布局"→"行和列"组→"删除"按钮,在打开的下拉列表中选择相应的命令即可,如图 3-79 所示。

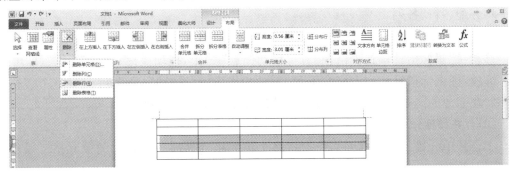

图 3-79　"删除"下拉列表

②单击鼠标右键,选择相应快捷菜单。

(3)删除表格

①选中整个表格,按 Backspace 键。

②选中整个表格,右键选择"删除表格"命令。

③将插入点置于要删除的表格中,或选择图 3-79 中 的"删除表格"命令。

注意:选中表格后,按 Delete 键只清除表格中的内容,不删除表格。

5.调整表格

(1)调整行高和列宽

输入表格内容时,行高会随着输入的内容自动变高,列宽不会自动变化。

①用鼠标拖动调整。将鼠标指针停留在行线或列线上,指针变为 ⬍ 或 ⬌ 形状时,按住鼠标左键拖动即可。

②单击"表格工具"→"布局"→"单元格大小表"组,输入相应值。

③使用"表格属性"对话框设置具体的行高和列宽。单击"表格工具"→"布局"→"表"组→"属性"按钮,或单击"单元格大小"组右下角的按钮 🔲 ,均可打开"表格属性"对话框,如图 3-80 所示,在"行""列"选项卡中输入具体的行高和列宽值。

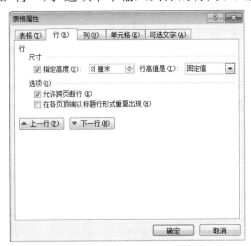

图 3-80　"表格属性"对话框

④自动调整。单击"表格工具"→"布局"→"单元格大小"组→"自动调整"按钮,从中进行选择,实现表格的自动调整。单击"单元格大小"组中的"分布行""分布列"按钮可实现平均分配各行、各列。

(2)表格的移动和缩放

移动:把鼠标指针移到表格左上角"移动控点"⊞上,拖动鼠标到所需的位置即可。

缩放:把鼠标指针移到表格右下角"缩放控点"⊓上,拖动鼠标即可调整整个表格的大小。在缩放的同时,按住 Shift 键可保持表格的长宽比例不变。

(3)合并和拆分单元格

①合并单元格。合并单元格是指将多个单元格合并成一个较大的单元格。操作方法有以下 2 种:

• 选定要合并的多个单元格,单击"表格工具"→"布局"→"合并"组→"合并单元格"按钮即可。

• 选定要合并的多个单元格,单击鼠标右键,在快捷菜单中选择"合并单元格"命令。

②拆分单元格。

• 选定要拆分的单元格,单击"表格工具"→"布局"→"合并"功能组→"拆分单元格"按钮,打开如图 3-81 所示的"拆分单元格"对话框,输入要拆分的"列数""行数",单击"确定"。

图 3-81 "拆分单元格"对话框

• 选定要拆分的单元格,单击鼠标右键弹出快捷菜单,选择"拆分单元格"命令。

(4)拆分和合并表格

拆分表格就是把一个表格拆分成两个独立的表格。将光标定位到要拆分的表格行内,单击"表格工具"→"布局"→"合并"组→"拆分表格"按钮。

合并表格,只需删除两个表格之间的段落标记(即两个表格之间的回车符)即可。

3.5.3 修饰表格

表格是由单元格组成的,Word 将每个单元格视为一个小的文档,可以在单元格中输入文本、插入图形、插入表格等,也可以对它进行文档的各种编辑和排版。

1. 设置单元格的对齐方式

设置单元格的对齐方式主要有以下 2 种方法:

①选择要设置对齐方式的单元格,单击"表格工具"→"布局"→"对齐方式"功能组中的各个对齐方式按钮,如图 3-82 所示。

图 3-82 单元格对齐方式

②选择要设置对齐方式的单元格,单击鼠标右键弹出快捷菜单,选择"单元格对齐方式"中的相应命令。

2. 设置重复使用表格标题行

当表格跨页显示时,前一页的表格标题没有出现在下一页表格中,会使读者很难看懂后续表格内容的含义,所以,在每一页的续表中最好包含前一页表中的标题行。

设置重复使用表格标题行步骤如下:

①选定要重复的标题行。

②单击"表格工具"→"布局"→"数据"组→"重复标题行"按钮。

若要取消重复的标题行,可再次单击"数据"功能组中的"重复标题行"按钮。

3. 设置表格边框和底纹

创建表格时,Word 会自动给表格设置 0.5 磅黑色实线的内外边框。设置和修改表格的边框和底纹,与设置段落、文字的边框和底纹的方法基本相同。

通过"表格工具"→"设计"→"表格样式"组中"底纹和边框"按钮可以进行设置;也可以通过"边框和底纹"对话框进行设置。

(1)表格边框的设置

选择要设置边框的单元格,单击"表格工具"→"设计"→"表格样式"组→"边框"按钮 边框 右侧的向下箭头,从弹出的下拉列表中选择"边框和底纹"命令,打开如图3-83 所示的"边框和底纹"对话框,在"边框"选项卡中设置表格线的"样式""颜色""宽度",在"预览"区域中单击各个"边框线"按钮可确定设置应用的范围。

图 3-83　"边框"选项卡

(2)表格底纹的设置

在"边框和底纹"对话框中,单击"底纹"选项卡,如图 3-84 所示,分别在"填充""图案"的下拉列表中进行底纹颜色、图案样式与颜色的设置。

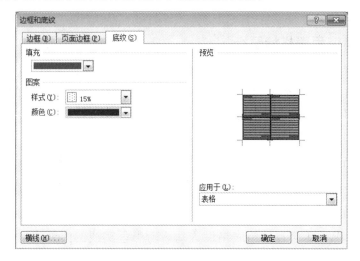

图 3-84 "底纹"选项卡

4. 套用表格样式

表格样式是一组事先设置了表格边框、底纹、对齐方式等格式的表格模板。Word 2010 中提供了多种适用于不同用途的表格样式。

将光标置于表格中的任意位置,单击"表格工具"→"设计"→"表格样式"功能组的"其他"￥按钮,在打开的下拉列表的"内置"区域中选择一种样式。

5. 绘制斜线表头

将光标置于要绘制斜线表头的单元格内,单击"表格工具"→"设计"→"表格样式"组→"边框"按钮的向下箭头,从弹出的下拉列表中选择"斜下框线"或"斜上框线"。

6. 设置表格的对齐方式和环绕方式

通过设置表格的对齐方式和环绕方式,可将表格放置于文档中的适当位置。操作步骤如下:

①将光标置于表格中的任意单元格。

②单击"表格工具"→"布局"→"表"组→"属性"按钮,打开"表格属性"对话框。

③选择"表格"选项卡,在该选项卡中可对表格的对齐方式和环绕方式进行设置。

当文字环绕方式选择环绕时,单击"定位"按钮,打开"表格定位"对话框,如图3-85所示,可对表格的具体位置进行设置。

图 3-85　"表格定位"对话框

3.5.4　表格与文本的相互转换

在 Word 中,既可将表格转换为文本格式,也可将规则文本转换为表格。

1. 将文本转换成表格

将文本转换成表格时,首先要在文本中添加逗号、制表符或其他分隔符来把文本分行、分列。一般情况下,建议使用制表符来分列,使用段落标记来分行。转换步骤如下:

①选择要转换成表格的文本。

②单击"插入"→"表格"组→"表格"按钮,在弹出的下拉列表中选择"文本转换成表格"命令,打开"将文字转换成表格"对话框,如图 3-86 所示。

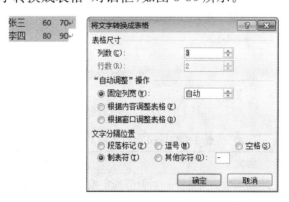

图 3-86　"将文字转换成表格"对话框

③Word 会自动检测出文本中的列分隔符,并计算出表格的列数。当然,也可以重新指定一种分隔符,或者重新指定表格的列数。

④单击"确定"。

2. 将表格转换成文本

①选择要转换成文本的表格。

②选择"表格工具"→"布局"→"数据"组→"转换为文本" ，打开"表格转换成文本"对话框，如图 3-87 所示。

③在对话框中指定一种分隔符，作为替代列边框的分隔符，单击"确定"。

图 3-87　"表格转换成文本"对话框

3.5.5　表格中数据的处理

1. 表格数据的计算

利用 Word 提供的表格计算功能，可以对表格中的数据进行一些简单的计算，如求和、求平均值、求最大值、求最小值等，从而快捷、方便地得到计算结果。需要注意的是，对于需要进行复杂计算的表格，最好用 Excel 来实现。

计算步骤如下：

①将光标置于需要进行计算的单元格中。

②选择"表格工具"→"布局"→"数据"组→"公式" fx，打开"公式"对话框，如图 3-88 所示。

③在该对话框中，"公式"文本框用于填写计算所用的公式，格式为"＝函数名(运算范围)"；"编号格式"下拉列表框用于设置计算结果的数字格式；"粘贴函数"下拉列表框中列出了 Word 提供的函数。公式中常用的函数和运算范围分别如表 3-5 和表 3-6 所示。

④单击"确定"，计算结果即填充到当前单元格中。

图 3-88　"公式"对话框

表 3-5　Word 中常用的函数

函数名	含义	功能
SUM	求和函数	计算指定范围内各单元格中数字的和
AVERAGE	求平均值函数	计算指定范围内各单元格中数字的平均值
MAX	求最大值函数	求指定范围内各单元格中数字的最大值
MIN	求最小值函数	求指定范围内各单元格中数字的最小值
PRODUCT	求积函数	计算指定范围内各单元格中数字的乘积
COUNT	统计函数	计算指定范围内包含数字的单元格的个数

表 3-6　公式中常用的运算范围

标　识	含　义
Left	在当前行中,当前单元格左边的所有数字单元格
Right	在当前行中,当前单元格右边的所有数字单元格
Above	在当前列中,当前单元格上边的所有数字单元格
Below	在当前列中,当前单元格下边的所有数字单元格

2. 排序

在 Word 中,可对表格中的内容按照笔画、数字、日期及拼音等进行升序或降序的排列。

例如:对表 3-7 期末成绩表中的学生数据按照"总分"进行降序排列,若总分相同,则按照"计算机"成绩降序排列。

表 3-7　期末成绩表

姓名	语文	数学	计算机	总分	名次
张三	65	50	60	175	
李四	87	92	91	270	
王五	82	65	78	225	
赵六	78	63	84	225	
科目平均分	78	67.5	78.25	223.75	

操作步骤如下:

①选择要进行排序的单元格区域,如选择表 3-7 中前 5 行。

②选择"表格工具"→"布局"→"数据"组→"排序"，打开"排序"对话框,如图 3-89 所示。

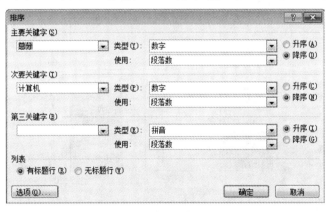

图 3-89　"排序"对话框

③在"主要关键字"下拉列表框中选择排序的主依据"总分";在"类型"下拉列表框中选择排序依据的值的类型,这里选"数字";再选择排序的顺序,这里选"降序"。

④在"次要关键字"下拉列表框中选择排序的次依据"计算机";在"类型"下拉列表框中选择"数字";选择"降序"。

⑤单击"确定"。排序的结果如图 3-90 所示。

姓名	语文	数学	计算机	总分	名次
李四	87	92	91	270	
赵六	78	63	84	225	
王五	82	65	78	225	
张三	65	50	60	175	
科目平均分	78	67.5	78.25	223.75	

图 3-90　排序后的表格

3.6　Word 的高级应用

3.6.1　封面、目录和样式

1.插入封面

Word 2010 提供了多种实用美观的内置封面,可以为文档插入一个漂亮的封面,无论当前光标在什么位置,插入的封面总是位于该文档的第 1 页。

单击"插入"→"页"组→"封面"按钮,在弹出的下拉列表中选择相应的内置封面即可,如图 3-91 所示。封面中的文本可以像普通文本一样编辑。

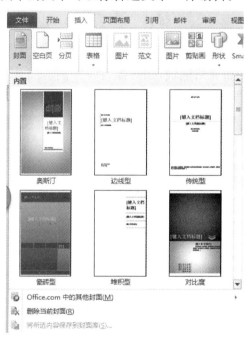

图 3-91　内置封面列表

2.插入、更新目录

(1)插入目录

①将光标定位到要插入目录的位置。

②单击"引用"→"目录"组→"目录" 按钮，弹出如图 3-92 所示插入目录下拉列表，从中选择"插入目录"命令，打开"目录"对话框，如图 3-93 所示，在该对话框中设置标题显示级别、前导符、目录格式等，单击"确定"。

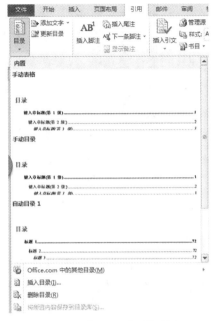

图 3-92　插入目录下拉列表　　　　　　　　图 3-93　"目录"对话框

③目录生成后，按下 Ctrl 键，再单击目录中的某个标题，即可在窗口中显示此标题相应的正文内容。

④若要删除目录，则选中该目录，单击"引用"→"目录"组→"目录"按钮，在"目录"列表中选择"删除目录"，或直接按 Delete 键即可。

(2)更新目录

正文修改后，目录中的标题和页码并不能自动随之变化，因此必须更新目录。

单击"引用"→"目录"组→"更新目录"按钮，打开"更新目录"对话框，在对话框中进行相应的更新设置，单击"确定"。

3. 使用样式

样式是指一组字符格式或段落格式的集合。Word 提供了丰富的样式。对于长文档来说，要插入目录必须先应用样式。

(1)应用样式

①将鼠标定位到要应用样式的段落。

②单击"开始"→"样式"组→"快速样式库"右侧的"其他" 按钮，如图 3-94 所示，从弹出的下拉列表中选择相应样式即可；或者单击"样式"功能组右下角的 按钮，打开如图3-95所示的"样式"任务窗格，在其中选择要应用的样式。

图 3-94 "快速样式库"列表   图 3-95 "样式"任务窗格

(2)修改样式

如果某些样式不能满足要求,可先修改样式后再应用样式。

在"快速样式库"中或者"样式"任务窗格中选择某种样式,单击鼠标右键,从弹出的快捷菜单中选择"修改"命令,打开如图 3-96 所示的"修改样式"对话框,更改相应的选项,单击"确定"。

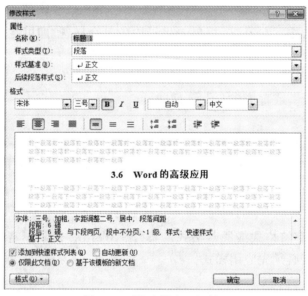

图 3-96 "修改样式"对话框

(3)创建新样式

在"样式"任务窗格中单击"新建样式"按钮，打开"根据格式设置创建新样式"对话框,进行相应的设置。

(4)删除样式

在"样式"任务窗格中选择某种样式,单击鼠标右键,选择"删除"命令。

3.6.2　插入、删除批注

批注是给文档内容添加的注解、说明、提示等信息,不影响文档的格式,也不会随文档一同打印。出版社审稿件、导师审学生论文时,审阅者可能对文章提出一些意见和建议,这时可以通过 Word 批注的形式实现。

1. 插入批注

①选择要添加批注的内容。

②单击"审阅"→"批注"组→"新建批注"按钮,此时文档会出现红色的批注框,在其中输入批注内容即可。批注中的内容也可以进行相应的格式设置。

2. 删除批注

删除批注有以下 2 种方法:

①将光标置于要删除的批注上,单击鼠标右键,在弹出的快捷菜单上,选择"删除批注"命令。

②将光标置于要删除的批注上,单击"审阅"→"批注"组→"删除批注"按钮。

3.6.3　邮件合并

在实际工作中,经常要发一批同样的函件给不同的客户,如通知、邀请函、协议书等。这类函件有一个共同的特点,就是文档的基本结构和文档的绝大部分内容都相同,仅有公司名称、地址、客户姓名等有限的信息不同。对于这类文档,如果逐份编辑,显然费时费力,且易出错。Word 为解决这类问题提供了邮件合并功能,使用这个功能可以很方便地解决这类问题。

将函件中相同的内容保存在一个 Word 文档中,称为"主文档";将公司名称、地址、客户姓名这些函件中不同的信息保存在另一个文档中,称为"数据源文件";然后依次把主文档和数据源中的信息逐个合并,就可以快速生成一批函件,这个过程称为"邮件合并"。

1. 创建主文档

图 3-97 为主文档示例。

图 3-97　主文档示例

2. 创建数据源文件

图 3-98 为数据源文档示例。

姓名	班级	语文	数学	计算机
张三	一班	65	50	60
李四	一班	87	92	91
王五	二班	78	65	80
赵六	二班	82	77	78

图 3-98　数据源文档示例

3. 选取数据源

①打开主文档。

②选择"邮件"→"开始邮件合并"组→"选择收件人" 按钮，从弹出的下拉列表中选择"使用现有列表"命令，打开"选取数据源"对话框，在该对话框中选择已建立的数据源文件，单击"打开"按钮。

4. 插入合并域

将光标定位到主文档中需要插入合并域的地方，选择"邮件"→"编写和插入域"组→"插入合并域"按钮，从弹出的下拉列表中选择一个合并域项目，如图 3-99 所示。

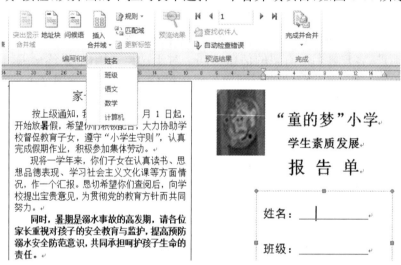

图 3-99　插入合并域

用同样的方法，插入其他合并域。

5. 完成并合并

选择"邮件"→"完成"组→"完成并合并"按钮，从弹出的下拉列表中选择"编辑单个文档"命令，则打开如图3-100所示的"合并到新文档"对话框，在对话框中选择全部，单击"确定"按钮。

系统自动新建一个文档，为数据源文件中的每个人生成一份函件，完成邮件合并。

图 3-100　"合并到新文档"对话框

3.7 Word 2010 应用案例

3.7.1 案例 1：Office 2010 软件共性

制作如图 3-101 所示 Word 文档。

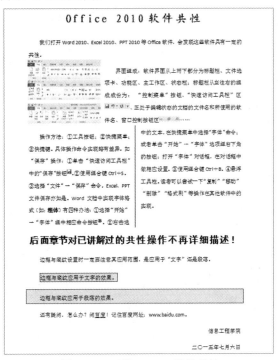

图 3-101 Office 2010 软件共性

操作步骤如下：

操作 1 新建 Word 文档。

操作 2 输入标题和正文内容。

通过"插入"→"文本"组→"日期和时间"实现插入日期和时间。

操作 3 插入图片。

本文中所有图片均由 PrtScn 键截屏和图片裁减来实现。

操作 4 设置标题格式。

标题格式为楷体_GB2312、二号字、加粗、居中对齐、字符间距加宽 2 磅、段前/后距各 1 行。

操作 5 设置段落格式。

所有段落首行缩进 2 个字符，段前 0.5 行，1.5 倍行距。

第 3 段"操作：如……"设置为：分两栏、栏宽相等、加分隔线。

第 4 段"后面章节……"设置为：黑体、小二号字、加粗、居中对齐。

第 6 段文字加红色 1 磅边框、黄色底纹。

第 7 段段落加红色 1 磅边框、黄色底纹。

第 8 段"百度"二字加超链接到"www. baidu. com"。

第 9、10 段设置成右对齐。

将软件对比图片文字环绕方式设置为"紧密型",放置到第 2 段前,适当调整图片的大小和位置。

操作 6　保存。

扩展操作:用格式刷将文字边框与底纹效果刷到其他文字上。

3.7.2　案例 2:学生期末成绩表和通知书排版

制作如图 3-102 所示期末成绩表和图 3-103 所示通知书。

童的梦实验小学 2018-2019 学年第二学期期末成绩表

学号	姓名	班级	语文	数学	英语	总分	名次
15001001	张三	一	65	50	60		
15001002	李四	一	88	92	91		
15001003	王五	一	77	70	76		
15001004	赵六	一	82	77	78		
15002001	周七	二	78	65	80		
15002002	吴八	二	54	66	62		
15002003	郑九	二	46	55	73		
15002004	王拾	二	87	79	85		
平均分							

学号	姓名	班级	语文	数学	英语	总分	名次
15001001	张三	一	65	50	60	175	6
15001002	李四	一	88	92	91	271	1
15001003	王五	一	77	70	76	223	4
15001004	赵六	一	82	77	78	237	3
15002001	周七	二	78	65	80	223	4
15002002	吴八	二	54	66	62	182	5
15002003	郑九	二	46	55	73	174	7
15002004	王拾	二	87	79	85	251	2
平均分			72.13	69.25	75.63	217	

图 3-102　期末成绩表

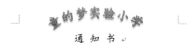

图 3-103　通知书

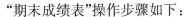

"期末成绩表"操作步骤如下：

操作 1　新建 Word 文档。

操作 2　输入并设置标题。

标题格式为：楷体_GB2312、小一号字、加粗、居中对齐、段后距 1 行；在 2014 前用"Shift＋Enter"插入人工换行符；在"第二学期"后用 Enter 插入段落标记。

操作 3　插入表格、输入数据。

插入 10 行 8 列的表格，将第 10 行前 3 个单元格合并，输入原始数据。

操作 4　公式计算总分、平均分。

光标置于张三总分的单元格，选择"表格工具"→"布局"→"数据"组→"公式" f_x，打开"公式"对话框，设置公式为"＝SUM(LEFT)"，依次计算其他学生总分。

光标置于语文平均分的单元格，选择"表格工具"→"布局"→"数据"组→"公式" f_x，打开"公式"对话框，设置公式为"＝AVERAGE(ABOVE)"，依次计算其他平均分。

操作 5　计算名次。

将表格前 9 行按"总分降序，总分相同时按语文降序"排序，从上往下输入学生名次。

将表格前 9 行按学号升序排序。

操作 6　保存。

"通知书"操作步骤如下：

操作 1　新建 Word 文档。

操作 2　页面设置。

设置纸张大小为 16K，设置页面文字水印"童的梦小学成绩通知书"。

操作 3　输入标题与正文内容。

操作 4　设置标题和正文格式。

标题格式为楷体_GB2312、二号字、字符间距加宽 6 磅、居中对齐、段后距 1 行。

正文所有段落 1.5 倍行距。

正文除第一段外其他段落首行缩进 2 个字符。

插入艺术字"童的梦实验小学"，调整其属性，放置到标题上合适位置。

操作 5　制作表格。

插入 5 行 20 列表格。

第 1 行最后两列合并；第 2 行最后两列合并；第 3 行前 4 个单元格合并、第 5～9 个单元格合并、其他单元格合并；第 4 行所有单元格合并；第 5 行所有单元格合并。

第 3 行第 2 个单元格拆分为"2 行 1 列"。

设置所有表格单元格边距"上/下/左/右"都为 0。

前 3 行表格对齐方式为"水平和垂直居中"。

适当调整表格行高。

操作 6　输入表格数据。

操作 7　保存。

扩展操作：生成 8 张具体成绩通知书。

操作 1 将成绩表标题行删除,表格最后一行平均分删除,另存文件。

操作 2 在通知书文件中选择"邮件"→"开始邮件合并"组→"选择收件人"→"使用现有列表",在弹出的"选取数据源"对话框中选定操作上所另存的文件。

操作 3 在通知书文件中"班级""姓名""语文""数学""英语"处,单击"邮件"→"编写和插入域"组→"插入合并域"按钮,选择相应域名。

操作 4 选择"邮件"→"完成"组→"完成并合并"按钮,从弹出的下拉列表中选择"编辑单个文档"命令,在弹出的"合并到新文档"对话框中选择"全部",确定。

操作 5 将新生成的信函文件保存,里面有 8 张包含具体信息的成绩通知书。

3.7.3 案例 3:个人简历排版

制作如图 3-104 所示个人简历文档。

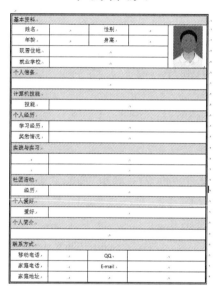

图 3-104 个人简历

操作步骤如下:

操作 1 新建 Word 文档。

操作 2 输入标题,设置标题格式。

标题格式为:隶书、一号字、居中。

操作 3 插入表格。

插入 25 行 5 列的表格,设置内外边框。

操作 4 设置表格格式。

使用合并单元格、设置单元格底纹、单元格对齐方式进行设置表格格式。

操作 5 输入内容。

操作 6 保存。

扩展操作:设置完第 1 行底纹后,选择第 6、8、10、13、16、18、20、22 行,按组合键"Ctrl+Y"。

3.7.4　案例 4：书稿排版

为如图 3-105 所示文档排版。

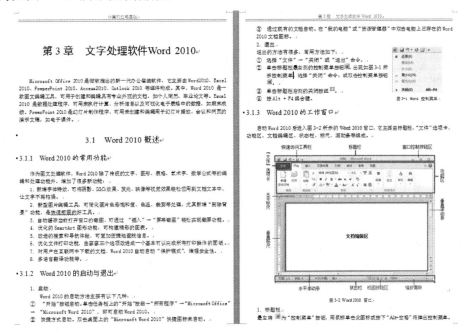

图 3-105　书籍排版

操作步骤如下：

操作 1　新建 Word 文档。

操作 2　设置奇偶页页眉。

操作 3　输入标题和正文内容。

操作 4　插入和编辑图片。

图 3-105 中的图 3-1 通过按 PrtScn 键截屏后裁剪图片得到，图 3-2 窗口由"Alt＋PrtScn"截屏实现，主要组成部件的方框标注为"形状"→"标注 1"→"线形标注 1"，其他成分直接由直线标出，文字说明放在文本框内。

操作 5　设置字体格式、标题格式、段落格式等。

操作 6　生成目录。

操作 7　保存文档。

习 题 3

一、单项选择题

1. 直接启动 Word 2010 时,系统自动建立新文档窗口,此时标题栏显示的文档名为_____。

    A. 你的计算机名称   B. "BOOK1"   C. "新文档 1"   D. "文档 1"

2. Word 2010 中,_____视图方式只能显示出分页符,而不能显示出页眉和页脚。

    A. 草稿   B. 页面   C. 大纲   D. Web 版式

3. 在 Word 2010 "切换窗口"列表底部显示的文件名所对应的文档是_____。

    A. 当前正在操作的文档   B. 当前已经打开的所有文档

    C. 扩展名是 .doc 的所有文档   D. 最近被 Word 操作过的文档

4. 在 Word 2010 的编辑状态,已经设置了标尺,可以同时显示水平标尺和垂直标尺的视图方式是_____。

    A. 大纲视图   B. 普通视图   C. 全屏显示   D. 页面视图

5. 在 Word 2010 编辑的内容中,文字下面有红色波浪下划线的表示_____。

    A. 已修改过的文档   B. 对输入的确认

    C. 可能的拼写错误   D. 可能的语法错误

6. 在 Word 2010 中,可以通过_____选项卡中的"选项"命令来指定标尺的刻度单位。

    A. 页面布局   B. 开始   C. 文件   D. 视图

7. Word 2010 的文档都是以模板为基础的,模板决定文档的基本结构和文档设置。在 Word 2010 中将_____模板默认设定为所有文档的共用模板。

    A. Normal   B. Web 页   C. 电子邮件正文   D. 信函和传真

8. 在 Word 2010 中,选定一行文本的最方便快捷的方法是_____。

    A. 在行首拖动鼠标至行尾   B. 在选定行的左侧单击鼠标

    C. 在选定行位置双击鼠标   D. 在该行位置右击鼠标

9. 在 Word 2010 的文档编辑操作中,按快捷键"Ctrl+V"可以实现_____。

    A. 粘贴   B. 复制   C. 剪切   D. 删除

10. 在 Word 2010 中,若要将"格式刷"重复应用多次,应该_____。

    A. 单击"格式刷"按钮   B. 双击"格式刷"按钮

    C. 右击"格式刷"按钮   D. 拖动"格式刷"按钮

11. 下列关于 Word 2010 文档创建项目符号的叙述中,正确的是_____。

    A. 以段落为单位创建项目符号   B. 以选中的文本为单位创建项目符号

    C. 以节为单位创建项目符号   D. 可以任意创建项目符号

12. 从一页中间分成两页,正确的命令是_____。

    A. 插入页码   B. 插入分隔符

    C. 插入自动图文集   D. "开始"选项卡中的字体

13. 对 Word 2010 文档中"节"的说法,错误的是_____。

    A. 整个文档可以是一个节,也可以将文档分成几个节

B. 分节符由两条点线组成,点线中间有"节的结尾"4 个字

C. 分节符在 Web 视图中不可见

D. 不同节可采用不同的格式排版

14. Word 中,两节之间的分节符被删除后,以下_____说法正确。

A. 两部分依然坚持底本的节格式化信息

B. 下一节成为上一节的一部分,其格式与上一节的相同

C. 上一节成为下一节的一部分,其格式与下一节的相同

D. 保存两节相同的节格式化信息部分

15. 在 Word 2010 中,将文字转换为表格时,不同单元格的内容需放入同一行时,文字间_____。

A. 必须用逗号分隔开

B. 必须用空格分隔开

C. 必须用制表符分隔开

D. 可以用以上任意一种符号或其他符号分隔开

16. 在 Word 2010 中,应用_____可以快速、敏捷转移到任意一段文本的指定位置。

A. 大纲视图　　　　　　　　　　　B. 导航窗格

C. 框架集中的目录　　　　　　　　D. 定位功能

17. 在 Word 2010 的编辑状态,仅有一个窗口编辑文档 wd. docx,单击"视图"选项卡中的"拆分"命令后_____。

A. 又为 wd. doc 文档打开了一个新窗口

B. wd. doc 文档的旧窗口被关闭,打开了一个新窗口

C. 仍是一个窗口,但窗口被分成上下两部分,两部分均显示 wd. doc 文档

D. 仍是一个窗口,但窗口被分成上下两部分,仅上部显示 wd. doc 文档

18. 在 Word 2010 中,拆分单元格指的是_____。

A. 把选取单元格按行列进行任意拆分

B. 从某两列之间把原来的表格分为左右两个表格

C. 从表格的正中间把原来的表格分为两个表格,方向由用户指定

D. 在表格中由用户任意指定一个区域,将其单独存为另一个表格

19. 在 Word 2010 中,除利用功能区按钮改变段落缩排方式、调整左右边界等外,还可直接利用_____改变段落缩排方式、调整左右边界。

A. 工具栏　　　　B. 格式栏　　　　C. 符号栏　　　　D. 标尺

20. 在 Word 2010 中,文档中各段落前如果要有编号,可以使用工具按钮来设置,该按钮所在的选项卡是_____。

A. 文件　　　　B. 插入　　　　C. 开始　　　　D. 引用

21. 关于 Word 2010,下面说法错误的是_____。

A. 既可以编辑文本内容,也可以编辑表格

B. 可以利用 Word 制作网页

C. 在 Word 2010 中可直接将所编辑的文档通过电子邮件发送给接收者

D. Word 不能编辑数学公式

22. 使用 Word 中的"矩形"或"椭圆"绘图工具按钮绘制正方形或圆形时,应在拖拽鼠标的同时按_____键。

    A. Tab   B. Alt   C. Shift   D. Ctrl

23. 在 Word 2010 的编辑状态,要想输入数学公式,应当使用插入选项卡中的_____。

    A. 分隔符命令   B. 对象命令   C. 符号命令   D. 页码命令

24. 在 Word 2010 中,可以插入数学公式,在使用公式编辑器编辑的公式需要修改时,_____进行修改。

    A. 双击公式对象   B. 单击公式对象   C. 直接   D. 不能

25. Word 2010 的文本框可用于将文本置于文档的指定位置,文本框中一般不能插入_____。

    A. 文本内容   B. 图形内容   C. 声音内容   D. GIF 动画

26. 在 Word 2010 中,表格拆分指的是_____。

    A. 从某两行之间把原来的表格分为上下两个表格

    B. 从某两列之间把原来的表格分为左右两个表格

    C. 从表格的正中间把原来的表格分为两个表格,方向由用户指定

    D. 在表格中由用户任意指定一个区域,将其单独存为另一个表格

27. 在 Word 2010 的编辑状态,当前插入点在表格的任一个单元格内,按 Enter 键后,_____。

    A. 插入点所在的行加高   B. 对表格不起作用

    C. 在插入点下增加一表格行   D. 插入点所在的列加宽

二、操作题

1. 现有文档如下:

Android/iOS/WP 平台应用之间联系的差异

众所周知,iOS 是一个封闭的系统,而 Android 是一个开放的系统。

我们可以比喻 iOS 每一个应用都是一个小房间,每个应用都在自己的房间里做自己的事情,互相之间不进行任何来往。而 Android 则是一个大大的办公区,每个应用虽然也有自己的工位,但是可以互相串门或者借用东西,而 Windows Phone 则遵循着和 iOS 差不多的方式。到了 iOS 6 的时候可以支持应用直接互相跳转了,但那也仅限于你跳出去了,就不再回来了,也就是说到了那个房间你就是那个房间的人了,与之前的房间没有关联了。

这样的差异意味着,iOS 和 Windows Phone 应用的权限变得很低,身为用户的你既不能修改系统的一些属性(除非越狱了),也不能修改其他应用的内容。而 Android 的一款应用不但可以控制系统的一些操作,还可以控制其他应用执行某些特定的操作。

这种差异会让 Android 上的应用设计有了更多的可能,身为设计师的你可以根据这一特性设计很多不错的功能,比如系统美化或者系统优化,杀毒,拦截电话等功能,而 iOS 和 Windows Phone 就不能。但是这也让 Android 系统面临了很严峻的安全问题,所以 Android 上各种优化和杀毒软件很流行。

请完成以下操作:

①设置标题文字为隶书、二号字、加粗,字符间距设为加宽 2.5 磅,并给文字添加黄色的底纹。

②设置整篇文档的纸张为 16 开(18.4 厘米×26 厘米),上下边距分别为 2 厘米和 3 厘米。

③将正文第一段"众所周知……"行距设置为 1.5 倍,段前间距 2 行。

④将正文第二段"我们可以比喻……"设置首字下沉 2 行。

⑤将正文第三段"这样的差异意味着……"文字字体设置为红色。

⑥将正文第三段"这样的差异意味着……"分成两栏,栏宽相等,并在栏间添加分隔线。

⑦在文档最后插入一个 3 行 4 列的表格,要求表格列宽为 2.5 厘米,设置表格的外框线为红色双线。

2. 现有文档如下:

教养,就是要让别人舒服

很多年前,余世维在《管理思维》课中讲过一个案例,他说他有一个习惯,每次要离开酒店,他都会把床铺整理一下,把摊在桌面上的东西整理好,尽量把房间恢复成进来时的样子。这样进来清扫的阿姨会对住过的客人刮目相看。也许客人和阿姨永远不会见面,阿姨高看这一眼也并不会对客人有什么影响,但这就是教养,在看不见的地方更显宝贵。

看得见的教养是容易的。因为慑于群体的压力,但凡有些自觉力的人,都能发现自己跟文明的差距。在干净的环境里,你不好意思乱丢垃圾;在安静的博物馆,你不敢高声喧哗;在有序的队伍中,你不好意思插队;在清洁的房间,你不会旁若无人的点燃香烟。所谓的教养,真实存在于环境感染力中。

难的是看不见的教养。在乌合之众中,谁能保持优雅和教养? 在群体无意识中,谁能保持清醒和判断? 在舍生取义的时刻,谁还能像一个绅士,把生的机会留给妇孺老人? 这不是作秀和异类,这恰恰是最能体现教养作为品德的可贵之处。

教养不是道德规范,也不是小学生行为准则,其实也并不跟文化程度、社会发展、经济水平挂钩,它更是一种体谅,体谅别人的不容易,体谅别人的处境和习惯。

不因为自己让别人觉得不舒服,这就是教养的简单道理。

请完成以下操作:

①将标题文字改为黑体、三号字、加粗,标题居中,段后间距设为 2 行。

②将正文的第一段"很多年前……"行距设为 1.5 倍,字符间距加宽 1 磅。

③将正文的第二段"看得见的教养是容易的……"分成两栏,栏宽相等,并在栏间添加分隔线。

④将正文中的文字"客人"全部替换为"顾客"。

⑤将正文第三段"难的是看不见的教养……"加蓝色(RGB 0,0,255)双线段落边框。

⑥添加页眉,内容为"教养的简单道理",且设置为右对齐。

⑦将正文第四段中的一段文字"它更是一种体谅,体谅别人的不容易,体谅别人的处境和习惯。"设置成绿色底纹。

⑧在文档最后插入一个 3×3 的表格,表格列宽设为 3 厘米。

第 4 章　电子表格处理软件
Excel 2010

考核目标

➢ 了解：Excel 的功能、特点。

➢ 理解：工作簿、工作表、单元格的概念，单元格的相对引用、绝对引用概念。

➢ 掌握：工作表和单元格中数据的输入与编辑方法，公式和函数的使用，单元格的基本格式设置，Excel 数据库的建立、数据的排序和筛选、数据的分类汇总、图表的建立与编辑、图表的格式设置。

➢ 应用：使用表格处理软件实现办公事务中表格的电子化。

Excel 2010 是 Microsoft Office 2010 办公软件系列中的重要组件之一，目前使用广泛，具有强大的数据处理、数据分析能力。它可以进行各种数据的处理、统计分析和辅助决策操作，并将处理结果生成各种类型的数表、图表和透视表。用户可以通过图表进行数据的可视化分析，以获得有用的信息，广泛地应用于管理、统计财经、金融等众多领域。

4.1　Excel 2010 概述

4.1.1　Excel 2010 的功能

　　Excel 2010 的基本功能主要有：

　　①对数据表格的输入、编辑、函数计算、格式化等数据进行处理。

　　②用各种类型的图表直观地表示和查看数据的统计分析。

　　③建立数据库，对数据进行编辑、查找、排序、筛选、分类汇总等数据库管理功能。

4.1.2　Excel 2010 的启动与退出

1. 启动

　　Excel 2010 启动方法很多，常用方法有以下几种：

　　①使用"开始"菜单。选择"开始"菜单→"所有程序"→"Microsoft Office"→"Microsoft Office Excel 2010"命令，就可以启动 Excel 2010。

　　②使用快捷方式。双击桌面上的"Microsoft Excel 2010"快捷图标。

　　③利用现有文档。在"我的电脑"或"资源管理器"中双击磁盘上已保存的 Excel 2010 文档。

2. 退出

　　Excel 2010 退出方法主要有以下几种：

　　①单击 Excel 2010 窗口右上角的"关闭"按钮 █ 退出。

　　②选择"文件"菜单中的"退出"命令。

　　③在任务栏 Excel 2010 文档图标上单击右键，在弹出的快捷菜单中选择"关闭窗口"命令。

4.1.3　Excel 2010 的窗口组成

　　Excel 2010 窗口主要由标题栏、选项卡、功能区、编辑栏、工作表标签、状态栏等组成，如图 4-1 所示。其中，编辑栏显示及编辑活动单元格中的数据和公式。活动单元格中输入的数据同时显示在编辑栏和活动单元格中，如果确认数据，可单击编辑栏中的按钮 ✔，或者按 Enter 键；如果输入的数据有误，则单击编辑栏中的按钮 ✘，或者按 Esc 键即可。工作表标签位于窗口的左下角，工作表标签上显示的是工作表的名称，可通过工作表标签切换工作表。

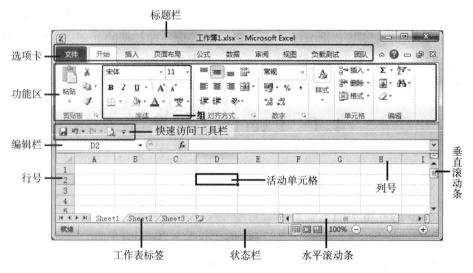

图 4-1　Excel 2010 窗口界面

4.1.4　Excel 2010 的基本概念

1. 工作簿

Excel 2010 的文件形式是工作簿，一个 Excel 文件就是一个工作簿。工作簿名就是存档的文件名，其扩展名为". XLSX"。第 1 次启动 Excel 2010 时，系统默认的工作簿名为"工作簿 1"。工作簿由工作表组成，一个工作簿中最多可建 255 张工作表。

2. 工作表

工作簿中的每一张表称为"工作表"。启动 Excel 2010 后，系统默认有 3 张工作表，分别是 Sheet1、Sheet2、Sheet3。切换工作表，只需单击工作表标签。一张工作表最多包含 65536 行、256 列。

3. 单元格

工作区的每一格称为"单元格"，它是 Excel 表格存储信息的最基本单位，单元格中可存放文字、数字和公式等信息。单元格的名称是由单元格所在行的行号和所在列的列号组成的。例如，B3 指第 B 列第 3 行对应的单元格。

4. 活动单元格

当前被选中的单元格就是活动单元格。用户只能对活动单元格进行操作。活动单元格的边框线会变成粗线，并且其列号和行号深色显示。图 4-1 中的 D2 单元格是活动单元格。

5. 水平标号

水平标号即行号，其值由自然数构成，工作表最多只有 65536 行，行号值范围为 1～65536。水平标号用于确定工作表中编辑区域的水平位置。

6. 垂直标号

垂直标号即列号,其值由 26 个英文字母组成。工作表最多只有 256 列,前 26 列的列号为 A～Z,27～256 列的列号为 AA～IV。垂直标号用于确定工作表中编辑区域的垂直位置。

7. 单元格地址和单元格区域地址

每个单元格有唯一的地址,单元格地址有相对地址、绝对地址、混合地址三种。由水平标号和垂直标号直接构成的单元格地址为相对地址,如 A6;在水平标号和垂直标号前都加 $ 符号构成的地址为绝对地址,如 C3;在水平标号或者垂直标号前加 $ 符号构成的地址为混合地址,如 $B5、A$4。

单元格区域是指被选定的多个单元格。单元格区域的地址格式为"左上角单元格地址:右下角单元格地址",如"B2:E4"。

4.2　Excel 2010 的基本操作

4.2.1　工作簿的基本操作

1. 新建工作簿

新建空白工作簿有以下方法:

①启动 Excel 2010 以后会自动创建一个工作簿。

②选择"文件"菜单→"新建"命令→空白工作簿→创建。

新建基于模板的工作簿:选择"文件"菜单→"新建"命令→样本模板→选择要创建的样本模板→创建。

2. 打开工作簿

打开工作簿的常用方法有以下几种:

①选择"文件"菜单→"打开"命令,在弹出的"打开"对话框中找到需要打开的工作簿并选定,然后单击"打开"按钮。

②单击"快速访问"工具栏中的"打开"按钮,在弹出的"打开"对话框中选择需要打开的工作簿。

③使用组合键"Ctrl+O",在弹出的"打开"对话框中选择需要打开的工作簿。

3. 保存工作簿

(1)保存新建的工作簿

①选择"文件"菜单→"保存"命令,在弹出的"另存为"对话框中设置保存位置及保存文件名。

②单击"快速访问"工具栏中"保存"按钮,在弹出的"另存为"对话框中设置保存位置及保存文件名。

③使用组合键"Ctrl+S",在弹出的"另存为"对话框中设置保存位置及保存文件名。

(2)保存已有的工作簿

①已存档的工作簿,修改后直接进行保存,只需点击快速访问工具栏中的"保存"按钮或选择"文件"菜单中的"保存"命令即可,不用设置保存位置及文件名。

②如果需要把工作簿另外保存到其他地方,可以单击"文件"菜单→"另存为"命令,在弹出的"另存为"对话框中设置另存为的位置及文件名。

③设置自动保存。单击"文件"菜单→"选项"→"保存"选项卡,在选项卡中设置"保存自动恢复信息时间间隔",默认时间是 10 分钟。

4.2.2 工作表的基本操作

1.新建工作表

新建工作表有以下几种方法:

①在工作表标签栏中单击插入工作表 按钮。

②在任一工作表标签上单击右键,在弹出的快捷菜单中选择"插入"命令,弹出"插入"对话框,选择"工作表",单击"确定"按钮。

2.选择工作表

(1)选择单个工作表

单击某个工作表标签就选定了这张工作表。

(2)选择多个工作表

选择多个工作表的方法有如下几种:

①右击工作表标签,在弹出的快捷菜单中选择"选定全部工作表"。

②如果要选择不连续的多个工作表,可以在按住 Ctrl 键的同时,单击多个工作表标签。

③如果要选择连续的多个工作表,可以先单击第一张工作表标签,在按住 Shift 键的同时,再单击最后一张工作表标签。

3.重命名工作表

重命名工作表有如下几种方法:

①双击工作表标签,工作表名变成可编辑状态,输入新的工作表名。

②右击工作表标签,在弹出的快捷菜单中选择"重命名"命令,然后输入新的工作表名。

4.移动或复制工作表

选定需要移动或复制的工作表标签,右击选择"移动或复制(M)"命令,弹出"移动或复制工作表"对话框,如图 4-2 所示。

如果要移动工作表到其他工作簿,可以在"工作簿"列表框中选择工作簿,然后在"下列选定工作表之前"进行选择,以确定移动的位置。

如果是复制操作,可以在移动操作的基础上,再选定"建立副本"选项。复制后的工作表名为原工作表名＋(2)。

如果在同一工作簿中复制或移动,使用鼠标拖动更方便。

①移动:选定工作表,按住鼠标左键拖放到目标位置。

②复制:选定工作表,按住 Ctrl 键的同时,拖放到目标位置。

图 4-2　"移动或复制工作表"对话框

5.删除工作表

右击需要删除的工作表标签,在弹出的快捷菜单中选择"删除"命令。

6.隐藏与显示工作表

如果工作表较多,为了操作方便,可以先将不用的工作表隐藏起来,当需要使用的时候再将其显示出来。具体操作方法是:右击工作表标签,在弹出的快捷菜单中选择"隐藏"命令,这样工作表就被隐藏起来了。若要显示出来,右击任一工作表标签,选择"取消隐藏"命令即可。

4.2.3　单元格的基本操作

1.选定单元格

(1)选定单个单元格
单击某单元格,该单元格即被选定。

(2)选定单元格区域
选择连续的单元格区域:

①单击选定连续区域左上角第一个单元格,然后按住鼠标左键拖放至结束单元格即可。

②单击选定第一个单元格,按住 Shift 键的同时,再单击结束单元格。

不连续单元格区域的选取,可通过先选定第一个区域后,按住 Ctrl 键,再选定另一区域。

(3)选定工作表的所有单元格
①鼠标单击工作表左上角的行标和列标交汇处的"全选"按钮,如图 4-3 所示。
②使用快捷键"Ctrl＋A"。

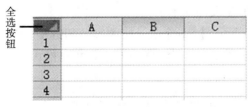

图 4-3　全选按钮位置

2.移动与复制单元格

(1)移动单元格

移动单元格主要有两种方法：

①选定要移动的单元格,选择"剪切"命令,在目标单元格选择"粘贴"命令。

②选定要移动的单元格,将鼠标箭头指向单元格边框,然后拖动单元格到目标位置释放。

(2)复制单元格

复制单元格的方法与移动单元格类似,具体如下：

①选定要移动的单元格,选择"复制"命令,在目标单元格选择"粘贴"命令。

②选定要移动的单元格,将鼠标箭头指向单元格边框,按住 Ctrl 键的同时,拖动单元格到目标位置释放。

3.插入单元格

选定单元格,右击鼠标选择"插入"命令,弹出"插入"对话框,如图 4-4 所示,根据需要在对话框中选择"活动单元格右移"或"活动单元格下移"。若选择"整行"或"整列",则在当前位置插入一行或一列。

4.删除单元格

选定要删除的单元格,右击鼠标,在弹出的快捷菜单中选择"删除"命令。弹出"删除"对话框,如图 4-5 所示,根据需要选择"右侧单元格左移"或"下方单元格上移"。若选择"整行"或"整列",则删除选定单元格所在行或列。

图 4-4　"插入"对话框

图 4-5　"删除"对话框

5.清除单元格

删除单元格是指将选定的单元格从工作表中删除,并且其相邻的单元格做相应的位置调整,而清除单元格是指删除该单元格的内容、格式、批注、超链接等,单元格本身没有被删除。清除单元格的主要方法有：

①选中单元格,按 Delete 键,删除单元格内容及超链接,但格式、批注不能删除。

②选中单元格,右键选择"清除"命令,删除单元格内容及超链接,格式、批注不能删除。

③选中单元格,选择"开始"选项卡,在功能区中选择 ⌀ 清除 ▾ 按钮,可以选择"全部清除""清除内容""清除格式""清除批注""清除超链接"。

6. 合并单元格

在编辑工作表的过程中,有时需要把多个单元格合并为一个单元格,具体方法如下:

①选中需要合并的单元格区域,右击鼠标,选择"设置单元格格式"命令→对齐→合并单元格。

②选中需要合并的单元格区域,选择"开始"选项卡,在功能区中选择 合并后居中 按钮,或单击该按钮右侧的 ，在下拉列表中选择需要的合并方式。

4.3　Excel 2010 中数据的基本操作

4.3.1　数据的编辑

1. 输入数据

输入数据的方法如下:

①选定单元格,直接输入数据,然后按 Enter 键确定。

②选定单元格,单击编辑栏,在编辑栏中输入数据,然后单击左侧的 按钮或按 Enter 键确定。

若取消输入,则按 Esc 键或单击编辑栏左侧的 按钮。

在输入过程中,可使用 Tab 键进入下一列,使用 Enter 键定位到下一行。

2. 修改数据

修改数据有以下两种情况:

①全覆盖:即全部更改,选定单元格直接输入新数据,然后按 Enter 键确定。

②部分修改:双击单元格,鼠标指针变为闪烁的光标时可编辑修改;或先选定单元格,然后在编辑栏修改。

3. 查找和替换数据

通过查找和替换可以实现快速查找和替换数据,并且可以使用通配符,具体方法如下:选择"开始"选项卡→"编辑"选项组→"查找和选择"命令→选择"查找"或"替换"命令。具体操作方法与 Word 2010 相同。

4. 数据类型

数据类型是一个十分重要的概念,因为只有相同类型的数据才能在一起运算。Excel 中将数据类型分为数值型、文本型、日期时间型和逻辑型。

(1)数值型

数值型数据包括 0~9 中的数字以及含有正号、负号、货币符号、百分号等任一种符号的数据。默认情况下,数值自动沿单元格右对齐。在输入过程中,有以下两种比较特殊的情况要注意。

①负数:在数值前加一个"－"号或把数值放在括号里,都可以输入负数,例如,在单

元格中输入"-15",可以输入"-15";或者"(15)",然后按回车键,都可以在单元格中输入"-15"。

②分数:在单元格中输入分数形式的数据,应先输入"0"和一个空格,然后再输入分数,否则 Excel 会把分数当作日期处理。例如,先输入分数"2/3",在单元格中输入"0"和一个空格,然后接着输入"2/3",按回车键,单元格中就会出现分数"2/3"。

当输入的数字超过单元格列宽或 15 位时,数字将采用科学计数法形式表示,如 $1.2E+04$。

(2)文本型

文本型数据包括汉字、英文字母、数字、符号及其组合等。文本型数据默认是左对齐。当输入的字符串超出了当前单元格的宽度时,如果右边相邻单元格里没有数据,则字符串会往右延伸;如果右边单元格有数据,则超出的数据就会隐藏起来,只有把单元格的宽度变大后才能显示出来。

如果将数字作为文本型数据,如邮政编码、电话号码、产品代码等,在输入时先输入英文单引号"'",再输入数字符号,数字就由数值型变为文本型;或在单元格内预先进行格式设置,选择"开始"→"格式"→"设置单元格格式"→"数字"选项卡,选取"文本"数据类型。

(3)日期时间型

日期的形式有多种,可以用斜杠或连接号短横线"-"分隔日期的年、月、日部分,例如:2015-08-01。

时间的输入用":"分隔时间的时、分、秒部分,如 11:30。在 Excel 中,时间分 12 小时制和 24 小时制,系统默认 Excel 将以 24 小时制计算时间。如果按 12 小时制输入时间,则在时间数字后空一格,然后输入 AM 或 PM,用来表示上午或下午。

如果要输入当前系统时间,可以使用"Ctrl+Shift+:"组合键;如果输入系统日期,可以使用"Ctrl+;"组合键。

对于时间和日期在工作表中显示的格式,与输入无关,只与单元格时间和日期格式设置有关,可以在"格式"菜单→"单元格"→"数字"选项卡中设置。如果输入时间和日期后,单元格中显示的是"#####",则表示当前的单元格宽度不够,拖动列标中该列的右边界到所需位置即可。

(4)逻辑型

逻辑型数据包括表示逻辑真的"TRUE"和表示逻辑假"FALSE",逻辑型数据默认的对齐方式是居中,在单元格中总是显示为大写字母,不区分用户输入的大小写。

5. 输入批注

使用批注可以对单元格进行注释。右击单元格,在弹出的快捷菜单中选择"插入批注"命令,在"批注"窗口中键入批注内容,完成后单击外部的工作表区域,这时在单元格的右上角会出现一个红色的三角块。插入批注后,当鼠标指针停留在单元格上时,就可以查看相应的批注。

若要对批注进行编辑、删除、显示和隐藏等操作,则右击批注,在快捷菜单中选择相应的命令即可。

4.3.2　数据的填充

Excel 2010 提供了很多快速输入数据的方法,现介绍 Excel 2010 的填充功能。

1. 填充柄

在活动单元格或选定单元格区域的右下角有一个黑色的小方块,这就是填充柄。利用它可以进行序列填充、数据复制以及公式复制等操作。鼠标移动到填充柄时,光标形状变为"＋"。

(1)左键填充

选择一个数据区域后,用鼠标左键来使用填充柄时,会因为选择区域与拖拉方向的不同产生不同的结果。

当选择区域为单个单元格时,Excel 默认的填充方式是复制单元格的内容与格式。

选择区域为单列多行时,填充的方向如果向左或者向右,Excel 的填充方式是复制单元格;如果是向下,Excel 的填充按序列方式来填充数据,而这个序列的基准就是原来选择的那几个单元格;如果是向上填充,此时的作用为清除包含在原来选择区域,而不包含在当前选择区域中的数值。如果选择区域为多列单行,填充数据的方式与选择单列多行时相反。当选择区域为多行多列时,如果填充的方向为向左或者向右,按每行序列方式来填充数据;如填充的方向为向上或者向下,按每列序列方式来填充数据。

在 Excel 2010 中,进行填充的操作后,右下角还会生成一个自动填充选项,可以选择其中的一项,来修正刚才的填充操作,如图 4-6 所示。

图 4-6　自动填充选项

(2)右键填充

如果用右键进行填充操作,在放开右键后,就会弹出一个右键菜单,如图 4-7 所示。这个菜单里除了常规的选项外,还有针对日期的选项、等比、自定义序列填充的选项。而当选择区域为多行或多列时,如果拖放操作使选择区域变小,则其作用相当于清除单元格的数值。

2. 填充序列

(1)自动填充序列

自动填充是根据初始值决定以后的填充项,选中初始值所在的单元格,使用填充柄拖拽至需填充的最后一个单元格,即可完成自动填充。

图 4-7　右键填充菜单

填充分以下几种情况:

①初始值为纯字符或纯数字,填充相当于数据复制,如图 4-8 中的 E 列。若纯数字要按序列填充,则需要按住 Ctrl 键拖动填充柄。

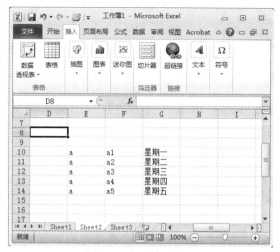

图 4-8　自动填充效果

②初始值为文字数字混合体,填充时文字不变,数字递增,如图 4-8 中的 F 列。若只想复制,则需要按住 Ctrl 键拖动填充柄。

③初始值为 Excel 预设或用户自定义的自动填充序列中的一员,按预设序列填充,如图 4-8 的 G 列。

对于一些常用的序列,用户可以自己定义,方法如下:选择"文件"菜单中的"选项"命令,在弹出的"选项"对话框中,选择"高级",在"常规"组中单击"编辑自定义列表",打开"自定义序列"对话框,如图 4-9 所示。在输入序列中输入新序列,每行一个值,完成后单击"添加"按钮即可。

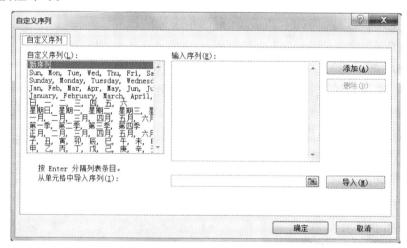

图 4-9　"自定义序列"对话框

(2)使用菜单命令填充序列

对于不能自动填充的序列,可以使用菜单命令。操作步骤如下:

①在单元格中输入初始值并回车。

②鼠标单击选中该单元格。

③选择"开始"菜单→"填充"→"序列"命令,弹出如图 4-10 所示的对话框。

其中：

* "序列产生在"：选择按行或列方向填充。
* "类型"：选择序列类型，如果选日期，还需要选"日期单位"。
* "步长值"：输入序列的步长值。
* "终止值"：可输入一个序列终值不能超过的数值。若在填充前已选择了所有需填充的单元格，则终止值也可不输入。

图 4-10　"序列"对话框

4.3.3　数据有效性检验

数据有效性是指允许在单元格中输入的数据类型和数据的范围，Excel 2010 提供了数据有效性检验的手段，以保证输入数据的正确性。如果出现了错误，将及时地显示警告信息，以便改正错误的数据输入。

1. 数据有效性设置

数据有效性设置，可按以下操作步骤进行。

①选定需要设置数据有效性的单元格或单元格区域。

②选择"数据"菜单→"数据工具"选项组→"数据有效性"命令，打开"数据有效性"对话框，如图 4-11 所示。

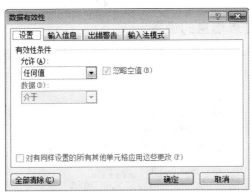

图 4-11　"数据有效性"对话框

③在"设置"选项卡中，进行有效性条件的设置。打开"允许"下拉列表框，选择数据类型。若选择"任何值"，则不作任何数据有效性的设置。若选择整数、小数、日期、时间和文本长度等，则"设置"选项卡变为如图 4-12 所示的形式。根据数据类型不同，数据、最大值、最小值等设置也有所不同。

若要清除所有的有效性设置,可单击"全部清除"按钮。

图 4-12　数据有效性设置

2. 数据有效性提示信息的设置

选择"输入信息"选项卡,如图 4-13 所示,默认选择"选定单元格时显示输入信息",在"标题"及"输入信息"框中输入提示信息。在设置了数据有效性的单元格输入数据时,就会显示输入信息,提醒用户输入数据的范围。

图 4-13　设置输入信息

3. 数据输入错误警告信息的设置

选择"出错警告"选项卡,如图 4-14 所示。在"样式"中选择出错时警告图标样式,在"标题"和"错误信息"文本框中输入警告的标题和错误信息提示内容。

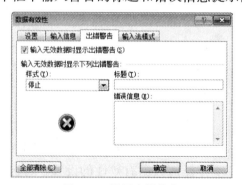

图 4-14　设置出错信息

4.4　美化工作表

4.4.1　行和列的基本操作

行和列的基本操作主要包括选择、插入、删除、调整行高和列宽以及隐藏等。

1. 选择行和列

(1)选择一行或一列

将鼠标指向需要选择行的行号或列的列标，此时，鼠标指针变为向右或向下的箭头，单击鼠标左键即可。

(2)选择多行或多列

选择连续的多行或多列，首先选定要选择的第一行或第一列，然后按住鼠标左键不放，拖动到要选择的最后一行或最后一列释放鼠标即可；或首先选定要选择的第一行或者第一列，然后按住 Shift 键的同时，再选择要选择的最后一行或最后一列。

若选择不连续的多行或多列，首先选定要选择的第一行或第一列，然后按住 Ctrl 键的同时，依次单击要选择的行号或者列标。

2. 插入行或列

选择插入位置所在行或列的任一单元格，右键弹出快捷菜单，选择"插入"命令，弹出"插入"对话框，如图 4-15 所示，选择"整行"或"整列"，然后单击"确定"即可。

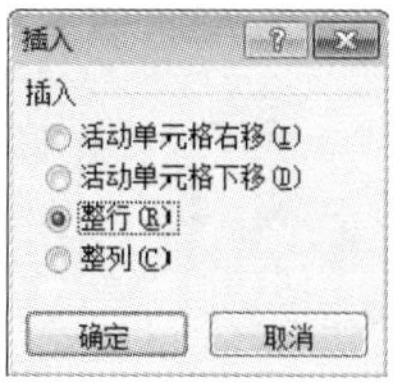

图 4-15　"插入"对话框

3. 删除行或列

选中需要删除的行或者列，右键弹出快捷菜单，选择"删除"命令。

4. 调整行高和列宽

(1)鼠标拖动方式

将鼠标移动到两个行号或列标的中间，当鼠标指针变成上下或左右带有双箭头的"十"字时，拖动鼠标改变行高和列宽。

(2)菜单命令方式

将鼠标指向需要调整的行的行号或列的列标，右键弹出快捷菜单，选择"行高"或"列宽"命令，在弹出的"行高"或"列宽"对话框中输入数值，单击"确定"即可，如图 4-16 所示。

图 4-16　"行高"对话框

5. 隐藏行或列

将鼠标指向需要隐藏的行的行号或列的列标，右键弹出快捷菜单，选择"隐藏"命令即可。若要取消隐藏，可选定隐藏行的前一行和后一行，或隐藏列的前一列和后一列，再右键弹出快捷菜单，选择"取消隐藏"命令。

4.4.2 设置单元格格式

1. 设置数据的类型

设置数据的类型有以下方法：

①选定要设置格式的单元格或单元格区域,选择"开始"→"单元格"选项组→"格式"→"设置单元格格式",弹出"设置单元格格式"对话框,如图 4-17 所示。在此对话框中,可以设置单元格数字格式、对齐方式、字体、边框和填充等。

图 4-17 "设置单元格格式"对话框

单击"数字"标签,在"数字"选项卡中进行数据类型及格式设置,系统默认是"常规"格式。

②选择单元格或单元格区域,右击选择"设置单元格格式",也可以设置数据的格式。

③单击字体、对齐方式、数字选项组的箭头按钮 ，也可弹出"设置单元格格式"对话框。

2. 设置对齐方式

表格中数据对齐方式的设置,有以下两种方法。

(1)使用"格式"工具栏

选定单元格或单元格区域,使用"开始"菜单→"对齐方式"选项组→"格式工具栏"中的左对齐、居中、右对齐、合并及居中、增加缩进量、减少缩进量等按钮设置。

合并及居中是常用的操作,选定要合并及居中的单元格区域,单击格式工具栏"合并及居中"按钮 。合并后只保留左上角单元格内容。

(2)使用菜单设置

在图 4-17 中选择"对齐"选项卡,可以设置文本水平对齐、垂直对齐、文本控制及文字方向等,如图 4-18 所示。

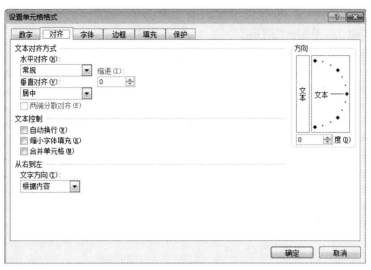

图 4-18　单元格格式对齐设置

3. 设置字体

Excel 中字体、字形、大小、颜色的设置与 Word 基本相似。在图 4-17 中选择"字体"选项卡,或使用"开始"菜单中"字体"选项组里的字体、字号、字形、添加下划线等按钮快速设置字体效果。

4. 设置边框

选定要设置边框的单元格或单元格区域,在"设置单元格格式"对话框中选择"边框"选项卡,如图 4-19 所示。设置时应先选定线条样式及颜色,再选择"外边框"或"内部"按钮,若只设置表格部分边框线,则单击"边框"选项组对应边框线按钮。若要取消边框线,则单击"无"按钮即可。

图 4-19　单元格格式边框设置

5. 设置填充效果

选定要设置填充效果的单元格或单元格区域,在"设置单元格格式"对话框选择"填充"选项卡,如图 4-20 所示,可设置填充的背景色、填充效果、图案颜色及样式。若要取消填充设置,则单击"无颜色"即可。

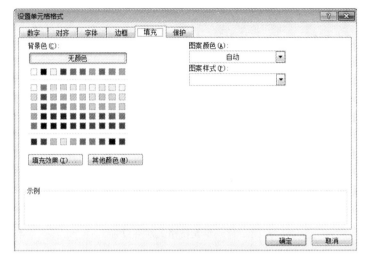

图 4-20　单元格格式填充设置

4.4.3　条件格式

Excel 2010 条件格式可以在用户分析数据时提供直观的查看和分析数据的能力,突出显示所关注单元格或单元格区域,强调异常值,使用数据条、颜色刻度和图标集来直观地显示数据等。条件格式是基于条件更改单元格区域的外观,如果条件为 True,则基于该条件设置单元格区域的格式;如果条件为 False,则不基于该条件设置单元格区域的格式。

具体设置方法如下:

①选定单元格或单元格区域。

②选择"开始"菜单→"样式"选项组→"条件格式"命令,在"条件格式"下拉菜单中选择相应的命令,如图 4-21 所示。

图 4-21　条件格式设置

③在弹出的对话框中设置条件和格式,单击"确定"按钮。

若要取消设置,则单击"清除规则"命令。

4.5.4 格式的复制与清除

1.格式复制

(1)使用格式刷复制

先选定已格式化的单元格,单击"开始"选项卡,"剪贴板"选项组中的"格式刷"按钮，待鼠标指针变为刷子形状后,在需要设置格式的单元格区域拖拽即可。如需多次使用格式刷,则应先双击"格式刷"按钮,然后再拖拽,使用完成后在格式刷上单击一下,鼠标则变成正常状态。

格式刷工具只把单元格的格式复制到指定区域,并不改变指定区域单元格中的数据。

(2) 使用"选择性粘贴"菜单

①选定已格式化的单元格,单击"开始"选项卡→"剪贴板"选项组→"复制"命令。

②选定目标单元格或区域,选择"粘贴"菜单→"选择性粘贴"命令,弹出"选择性粘贴"对话框,如图 4-22 所示。

图 4-22 "选择性粘贴"对话框

③在此对话框中,选择需要粘贴的项目,单击"确定"按钮。

在"选择性粘贴"对话框中,不仅能选择性复制表格的各个要素,还具有设置表格的转置功能,实现方法是在图 4-22 中选择"转置"选项即可,转置效果如图 4-23 所示。

序号	姓名	平时成绩	期末成绩	
1	王良玉	87	88	
2	李文涛	90	83	
3	李强强	82	85	←转置前
4	罗金林	75	57	
5	陈亮	90	82	
6	陈欧翔	95	77	

序号	1	2	3	4	5	6	
姓名	王良玉	李文涛	李强强	罗金林	陈亮	陈欧翔	←转置后
平时成绩	87	90	82	75	90	95	
期末成绩	88	83	85	57	82	77	

图 4-23 表格转置示例

2. 格式清除

选择要清除格式的区域,选择"开始"选项卡→"编辑"选项组→"清除"命令,在下拉菜单中选择"清除格式"子命令。

4.4.5 窗口的基本操作

1. 视图选择

Excel 2010 提供了普通视图、分页预览视图、自定义视图、全屏视图等多种视图方式。视图方式的选择可在"视图"选项卡的"工作簿视图"选项组中进行选择,如图 4-24 所示。

图 4-24　工作簿视图

2. 窗口的重排

当同时打开多个工作表时,Excel 2010 提供的窗口重排功能可以很方便地显示和排列多个工作表。操作方法是选择"视图"选项卡→"窗口"选项组→"全部重排"按钮,弹出"重排窗口"对话框,如图 4-25 所示,根据需要选择平铺、水平并排、垂直并排、层叠等排列方式。

3. 窗口的拆分和冻结

图 4-25　"重排窗口"对话框

如果工作表中的表格内容比较多,通常需要使用滚动条来查看全部内容。在查看时表格的标题、项目名等也会随着数据一起移出屏幕,造成只能看到内容,而看不到标题、项目名的现象。使用 Excel 2010 的"拆分"和"冻结"窗格功能就可以解决该类问题。

(1)窗口的拆分

①单击某个单元格,选定拆分的位置。

②选择"视图"选项卡→"窗口"选项组→"拆分"命令,在该单元格的上方线和左边线进行拆分,共分 4 个部分,如图 4-26 所示。通过拖动拆分窗格线的方式还可以改变窗口拆分的 4 个部分大小。

③若要取消拆分窗口,则再单击一下"拆分"命令即可。

(2)窗口的冻结

在 Excel 2010 中窗口的冻结有 3 种情况,分别是:

①冻结首行:是指冻结当前工作表的首行,垂直滚动查看当前工作表中的数据时,

保持当前工作表的首行位置不变。

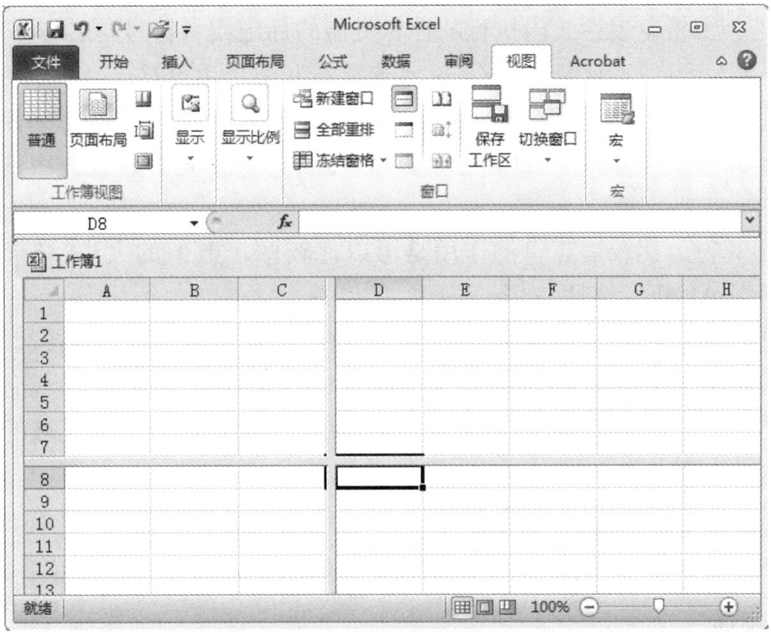

图 4-26　窗口拆分效果

②冻结首列:指冻结当前工作表的首列,水平滚动查看当前工作表中的数据时,保持当前工作表的首列位置不变。

③冻结拆分窗格:以当前单元格左侧和上方的框线为边界将窗口分为 4 部分,冻结后拖动滚动条查看工作表中的数据时,当前单元格左侧和上方的行和列的位置不变。

窗口冻结操作方法如下:

选择某一单元格单击成为冻结点,然后选择"视图"选项卡→"窗口"组→"冻结窗格"→"冻结首行""冻结首列"或"冻结拆分窗格"命令。

取消窗口冻结:选择"视图"选项卡→"窗口"组→"冻结窗格"→"取消冻结窗格"命令即可。

4.5　使用公式和函数

4.5.1　使用公式

1. 公式的概念

公式是指对工作表中数据进行计算的算式,由运算符和操作对象组成,操作对象可以是常量、函数、单元格或单元格区域引用等。在输入公式时,必须以等号开头,使用英文标点符号,输入文本时,通常要加双引号。

2. 公式中的运算符

运算符是一个指定表达式内执行的计算类型的标记或者符号,在 Excel 中有 4 种类型的运算符:算术运算符、比较运算符、文本连接符和引用运算符。

①算术运算符。算术运算符的作用是完成基本的数学运算,产生数字结果,它包括:加(+)、减(−)、乘(﹡)、除(/)、百分号(%)和乘方(⁀),算术运算符优先级的顺序是先乘除后加减。

②比较运算符。比较运算符的作用是可以比较两个数值的大小,结果是一个逻辑值"TRUE"或"FALSE",包括=、>、<、>=、<=、<>。

③文本连接符。使用文本连接符(&)可以将一个或更多字符串连接起来。

④引用运算符:引用运算符用来将单元格区域合并运算。引用运算符包括:

• 区域(冒号):表示对两个引用之间,包括两个引用在内的所有区域的单元格进行引用,例如,SUM(BI:D5)。

• 联合(逗号):表示将多个引用合并为一个引用,例如,SUM(B5,B15,D5,D15)。

• 交叉(空格):表示产生同时隶属于两个引用的单元格区域的引用。

3. 运算顺序

如果公式中同时用到了多个运算符,则按一定的顺序(优先级由高到低)进行运算,运算符之间的优先顺序为:引用运算符、算术运算符、文本运算符和比较运算符。相同优先级的运算符将从左到右进行计算。

4. 复制公式

在计算过程中,有一些公式的规律是相同的,不必每个单元格重复输入,可以采用复制公式的方法,复制公式的方法主要有以下两种。

(1)利用填充柄拖放

①单击已输入公式的单元格。

②将鼠标指针移到该单元格的填充柄上。

③拖动填充柄至欲填充公式的最后一个单元格。

(2)使用菜单

右击公式所在的单元格,在弹出的菜单中选择"复制",然后选择要粘贴公式的单元格,单击右键,在弹出的菜单中选择"选择性粘贴",在粘贴选项中选择"公式"确定即可。

5. 单元格引用

在公式中使用单元格地址称为"单元格引用",引用可以使用单元格中的数据,公式所在单元格称为"公式单元格",公式中引用的单元格称为"引用单元格"。单元格引用主要有相对引用、绝对引用、混合引用和三维引用。

(1)相对引用

公式中引用相对地址,表示公式单元格与引用单元格之间的相对位置,进行公式复制时,当公式单元格发生变化时,引用单元格也会相应的发生变化。例如,公式单元格 C1中有公式"＝A1＋B1",当将公式复制到 C2 单元格时,公式变为"＝A2＋B2",如图 4-27所示。

图 4-27　单元格相对引用示例

(2)绝对引用

公式中引用绝对地址,表示的是引用单元格本身的位置,与公式单元格无关,当进行公式复制时,引用单元格保持不变。绝对引用的格式是在列字母和行数字之前分别加"$"符号。如图 4-28 所示。

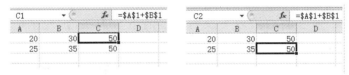

图 4-28　单元格绝对引用示例

(3)混合引用

混合引用是指单元格的行号或列号前加上"$"符号,如 F$4,其中的"列"相对引用,而"行"绝对引用。当公式单元格因复制或插入而引起行列变化时,公式的相对地址部分会随之改变,而绝对地址部分仍不变化。

(4)三维引用

在 Excel 2010 中,用户不但可以引用同一张工作表中的单元格,也能引用同一工作簿中不同工作表的单元格,还能引用不同工作簿中的单元格,这种引用称为"三维引用"。引用格式为:[工作簿名称]工作表名称！单元格名称,例如,[Book1]Sheet2!A2 表示引用 Book1 工作簿中的 Sheet2 工作表的 A2 单元格。

4.5.2　使用函数

函数是 Excel 内置的公式,Excel 2010 提供了 11 类函数,每类函数又有若干个不同的函数,为计算提供了方便。

1. 函数的格式

函数由函数名和参数组成,格式如:

函数名(参数 1,参数 2,…)

参数可以是具体的数值、字符和逻辑值,也可以是常量、公式或者其他函数等。与公式相比,函数运算速度更快、更精确。

2. 插入函数

插入函数的方法是:选定需要插入函数的单元格,选择"公式"选项卡→"函数库"组

→"插入函数"命令,或在自动求和、财务、逻辑、文本等按钮对应的下拉列表中选择所需函数,如图 4-29 所示。

图 4-29 插入函数方法

如果使用的是常用函数,插入函数使用下面的方法更方便:

①选定要输入函数的单元格。

②输入"="。

③单击公式栏最左侧的函数下拉列表框的下拉箭头,出现函数列表,如图 4-30 所示。

④函数列表中列出 10 个常用的函数,选择需要的函数;若没有所需函数,则单击"其他函数"。

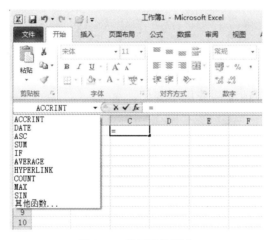

图 4-30 常用函数列表

3. 自动计算

系统提供了自动计算的功能,求连续区域的和、平均值、计数、最大值、最小值等。操作步骤如下:

①选定待求和的行、列或区域,以及存放计算结果的行、列。

②单击"公式"选项卡,在"函数库"组"自动求和"下拉菜单中选择自动计算函数即可。

4. 常用函数简介

(1)求和函数 SUM

功能:计算指定区域内所有数值的总和。

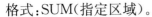

格式:SUM(指定区域)。

(2)平均函数 AVERAGE

功能:计算指定区域内所有数值的平均值。

格式: AVERAGE(指定区域)。

(3)最大值函数 MAX

功能:求指定区域内所有单元格中的最大数值。

格式: MAX(指定区域)。

(4)最小值函数 MIN

功能:求指定区域内所有单元格中的最小数值。

格式:MIN (指定区域)。

(5)日期函数 TODAY

功能:返回日期格式的系统当前日期。

格式:TODAY(指定区域)

(6)计数函数 COUNT

功能:计算单元格区域或数字数组中数字字段的输入项个数。

格式:COUNT(value1,value2,…)

(7)统计函数 COUNTIF

功能:计算在指定区域中满足给定条件的单元格数目。

格式: COUNTIF(指定区域,"条件")。

(8)条件函数 IF

功能:根据测试条件是否成立,输出相应的结果。

格式:IF(测试条件,满足条件时的输出结果,不满足条件时的输出结果)

5. 出错信息

在 Excel 中不能正确计算输入的公式时,会在单元格中显示出错信息,出错信息以"♯"开始,其含义如表 4-1 所示。

表 4-1　出错信息及原因

出错信息符号	可能的原因
♯♯♯♯♯	单元格所含的数字、日期或时间比单元格宽等
♯VALUE!	参数或操作数类型有错
♯DIV/O!	公式被 0(零)除
♯NAME?	在公式中使用 Excel 不能识别的名字
♯N/A	没有可用数值
♯REF!	单元格引用无效
♯NUM!	数字有问题
♯NULL!	在两个并不相交的区域指定交叉点

4.6　图　表

Excel 2010提供了丰富的图表功能，可以将数据库中的数据直观地表现出来。图表既可以放在工作表数据的附近，称为"嵌入式图表"；也可以放在工作簿图表工作表上，图表工作表上只有图表。嵌入式图表和图表工作表图表与创建它们的工作表数据相链接，并随工作表数据变化而变化。

4.6.1　创建图表

以图4-31所示班级成绩表为例，使用图表向导创建图表，操作步骤如下：

	A	B	C	D	E
1	学号	姓名	外语	C语言	总分
2	12035001	王良玉	87	88	175
3	12035002	李文涛	85	83	168
4	12035003	李强强	82	85	167
5	12035004	罗金林	75	65	140
6	12035005	陈亮	78	82	160
7	12035006	陈欧翔	95	77	172
8	12035007	陈云龙	85	62	147

图4-31　班级成绩表

①选择创建图表的数据区域，可以是连续或不连续区域，这里选择单元格区域"A1:E8"。

②在"插入"选项卡上的"图表"组中，单击图表类型，然后单击要使用的图表子类型，若要查看所有可用的图表类型，则单击 可以启动"插入图表"对话框，如图4-32所示，然后选择图表类型和子类型，这里选择簇状柱形图。

图4-32　"插入图表"对话框

创建完成的班级成绩柱形表,如图 4-33 所示。

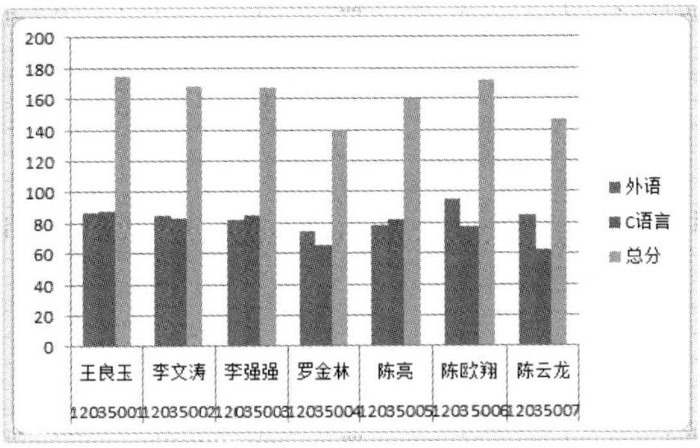

图 4-33　班级成绩柱形图

4.6.2　编辑图表

1. 移动图表和调整图表大小

(1)移动图表

默认情况下,图表作为嵌入图表放在工作表上。如果要将图表放在单独的图表工作表中,单击图表,在图表工具菜单"设计"选项卡上的"位置"组,单击"移动图表",弹出如图 4-34 所示的对话框,在"选择放置图表的位置"中,若要将图表显示在图表工作表中,则选择"新工作表",若要将图表显示为工作表中的嵌入图表,则选择"对象位于",然后在"对象位于"框中单击工作表。

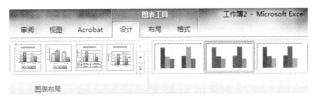

图 4-34　"移动图表"对话框

(2)调整图表大小

选中图表后,将鼠标移至图表四周的任一控点上,当光标成双箭头时,拖动鼠标进行调整,直至图表变成满意的大小为止。

2. 美化图表

单击图表,在菜单栏会出现图表工具菜单,有设计、布局、格式 3 个选项卡,如图 4-35所示。

图 4-35　图表工具

(1)设计选项卡

设计选项卡不但可以更改图表类型、切换行或列的显示方式、编辑数据源、移动图表,还可以利用"图表布局"或"图表样式"组中预定义的图表布局和样式,快速为图表应用预定义的布局和样式,如图 4-36 所示。

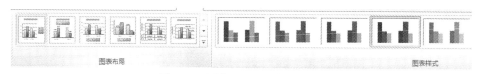

图 4-36 图表工具"设计"选项卡

(2)布局选项卡

布局选项卡可以对图表的各部分布局进行详细设置,包括图表标题、坐标轴标题、图例、数据标签、模拟运算表、坐标轴、网格线、绘图区、趋势线、误差线等,如图 4-37 所示。

图 4-37 图表工具"布局"选项卡

(3)格式选项卡

格式选项卡可以对图表各部分内容的样式进行详细设计,包括图表的形状样式、艺术字样式、排列及图表大小等,如图 4-38 所示。

图 4-38 图表工具"格式"选项卡

4.7 高级数据处理

4.7.1 数据清单

"数据清单"是 Excel 工作表中单元格构成的矩形区域,即一张二维表,又称为"数据列表"。Excel 不是一个专门的数据库管理系统,但如果工作表中的一个矩形区域内的数据符合数据库的要求,则 Excel 也能将它看作一个数据库,可以执行各种数据管理和分析功能,包括查询、排序、筛选以及分类汇总等数据库基本操作。数据清单具有以下特点:

①第一行是字段名,其余行是清单中的数据,每行表示一条记录;如果本数据清单有标题行,则标题行应与其他行(如字段名行)隔开一个或多个空行。

②每一列称为"字段",每个字段的数据类型必须相同。

③在数据清单中,不允许有空行或空列,也不能有重复的记录。

4.7.2　排　序

Excel 2010 可以根据一列或多列的数据按升序或降序对数据清单进行排序,以便于查询和分析。英文字母可按字母次序排序;汉字可按拼音或笔画排序。

1. 简单排序

简单排序是指对单一字段按升序或降序排列、一般直接利用"数据"选项卡工具栏的"升序"按钮 和"降序"按钮 来快速地实现,也可通过"数据"选项卡→"排序和筛选"组→"排序"命令来实现。

2. 复杂数据排序

当排序条件不是单一字段时,可使用复杂数据排序,通过"数据"功能区→"排序和筛选"组→"排序"命令来实现,在弹出的"排序"对话框中添加条件,可以添加一个主要关键字条件和若干次要关键字条件,排序的依据可以是数值、单元格颜色、字体颜色、单元格图标,如图 4-39 所示。

图 4-39　"排序"对话框

3. 设置排序选项

通常数据只是按列排序,有时需要按行排列数据,这时只需在排序对话框中左上角选中"选项"按钮,弹出"排序选项"对话框,如图 4-40 所示,在方向栏选择"按行排序"。若排序字段是文本类型,还可根据需要选择按字母或笔划进行排序。

图 4-40　"排序选项"对话框

4.7.3　数据的筛选

数据筛选可筛选出数据清单中满足条件的数据,不满足条件的数据暂时隐藏起来(但没有被删除)。当筛选条件被删除时,隐藏的数据便又恢复显示。

筛选有自动筛选和高级筛选两种方式。自动筛选对单个字段建立筛选,多字段之间的筛选是逻辑与的关系,操作简便,能满足大部分要求;高级筛选对复杂条件建立筛选,要建立条件区域。

1. 自动筛选

单击数据清单中的任一单元格,选择"数据"选项卡→"排序和筛选"选项组→"筛选"命令,所有数据列的列标题右侧出现向下的三角形箭头 ,单击箭头打开下拉列表,选择和设置筛选条件。

如果想取消某个字段的筛选,再次单击该字段右侧的三角形箭头 ,在下拉列表中选择"从该字段中清除筛选"即可。如果想取消所有字段筛选功能,点击"清除"按钮 ,显示全部数据;或再点击一次"筛选"命令,所有列标题旁向下三角形消失,显示全部数据。

例:在图 4-41 的学生成绩表中,用自动筛选功能,筛选出各门功课成绩都良好的学生。

	A	B	C	D	E
1	学号	姓名	外语	C语言	总分
2	12035004	罗金林	75	65	140
3	12035007	陈云龙	85	62	147
4	12035005	陈亮	78	82	160
5	12035003	李强强	82	85	167
6	12035002	李文涛	85	83	168
7	12035006	陈欧翔	95	77	172
8	12035001	王良玉	87	88	175

图 4-41　学生成绩表

操作步骤如下:

①单击成绩表中任一单元格,然后选择"数据"选项卡→"排序和筛选"选项组→"筛选"命令。

②单击"外语"字段旁的自动筛选箭头,选择"数字筛选"→"大于或等于"命令,弹出如图 4-42 所示对话框,在条件值域中输入 80,单击"确定"按钮。

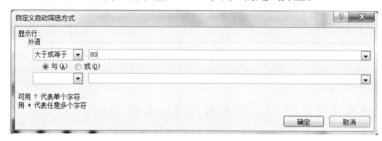

图 4-42　"自定义自动筛选"对话框

③同样方法设置"C 语言"字段,完成筛选任务,结果如图 4-43 所示。

	A	B	C	D	E
1	学号	姓名	外语	C语言	总分
2	12035003	李强强	82	85	167
3	12035002	李文涛	85	83	168
4	12035001	王良玉	87	88	175

图 4-43　自动筛选结果

2. 高级筛选

自动筛选只能用于条件简单的筛选操作,不能实现字段之间包含"或"关系的操作。高级筛选则能够完成比较复杂的多条件查询,并能将筛选结果复制到其他位置,高级筛选必须建立单独的条件区域。

条件区域的要求和特点如下:

①条件区域与数据清单数据区域之间至少相隔一行或一列。

②条件区域至少两行,且首行为与数据清单相应字段精确匹配的字段,可以只包含那些需要对其设置条件的字段。

③字段下的行中输入条件,同一行的条件之间是"与"的关系,不同行的条件之间是"或"的关系。

例:在图 4-41 的学生成绩表中,用高级筛选功能,筛选出外语和 C 语言都良好或者总成绩大于 160 的学生,并将筛选的结果放在以 A11 单元格为左上角的数据区域。操作步骤如下:

①建立条件区域,如图 4-44 所示。

A	B	C	D	E	F	G	H
学号	姓名	外语	C语言	总分			
12035004	罗金林	75	65	140		外语	C语言
12035007	陈云龙	85	62	147		>=80	>=80
12035005	陈亮	78	82	160			<=70
12035003	李强强	82	85	167			
12035002	李文涛	85	83	168			
12035006	陈欧翔	95	77	172			
12035001	王良玉	87	88	175			

图 4-44　条件区域设置方法

②选择"数据"选项卡→"排序和筛选"组→"高级"命令,弹出"高级筛选"对话框,设置结果如图 4-45 所示。在工作表中选定列表区域、条件区域,复制到单击筛选结果显示区域的第一个单元格,如 A11 即可。

图 4-45　"高级筛选"对话框设置

③单击"确定",显示筛选结果,如图 4-46 所示。

	A	B	C	D	E	F	G	H	I
1	学号	姓名	外语	C语言	总分				
2	12035004	罗金林	75	65	140		外语	C语言	总分
3	12035007	陈云龙	85	62	147		>=80	>=80	
4	12035005	陈亮	78	82	160				>=160
5	12035003	李强强	82	85	167				
6	12035002	李文涛	85	83	168				
7	12035006	陈欧翔	95	77	172				
8	12035001	王良玉	87	88	175				
9									
10									
11	学号	姓名	外语	C语言	总分				
12	12035005	陈亮	78	82	160				
13	12035003	李强强	82	85	167				
14	12035002	李文涛	85	83	168				
15	12035006	陈欧翔	95	77	172				
16	12035001	王良玉	87	88	175				

图 4-46　高级筛选结果

4.7.4　分类汇总

在对数据进行分析和统计时,分类汇总是一个非常有用的工具。分类汇总就是对数据清单按某字段进行分类,将字段值相同的连续记录作为一类,进行求和、平均、计数等汇总运算,并将计算结果分级显示出来。

对数据清单进行分类汇总的操作步骤如下:

①对需要分类汇总的字段进行排序,升序或降序可以根据需要选择。

②选中数据清单中的任意一个单元格,选择"数据"选项卡→"分级显示"组→"分类汇总"命令,弹出"分类汇总"对话框,如图4-47所示,选择分类字段(应与排序列字段相同)、汇总方式、汇总项,全部设置完毕后,单击"确定"按钮。

图4-47 "分类汇总"对话框

例:根据图4-48所示学生成绩表,计算各班级每门学科成绩总和。

学号	班级	姓名	外语	数学	总分
11013025	二班	陈亮	88	80	168
11013027	二班	程超	72	73	145
11013011	二班	高金桂	90	79	169
11013013	二班	韩帅	76	72	148
11013014	二班	华重阳	80	81	161
11013015	二班	李婧	69	79	148
11013018	二班	梁照	83	77	160
11013022	二班	邱晓波	84	76	160
11013001	一班	鲍正波	87	70	157
11013002	一班	曹东	85	76	161
11013005	一班	陈晓丹	75	82	157
11013007	一班	程梦雅	91	76	167
11013012	一班	葛吉蓉	89	85	174
11013008	一班	李巧玉	75	67	142
11013003	一班	刘静	92	88	180
11013004	一班	商崇瑞	66	75	141

图4-48 学生成绩表

操作步骤如下:

①将学生成绩表按班级排序。

②单击数据清单中任一单元格。选择"数据"选项卡→"分级显示"选项组→"分类汇总"命令,弹出"分类汇总"对话框,参照图4-47所示设置,单击"确定"按钮,结果如图4-49所示。

	学号	班级	姓名	外语	数学	总分
1	学号	班级	姓名	外语	数学	总分
2	11013025	二班	陈亮	88	80	168
3	11013027	二班	程超	72	73	145
4	11013011	二班	高金桂	90	79	169
5	11013013	二班	韩帅	76	72	148
6	11013014	二班	华重阳	80	81	161
7	11013015	二班	李婧	69	79	148
8	11013018	二班	梁照	83	77	160
9	11013022	二班	邱晓波	84	76	160
10		二班 汇总		642	617	
11	11013001	一班	鲍正波	87	70	157
12	11013002	一班	曹东	85	76	161
13	11013005	一班	陈晓丹	75	82	157
14	11013007	一班	程梦雅	91	76	167
15	11013012	一班	葛吉蓉	89	85	174
16	11013008	一班	李巧玉	75	67	142
17	11013003	一班	刘静	92	88	180
18	11013004	一班	商崇瑞	66	75	141
19		一班 汇总		660	619	
20		总计		1302	1236	

图4-49 分类汇总的结果

左侧的折叠按钮可以将表格中的原始数据隐藏起来,只显示统计结果。分类汇总的数据是随着数据的变化而自动更新的。如果需要取消分类汇总,则单击"分类汇总"对话框中"全部删除"按钮。

4.7.5　数据透视表和数据透视图

数据透视表是一种交互式的表,可以进行某些计算,如求和与计数等。所进行的计算与数据跟数据透视表中的排列有关。

它之所以被称为数据透视表,是因为它可以动态地改变版面布置,以便按照不同方式分析数据,也可以重新安排行号、列标和页字段。每一次改变版面布置时,数据透视表会立即按照新的布置重新计算数据。另外,如果原始数据发生更改,则可以更新数据透视表。

数据透视图可以将数据透视表中的数据可视化,以便于查看、比较和预测趋势,帮助用户作出关键数据的决策。

例如,以图 4-48 的学生成绩表作为数据清单创建数据透视表,操作步骤如下:

①单击数据清单中任一单元格。

②点击"插入"菜单栏最左面的数据透视表,会出现两个选项卡:数据透视表和数据透视图,点击数据透视表,弹出如图 4-50 所示"创建数据透视表"对话框,设置要分析的数据及数据透视表的位置,单击"确定"。

③出现数据透视表选项框,在右侧"数据透视表字段列表"中需要添加到报表的字段复选框中打钩,打钩后的数据被全部默认插入在"行标

图 4-50　"创建数据透视表"对话框

签"中,可根据实际需求拖动至"报表筛选""列标签""行标签""数值"。"报表筛选"的功能和"数据"选项卡中"数据"的"筛选"类似。设置及汇总结果如图 4-51 所示。

数据透视图的创建方法与数据透视表类似。

图 4-51　数据透视表的设置及汇总结果

4.8　打印工作表

4.8.1　页面设置

页面设置可以设置打印工作表的外观和版面。选择"页面布局"选项卡,在"页面设置"组中可以直接设置页边距、纸张方向、纸张大小、打印区域、背景及打印标题等,如图4-52所示。

图 4-52　页面设置组命令

或者点击页面设置组右下角的 ⬜ ,打开"页面设置"对话框,如图 4-53 所示。在该对话框中可设置页面、页边距、页眉/页脚和工作表。

图 4-53　"页面"选项卡

1.页面

在"页面"选项卡中,可以设置:

①方向:表示表格在纸张中的排列方向,包括纵向和横向。

②缩放:用户可以根据设置缩放比例来调整打印出来的表格的大小,100%为正常尺寸。

③纸张大小:表示打印纸张的大小,常用的有 A4、A3、16K 等。在纸张大小的下拉框中,选择相应的纸型。

④打印质量:在打印质量的下拉列表框中选择,点数越高表示打印的质量越好。

⑤起始页码:用于规定打印的起始页码。

2. 页边距

在"页边距"选项卡中，可设置表格距离纸张上、下、左、右边缘的距离，页眉和页脚的位置及居中方式，如图 4-54 所示。

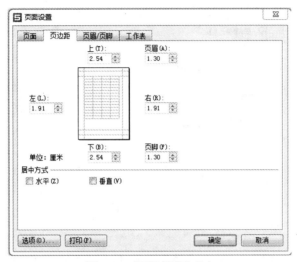

图 4-54　"页边距"选项卡

3. 页眉/页脚

打开"页眉/页脚"选项卡，如图 4-55 所示，用户可以在"页眉/页脚"选项卡中使用系统自带默认提供的内容和格式，也可以单击"自定义页眉"或者"自定义页脚"按钮，在弹出的"页眉""页脚"对话框中，自定义页眉或页脚的内容和格式。

图 4-55　"页眉/页脚"选项卡

4. 工作表

打开"工作表"选项卡，如图 4-56 所示，可以进行以下几项操作：

①打印区域：确定打印工作表中的具体区域。

②打印标题：确定每页纸是否打印标题，包括顶端标题行和左端标题行。

③打印选项组：确定打印选项。如选中"网格线"，打印的时候就会把表格中有数据部分的网格线也打印出来。选中"行号和列号"，打印的表格上会显示行号和列号。

④打印顺序:顺序分先列后行和先行后列两种,用户可以根据需要自行选择。

图 4-56 "工作表"选项卡

4.8.2 打印预览

在打印之前可以使用打印预览功能在屏幕上查看打印效果,以便对不满意的地方及时修改。

选择"文件"菜单→"打印预览"命令,即可打开"打印预览"窗口,在窗口右边可预览打印效果,若必须修改,则直接在左边的设置栏进行修改即可,如图 4-57 所示。

图 4-57 "打印预览"窗口

4.9　Excel 2010 应用案例

4.9.1　案例 1：考试成绩统计表处理

处理如图 4-58 所示 Excel 表格。

	A	B	C	D	E
1	考试成绩统计表				
2	学号	姓名	外语	数学	总分
3	11013004	商崇瑞	66	75	141
4	11013008	李巧玉	75	67	142
5	11013027	程超	72	73	145
6	11013013	韩帅	76	72	148
7	11013015	李婧	69	79	148
8	11013001	鲍正波	87	70	157
9	11013005	陈晓丹	75	82	157
10	11013018	梁昭	83	77	160
11	11013022	邱晓波	84	76	160
12	11013014	华重阳	80	81	161
13	11013002	曹东	85	76	161
14	11013007	程梦雅	91	76	167
15	11013025	陈亮	88	80	168
16	11013011	高金桂	90	79	169
17	11013012	葛吉蓉	89	85	174
18	11013003	刘静	92	88	180
19	平均分：		81	77	

图 4-58　考试成绩统计表

"考试成绩统计表"操作步骤如下：

操作 1　新建工作簿。

操作 2　输入标题和成绩。

A1 至 E1 单元格合并居中，输入标题，输入学生学号、姓名、外语和数学成绩。

操作 3　计算总分。

在 E3 单元格输入公式"=C3+D3"，计算出总分，然后利用填充柄将公式复制到 E18。

操作 4　计算平均分。

在 C19 单元格插入平均值函数 AVERAGE，计算出平均分，然后利用填充柄将公式复制到 D19。

操作 5　排序。

按总分由高到低排序。

4.9.2　案例 2：老乡名录处理

处理如图 4-59 所示 Excel 表格。

	A	B	C	D
1	老乡名录			
2	学号	姓名	性别	籍贯
3	11013004	商崇瑞	男	安徽
4	11013008	李巧玉	女	江苏
5	11013027	程超	男	安徽
6	11013013	韩帅	男	山东
7	11013015	李婧	女	安徽
8	11013001	鲍正波	男	湖南
9	11013005	陈晓丹	女	山东
10	11013018	梁昭	男	湖南
11	11013022	邱晓波	男	湖南
12	11013014	华重阳	男	江苏
13	11013002	曹东	男	安徽
14	11013007	程梦雅	女	山东
15	11013025	陈亮	男	湖南
16	11013011	高金桂	男	江苏
17	11013012	葛吉蓉	女	湖南
18	11013003	刘静	女	江苏

图 4-59　老乡名录

操作 1 新建工作簿。

操作 2 输入标题和名录。

A1 至 D1 单元格合并居中,输入标题,输入学生学号、姓名、性别、籍贯。

操作 3 自动筛选。

按籍贯进行自动筛选,每次选择一个籍贯。

操作 4 打印名录。

将每个筛选结果作为一个名录打印。

4.9.3 案例 3:销售分析报表处理

处理如图 4-60 所示 Excel 表格。

图 4-60 销售分析报表

操作 1 新建工作簿。

操作 2 输入标题和表格内容。

A1 至 D1 单元格合并居中,输入标题,输入年份和销量数据。

操作 3 计算增长率。

在 C4 中输入公式"=(C3-B3)/B3",填充复制到 H4。

操作 4 插入图表。

插入簇状柱形图,数据源设置如下图,设置图表标题、横坐标轴和纵坐标轴标题。

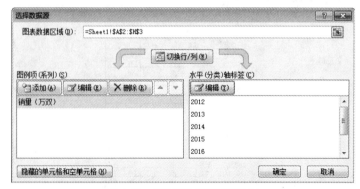

图 4-61 "选择数据源"对话框

习 题 4

一、单项选择题

1. 默认状态下打开 Excel 2010,新建工作簿的默认文件名是_____。
   A. Excel1. ex   B. 工作簿 1. xlsx   C. XL1. doc   D. 文档 1. doc

2. 在工作表的 D5 单元格中存在公式:"＝B5＋C5",则执行了在工作表第 2 行插入一新行的操作后,原单元格中的内容为_____。
   A. ＝B5＋C5   B. ＝B6＋C6   C. 出错   D. 空白

3. 在工作表的 D7 单元格内存在公式:"＝A7＋＄B＄4",若在第 3 行处插入一新行,则插入后原单元格中的内容为_____。
   A. ＝A8＋＄B＄4   B. ＝A8＋＄B＄5   C. ＝A7＋＄B＄4   D. ＝A7＋＄B＄5

4. 若在工作簿 Book1 的工作表 Sheet2 的 C1 单元格内输入公式,需要引用 Book2 的 Sheet1 工作表中 A2 单元格的数据,那么正确的引用格式为_____。
   A. Sheet!A2   B. Book2!Sheet1(A2)
   C. BookSheet1A2   D. ［Book2］Sheet1!A2

5. 在 Excel 2010 中,单元格 A1 的数值格式设为整数,当输入"3.05"时,屏幕显示为_____。
   A. 3. 05   B. 3. 1   C. 3   D. 3. 00

6. Excel 2010 图表的类型有多种,柱形图反映的是_____。
   A. 显示一种趋势   B. 用于一个或多个数据系列中值的比较
   C. 着重部分和整体间相对大小关系   D. 数据之间的因果对应关系

7. 下列关于 Excel 2010 工作表拆分的描述中,正确的是_____。
   A. 只能进行水平拆分
   B. 只能进行垂直拆分
   C. 可进行水平拆分和垂直拆分,但不能进行水平、垂直同时拆分
   D. 可分别进行水平拆分和垂直拆分,还可进行水平、垂直同时拆分

8. 在 Excel 2010 中,如果把一串阿拉伯数字作为文本,而不是数值输入到单元格中,则应当先输入_____。
   A. ″(双引号)   B. ′(单引号)   C. ″″(两个双引号)   D. ″(两个单引号)

9. 在 Excel 2010 中,下列对于日期型数据的叙述错误的是_____。
   A. 日期格式有多种显示格式   B. 不论一个日期值以何种格式显示,值不变
   C. 可以有阴历式的日期格式   D. 日期数值能自动填充

10. 下列对 Excel 2010 工作表的描述中,正确的是_____。
    A. 一个工作表可以有无穷个行和列   B. 工作表不能更名
    C. 一个工作表就是一个独立存储的文件   D. 工作表是工作簿的一部分

11. 在 Excel 2010 中,关于选定单元格区域的说法,错误的是_____。
    A. 鼠标指向选定区域左上角单元格,拖动鼠标到该区域右下角单元格
    B. 在名称框中输入单元格区域的名称或地址并按回车键
    C. 选定区域左上角单元格,再按 Shift 键,单击该区域右下角单元格
    D. 单击要选定区域的左上角单元格,再单击该区域的右下角单元格

12. 当输入的字符串长度超过单元格的长度范围时,且其右侧相邻单元格为空,在默认状态下字符串将_____。

    A. 超出部分被截断删除

    B. 超出部分作为另一个字符串存入 B1 中

    C. 字符串显示为＃＃＃＃＃

    D. 继续超格显示

13. 启动 Excel 2010,系统会自动产生一个工作簿1,并且自动为该工作簿创建_____张工作表。

    A. 1   B. 3   C. 8   D. 10

14. 在 Excel 2010 工作表中,不能进行操作的是_____。

    A. 恢复被删除的工作表   B. 修改工作表名称

    C. 移动和复制工作表   D. 插入和删除工作表

15. 在 Excel 2010 中,选择活动单元格输入一个数字后,按住_____键拖动填充柄,所拖过的单元格被填入的是按1递增或递减数列。

    A. Alt   B. Ctrl   C. Shift   D. Del

16. 在 Excel 2010 中,为了提高输入速度,在相邻单元格中输入"二月"到"十月"的连续字符时,可使用_____功能。

    A. 复制   B. 移动   C. 自动计算   D. 自动填充

17. 在 Excel 2010 单元格中输入分数时,以下哪种方式正确_____。

    A. 1 月 2 日   B. 0 1/2   C. ＝1/2   D. ′1/2

18. 在 Excel 2010 工作表中,已知 C2、C3 单元格的值均为 0,在 C4 单元格中输入"C4＝C2＋C3",则 C4 单元格显示的内容为_____。

    A. C4＝C2＋C3   B. TRUE   C. 1   D. 0

19. 在 Excel 2010 工作表中输入数据时,如输入文字过长而需在同一单元格内换行,除在单元格格式设置中设置自动换行外,还可以按组合键_____实现手工换行。

    A. Alt＋Enter   B. Ctrl＋Enter

    C. Shift＋Enter   D. Ctrl＋Shift＋Enter

20. 在 Excel 2010 工作表中,A1、A2 单元格中数据分别为 2 和 5,若选定 A1:A2 区域并向下拖动填充柄,则 A3:A6 区域中的数据序列为_____。

    A. 6,7,8,9   B. 3,4,5,6   C. 2,5,2,5   D. 8,11,14,17

21. 在 Excel 2010 中,正确的说法是_____。

    A. 利用"删除"命令,可选择删除单元格中的数据或单元格所在的行

    B. 利用"清除"命令,可以清除单元格中的全部数据和单元格本身

    C. 利用菜单"清除"命令,可选择清除单元格内的数据,也可选择清除单元格本身

    D. 利用菜单的"删除"命令不可以删除单元格所在的行

22. 在 Excel 2010 中,_____可在单元格格式设置中取消设置。

    A. 任何没合并过的单元格   B. 合并的单元格

    C. 基本单元格   D. 基本单元格区域

23. 在 Excel 2010 单元格中,输入"＝″DATE″&″TIME″"所产生的结果是_____。

    A. DATETIME   B. DATE＋TIME

    C. 逻辑值"真"   D. 逻辑值"假"

二、操作题

1.有一电子表格,如下图所示。

请在 Excel 中对所给工作表完成以下操作:

①将(A1:G1)单元格合并并居中,行高设为自动调整行高,数据区域(A2:G10)设置为水平居中、垂直居中。

②设置(A2:G2)区域单元格的填充背景色为:标准色－蓝色,文字颜色为:白色,背景 1,深色 15%。

③使用 IF 函数计算职工的"奖金/扣除"列(使用 IF 函数的条件是:实际销售量>=10 月份应销售量,条件满足的取值 800,条件不满足的取值－300)。

④计算月收入(月收入＝基本工资＋奖金/扣除),将(G3:G10)单元格的数字格式设为货币(￥),不保留小数。

⑤将工作表 Sheet1 改名为"职工收入"。

⑥将 10 月份应销售量(D列)的列宽设置为 15。

⑦为表格(A2:G10)区域加单实线外边框。

⑧选择姓名和月收入两列制作三维堆积柱形图,图例放置于底部。

2.有如下图所示电子表格,请在 Excel 中对所给工作表完成以下操作:

①设置 sheet1 工作表标题行(A1:E1)合并及水平居中,并设置标题行为红色背景色和黄色文字。

②设置 sheet1 工作表(A2:E2)区域单元格的填充背景色为:标准色—绿色,文字颜色为:灰色—25%,背景 2。

③计算 2018 年销量(2018 年销量=2017 年销量 * (1+增长比例))。

④将 sheet1 工作表改名为"年销售情况表"。

⑤计算 2018 年销售额,已知 2018 年各产品的平均售价放置在 Sheet2 工作表内(2018 年销售额=2018 年销量 * 2018 年平均售价)。

⑥为 sheet1 工作表(A2:E6)区域设置蓝色双线外边框和蓝色细实线内边框(设置 RGB 颜色模式红色 0,绿色 0,蓝色 255)。

⑦将 2018 年销售额所在单元格的列宽设为 16,将(E3:E6)单元格的数字格式设为货币(¥),保留 2 位小数。

⑧选择"产品名称"和"2018 年销量"两列制作堆积柱形图。

第 5 章　演示文稿处理软件 PowerPoint 2010

考核目标

➤ 了解：演示文稿的概念，PowerPoint 的功能。

➤ 理解：演示文稿视图，演示文稿主题、背景、版式、切换、动画。

➤ 掌握：演示文稿的基本操作，幻灯片的基本操作，幻灯片的基本制作，演示文稿放映设计，演示文稿的打包和打印。

➤ 应用：使用演示文稿软件处理幻灯片，将幻灯片设计理念和图表设计技能应用到日常学习和生活中。

PowerPoint 是微软公司设计的演示文稿软件,简称 PPT,主要用于制作、编辑和播放幻灯片。PowerPoint 能够帮助用户制作出集文字、图形、图像、声音以及视频等多媒体元素于一体的演示文稿,可被用于院校教学课件制作,以及产品发布、公司岗位培训、讲座、总结、网络广播等时的信息发布。

5.1　PowerPoint 2010 概述

5.1.1　PowerPoint 2010 的功能

作为演示文稿制作软件,PowerPoint 2010 除了传统的支持文字、图形、声音、表格等对象混排,可打包成 CD,实现自动播放等功能外,各大组件都有新变化。其新特点有:更多的活动和视觉冲击;可节省时间和简化工作的工具操作方式;与他人同步工作;个性化视频体验;优化的 SmartArt 图形功能;新增动画刷功能;直接完成翻译和简繁转换等。

打开 PowerPoint 2010,单击"文件"→"新建"命令,即可打开如图 5-1 所示的"可用的模板和主题"任务窗格。在"可用的模板和主题"任务窗格选择"样本模板",出现如图 5-2 所示的"可用的模板和主题"窗口,选择"PowerPoint 2010 简介",将新建一个基于此模板的演示文稿。此演示文稿演示 PowerPoint 的新功能,最好在"幻灯片放映"中查看。微软设计这些幻灯片,是为了让用户在 PowerPoint 2010 中制作演示文稿时获得一些启发。

图 5-1　"新建演示文稿"窗口

图 5-2　"可用的模板和主题"窗口

5.1.2　PowerPoint 2010 的启动与退出

Office 系列软件的窗口、操作、风格类似，PowerPoint 2010 启动与退出的方法与 Word 2010、Excel 2010 的启动与退出类似。

1. 启动

通过以下 3 种方法都可以启动 PowerPoint 2010。

①"开始"按钮启动。单击任务栏上的"开始"按钮→"所有程序"→"Microsoft Office"→"Microsoft PowerPoint 2010"，即可启动 PowerPoint 2010。

②快捷方式启动。双击桌面上的"Microsoft PowerPoint 2010"快捷图标来启动。

③通过现有的文档启动。双击电脑上已存在的 PowerPoint 2010 文档图标启动。

2. 退出

通过以下 4 种方法都可退出 PowerPoint 2010。

①选择"文件"→"退出"命令。

②单击标题栏最左侧的控制菜单按钮，选择"关闭"命令；或双击控制菜单按钮。

③单击标题栏右侧的"关闭"按钮。

④按"Alt＋F4"组合键。

注意：在退出 PowerPoint 2010 窗口时，如果正在编辑文件，而没有及时保存更新，界面就会弹出一个警告的对话框，若选择"是"，则保存文件后退出；若选择"否"，则不保存文件直接退出,文件以及修改的数据信息都会丢失;若单击"取消",则取消退出 PowerPoint 2010 窗口。在这里需要注意:文件名保存的后缀名为 pptx,如图 5-3 所示。

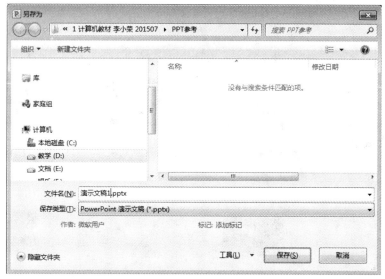

图 5-3 演示文稿"另存为"对话框

5.1.3 PowerPoint 2010 的窗口介绍

启动 PowerPoint 2010 后,屏幕上会出现一个应用程序窗口和一个文档窗口,如图 5-4 所示。

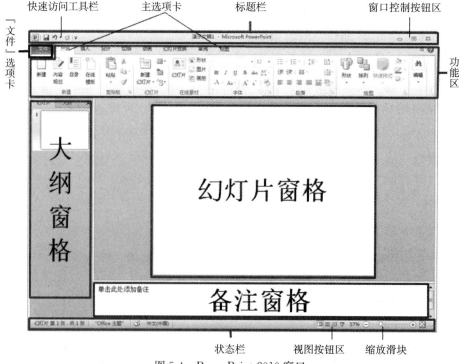

图 5-4 PowerPoint 2010 窗口

其中文档窗口是一种三窗格视图,与 Windows 应用程序窗口类似,可以同时看到演示文稿的大纲、当前的幻灯片以及当前幻灯片的备注。这种三窗格视图使得组织演示文稿、修改当前幻灯片以及输入当前幻灯片的备注能够很方便地进行。

PowerPoint 2010 的工作窗口主要包括标题栏、"文件"选项卡、主选项卡、功能区、大纲窗格、幻灯片窗格、备注窗格、任务窗格、视图切换按钮、状态栏、滚动条等。其中标题栏、选项卡栏、工具栏、状态栏、滚动条与前面章节的介绍一致。

①大纲窗格:在本区中,用户可以通过"大纲视图"或"幻灯片视图"方便地组织演示文稿的结构,快速查看整个演示文稿中的任意一张幻灯片。

②幻灯片窗格:用于查看每张幻灯片中的内容以及外观。用户可以在当前幻灯片中添加图形、影片和声音,创建超级链接以及设置动画效果等。

③备注窗格:用于添加演说者的备注信息。

5.1.4　文稿视图

PowerPoint 2010 针对不同的用户操作需求,分别提供了两种视图模式:演示文稿视图、母版视图。其中,演示文稿视图包括普通视图、幻灯片视图、阅读视图和备注页;母版视图包括幻灯片母版、讲义母版和备注母版。

1. 普通视图

普通视图是 PowerPoint 2010 的编辑视图,是最常用的视图。单击 PowerPoint 的窗口界面左下角的 图标,即可进入如图 5-5 所示普通视图界面。该视图的工作区域:左侧为可在幻灯片文本大纲("大纲"选项卡)和幻灯片缩略图("幻灯片"选项卡)之间切换的区域;右侧为幻灯片区域,以大视图显示当前幻灯片;底部为备注区。

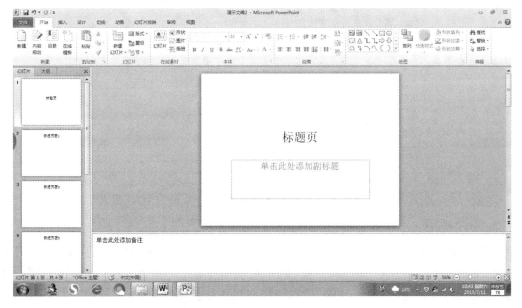

图 5-5　PowerPoint 2010 普通视图窗口

• "大纲"选项卡:主要用来组织和编辑演示文稿中的文本。

• "幻灯片"选项卡:以缩略图大小的图形在演示文稿中观看幻灯片。使用缩略图能更方便地通过演示文稿导航并观看设计更改的效果。在这里也可以方便快捷地重新排列、添加或删除幻灯片。

• 幻灯片区域:可以观看幻灯片的静态效果,在幻灯片上添加和编辑各种对象(如文本、图片、表格、图表、绘图对象、文本框、电影、声音、超链接和动画等)。

• 备注区域:可以为幻灯片添加简短的备注或说明。

这些区域使得用户可以从不同的方面来编辑幻灯片。拖动区域边框可以调整区域大小。

2. 幻灯片浏览视图

单击界面左下角的 图标,即可进入如图 5-6 所示的幻灯片浏览视图界面。在幻灯片浏览视图下,可以同时看到演示文稿中的以缩略图显示的所有幻灯片。在该视图下,可以很容易地对幻灯片进行编辑操作,如插入、复制、移动和删除幻灯片等,并能预览幻灯片切换、动画和排练时间等效果。

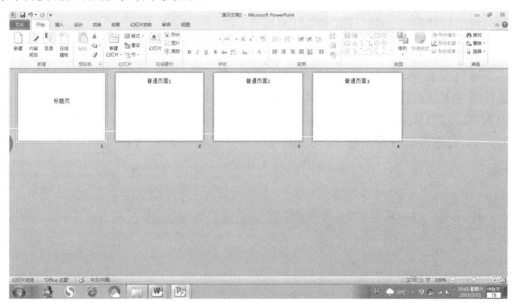

图 5-6　幻灯片浏览视图

注意:幻灯片浏览视图下不能单独对幻灯片上的对象进行编辑操作。

3. 阅读视图

在阅读视图下,窗口只显示当前幻灯片的内容和动画效果,并进行自动翻页,在任务栏的左侧显示幻灯片总页数和当前页数,右侧有上翻、下翻页功能,方便用户进行上翻页、下翻页和幻灯片管理等功能,最右侧还有视图切换按钮,便于用户进行视图切换。

4. 幻灯片放映视图

在幻灯片放映视图下,窗口以最大化方式显示当前幻灯片的内容和动画效果,在该视图下所看到的演示文稿就是将来观众所看到的效果。

在幻灯片放映视图方式下,一张幻灯片的内容占满了屏幕,不难看出这就是用幻灯片放映出来的效果,如图 5-7 所示。

图 5-7　幻灯片放映视图

5.1.5　基本术语

1. 演示文稿与幻灯片

演示文稿是指由 PowerPoint 制作生成的". pptx"文件。演示文稿中的每一页就是一张幻灯片,一份演示文稿通常由一张"标题"幻灯片和若干张"普通"幻灯片组成。

幻灯片可由标题、文本、图形、图像、剪贴画、声音以及图表等多个对象组成。每张幻灯片都是演示文稿中既相互独立又相互联系的内容,所有幻灯片顺序排列起来可以表达出演讲者所要介绍的主题思想。

2. 设计模板

在 PowerPoint 2010 中,模板包含预定义的格式和配色方案等,可以看作幻灯片的外观。一个演示文稿中的所有幻灯片都将在选定的统一模板上制作,制作演示文稿的过程中也可以随时更换模板。

对演示文稿应用设计模板的具体操作是:选择"设计"选项卡→"主题"窗格,然后在"主题"窗格中单击需要的应用模板即可。当选择了某一模板后,整个演示文稿的所有幻灯片都按照所选择的模板进行改变。

3. 版式

版式指的是幻灯片的结构,即用于确定幻灯片所包含的对象及各对象之间的位置关系,如文字、图像、图表等各种对象在幻灯片上的显示排列方式。版式由占位符组成,不同的占位符中可以放置不同的对象,例如,标题和文本占位符可以放置文字,内容占位符可以放置图表和剪贴画等。

改变演示文稿中某张幻灯片或全部幻灯片的版式,可选择"开始"选项卡→"版式"窗格操作。当使用新的版式后,根据新版式的占位符位置,幻灯片上的对象位置会发生相应变化。

4. 占位符

占位符是指幻灯片上一种带有虚线或阴影线边缘的矩形框,绝大部分幻灯片中都有这些框,这些框内可以放置标题、正文、图片、表格等对象。普通视图下,在对象上单击时将会浮现对象的占位符。

选择占位符,打开图片工具"格式"功能区,可以进行对象属性的设置,主要设置对象的如下属性:颜色与线条(填充、线条、箭头)、尺寸(尺寸与旋转、缩放比例等)、位置(幻灯片上的位置)、图片(裁剪、图像控制)、文本框(文本锁定点的位置、内部边距、自选图形中的文字换行、调整自选图形尺寸以适应文字、将自选图形中的文字旋转90度)、Web等。

5. 配色方案

配色方案由幻灯片设计中使用的8种颜色(用于幻灯片的背景、标题、文本、线条、阴影、填充、强调和超级链接等)组成,可以用于幻灯片、备注页和讲义。通过配色方案的设置可以使幻灯片更加鲜明易读,通过调整配色方案可以快速改变所有幻灯片的配色。

6. 母版

母版是幻灯片版式中文字的默认格式(包括它们的位置、字体、字号及颜色等)。当插入一张新的幻灯片时,输入的标题和文本内容等将自动套用母版的格式。母版分为:幻灯片母版、讲义母版和备注母版。

①幻灯片母版是最常用的母版,用于控制除标题幻灯片外所有幻灯片的版式。可以对演示文稿进行全局更改,并使该更改应用到基于母版的所有幻灯片。

②讲义母版用于控制幻灯片以讲义的形式进行打印,可增加页码、页眉和页脚,打印时指定一页纸上安排多少张幻灯片等。

③备注母版是供演讲者备注使用的空间,也可用来设置幻灯片上的备注文本的格式。

5.2 演示文稿的录入

5.2.1 演示文稿的创建、保存和打开

Office软件具有一定的共性,演示文稿的创建、保存、打开等操作可参考Word。

1. 演示文稿的创建

通过"开始"按钮或快捷方式启动PowerPoint 2010软件时,系统就会自动进入一张空白演示文稿的编辑状态。

选择"文件"选项卡中的"新建"窗格,任务窗格如图5-1所示。在新建演示文稿选项组中,给出2种创建演示文稿的方法:可用的模板和主题、Office.com模板。其中,可用

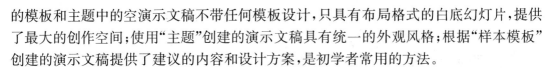

的模板和主题中的空演示文稿不带任何模板设计,只具有布局格式的白底幻灯片,提供了最大的创作空间;使用"主题"创建的演示文稿具有统一的外观风格;根据"样本模板"创建的演示文稿提供了建议的内容和设计方案,是初学者常用的方法。

(1)空白演示文稿的创建

创建空白演示文稿的主要方法如下:

①选择"文件"→"新建",即可打开如图 5-1 所示"可用模板和主题"任务窗格,选择"空白演示文稿"。

②单击"快速访问工具栏"中的"新建"按钮。

③按快捷键"Ctrl+N"。

(2)用"主题"来创建演示文稿

①选择"文件"→"新建"。

②单击右侧任务窗口中的"可用的模板和主题"选项,在任务窗口选择"主题"下拉列表,单击选取所需模板。

(3)用样本模板来创建演示文稿

①选择"文件"→"新建"。

②单击右侧任务窗口中的"样本模板"选项,根据需求来选择一个设计模板。

2. 演示文稿的保存

在制作完一份演示文稿之后,要及时保存到外部存储设备中。保存方法有:

①选择"文件"→"保存"命令。

②单击"快速访问工具栏"中的"保存"按钮 📄。

③使用组合键"Ctrl+S"。

注意:

①保存时,要注意保存文件的类型。

②记住保存的位置,即文件路径要记清楚,防止下次找文件带来麻烦。

③为防止断电或死机造成修改无效,可通过"文件"→"选项"→"保存"来修改自动保存的时间间隔。

④通过"文件"→"信息"→"保护演示文稿"→"用密码进行加密"可进行安全设置。

3. 演示文稿的打开

打开演示文稿的主要方法如下:

①单击"快速访问工具栏"中的"打开"按钮。

②选择"文件"→"打开"命令。

③选择"文件"→"最近所用文件"。

④使用组合键"Ctrl+O"。

5.2.2　幻灯片的编辑

在 PowerPoint 2010 中,对幻灯片的主要操作包括选择幻灯片、添加新幻灯片、复制幻灯片、调整幻灯片的顺序和删除幻灯片。这些操作一般都通过点击"视图"选项卡→"演示文稿视图"→"幻灯片浏览"进行设置。

1. 视图切换设置

在 PowerPoint 2010 中,视图之间可在"视图"选项卡中挑选相应的命令进行切换,如图 5-8 所示。其中包括:普通视图、幻灯片浏览视图、备注页、阅读视图、幻灯片母版、讲义母版、备注母版视图。

图 5-8　视图切换设置

任务栏上有视图切换按钮，在此单击也可以完成视图的切换。

2. 编辑幻灯片

编辑幻灯片包括新建幻灯片、选择幻灯片以及复制、移动和删除幻灯片等。

(1)新建幻灯片

新建幻灯片主要有以下 4 种方法:

①选择"开始"选项卡→"幻灯片"组→"新建幻灯片",在下拉列表中选择所需版式或选中左部幻灯片窗格中的某张幻灯片。

②在大纲窗格或幻灯片浏览视图下右击幻灯片,在打开的快捷菜单选择"新建幻灯片"命令,系统会在选定的幻灯片的下面插入一张新幻灯片。

③在大纲窗格幻灯片上按 Enter 键,系统会在选定的幻灯片的下面插入一张新幻灯片。

④使用快捷键"Ctrl+M"。

(2)选择幻灯片

在 PowerPoint 2010 中,用户可以一次性选中一张或者多张幻灯片进行操作。

选择单张幻灯片,可以直接单击;选择多张幻灯片,按 Shift 键的同时单击最前、最后的幻灯片;选择多张不连续的幻灯片,按 Ctrl 键的同时,单击要选的幻灯片;全选用组合键"Ctrl+A"。被选中的幻灯片周围的边框变粗。

在"幻灯片浏览"视图下,所有幻灯片都会以缩小的图形形式在屏幕上显示出来,有助于幻灯片的选择。

(3)复制幻灯片

复制幻灯片主要有以下 3 种方法:

①源地址选择对象,"复制"命令,到目标地址,"粘贴"命令。其中,命令的选择可以通过单击"开始"→"幻灯片"组中的相应按钮;右击选择相应的快捷菜单;快捷键(复制命令为"Ctrl+C",粘贴命令为"Ctrl+V")方式实现。

②按 Ctrl 键的同时拖拽鼠标。

③使用快捷键"Ctrl+D"。

(4)移动幻灯片

移动幻灯片主要有以下两种方法：

①源地址选择对象，"剪切"命令，到目标地址，"粘贴"命令。剪切命令快捷键为"Ctrl＋X"。

②鼠标拖拽。

(5)删除幻灯片

单击选择要删除的幻灯片，再按 Delete 键，即可删除该幻灯片，后面的幻灯片会自动向前排列。如果要删除两张以上的幻灯片，可先选择多张幻灯片，再按 Delete 键。

5.2.3　幻灯片中的对象

演示文稿由一系列的幻灯片组成，一张幻灯片内包含有若干个组成部分，如标题、文本框、图片、表格等，这些组成幻灯片的成分就是幻灯片中的对象。对象就是幻灯片的基本组成元素，有关对象的操作通常在普通视图下进行，幻灯片中的对象一般可以分为3 类。

①文本对象：包括标题、项目列表及文字说明等。

②可视化对象：包括图片、剪贴画、自选图形、SmartArt 对象、图表等。

③多媒体对象：包括音频、视频等对象。

在编辑一张幻灯片时，幻灯片的版式给出了幻灯片上的各个对象及其类型、位置分布。普通视图下，在对象上单击时将会浮现对象的占位符，即幻灯片上一种带有虚线或阴影线边缘的矩形框。占位符内部往往有提示语，如"单击此处添加标题"，占位符的虚线框在放映和打印时并不显示。单击占位符，打开"格式"选项卡可以对占位符进行属性的设置。

通过"开始"按钮或快捷方式启动 PowerPoint 2010 软件时，系统就会自动进入如图5-9 所示的空白演示文稿的编辑状态。在图 5-9 所示幻灯片中，有两个占位符，一个用于输入标题文字，另一个用于输入副标题文字。按组合键"Ctrl＋M"，新建幻灯片 2，如图5-10 所示，默认版式为"标题和内容"，有两个占位符。

图 5-9　新建的标题幻灯片

图 5-10　新建的正文幻灯片

在占位符内单击,可将插入点定位到此处,进行文本等对象的输入与编辑。插入文字和图片,效果如图 5-11、图 5-12 所示。

图 5-11　编辑标题幻灯片

图 5-12　编辑正文幻灯片

5.2.4　文本框的插入

文本是幻灯片中最基本的组成要素之一。在文本框中输入文本,方法如下:

①单击"插入"选项卡,选择"文本"项中"文本框"按钮,在下拉列表中选择需要绘制的文本框类型(横排、垂直)。单击"横排文本框"绘制一个水平形状的文本框;单击"竖排文本框"按钮,即可绘制出一个垂直文本框。此时按住鼠标左键拖动,即可绘制出一个指定大小的文本框,框内就会自动出现光标闪烁,直接输入文本内容即可完成。

②在大纲窗格中定位光标之后,可以直接输入文本。

③单击幻灯片标题位置的占位符,此时,占位符中原有的文本提示"单击此处添加标题"消失,只看到闪烁的光标,然后输入文本即可完成。

在文本框内单击,选择绘图工具"格式"选项卡,出现如图 5-13 所示"格式"功能区,可设置文本框的各类属性。

图 5-13　文本框"格式"功能区

注意:功能区内"形状样式"组和"艺术字样式"组都有填充、轮廓和效果的设置,前者效果作用于文本框整个区域,后者作用于框内文字之上。如图 5-14 所示,可看到同一操作作用于文本与文本框的效果。

图 5-14　文本框效果设置

5.2.5　自选图形的插入

PowerPoint 2010 在图形的编辑上提供了一个图像和插图的"形状"工具,如图 5-15 所示,利用"形状"工具不仅可以绘制出各种各样的图形,还可以进行图形合并,调整图形的大小、旋转、翻滚和调色等。选择"插入"选项卡"插图"选项,再选择"形状"按钮,即可打开自选图形下拉选项,如图 5-16 所示。

在自选图形上右击,可以进行各类属性设置,如"编辑文字",将在自选图形内插入文字。

单击图形,选择绘图工具"格式"选项卡,出现如图 5-13 所示"格式"功能区,可设置自选图形的各类属性。

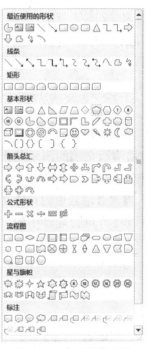

图 5-15　图像和插图工具　　　　图 5-16　自选图形选项

5.2.6　其他普通对象的插入

若要插入图片、剪贴画、公式、SmartArt 对象、表格、图表等对象,可以先将插入点设置好,然后单击"插入"选项卡,打开如图 5-17 所示"插入功能区",选择相应的对象按钮。也可以在内容占位符内,点击如图 5-18 所示的相应对象按钮来完成插入对象的操作。

图 5-17　插入功能区

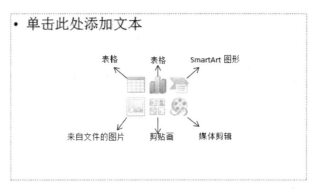

图 5-18　内容占位符

在 PowerPoint 2010 中,输入法的切换、符号和特殊字符的输入、日期和时间的输入、文本的移动、文本的复制、文本的删除、查找与替换、撤消与恢复、字符格式的排版、段落格式的排版、格式刷的使用、数学公式的插入与编辑、图片的插入与编辑、自选图形的插入与编辑、表格的插入与编辑等操作与 Word 2010 大致相同,此处不再详细说明。

5.2.7　媒体对象的插入

1.声音的插入

为了增强演示文稿的演示效果,可以在 PowerPoint 2010 中插入多种格式的媒体文件,如音频和视频等。

(1)插入剪辑管理器中的声音文件

用户可以将剪辑管理器中的一些声音文件直接添加到演示文稿中。

首先选中要插入声音的演示文稿,单击"插入"→"媒体"组→"音频"按钮,在列表框中选择"剪贴画音频"。在"剪贴画"任务窗格中,单击要插入的声音文件,并选择声音文件的播放方式,即可完成,如图 5-19 所示。

图 5-19　剪贴画音频设置

(2)插入外部声音文件

首先选中需要插入声音的演示文稿,再单击"插入"→"媒体"组→"音频"按钮→"文件中的音频",选择一个声音文件,如图 5-20 所示,即可完成。

图 5-20 文件中的音频设置

(3)插入录制音频

如果想让演示文稿显得更加有特色,可以录制音频作为旁白。

首先选择需要添加旁白的演示文稿,单击"插入"选项卡,选择"音频"中的"录制音频",如图 5-21 所示,在"录音"对话框中输入录音的名称,单击"开始录音",在录音的过程中,会显示录音的声音长短,结束之后,单击"结束录制",即可完成。

如果不想有录音,可以删除,操作方法:在演示文稿中选中旁白的音频标识(一般情况下是喇叭形状),按 Delete 键删除。

图 5-21 "录音"对话框

(4)声音属性设置

插入声音文件之后,就可以继续对播放和显示选项进行调整。

首先单击演示文稿页面中的小喇叭图标,出现如图 5-22 所示的"音频工具/播放"选项卡,根据需要进行相应设置。PowerPoint 2010 音频功能大为优化,如增设剪裁音频功能。点击"剪裁音频"按钮可对音频进行裁剪,如图 5-23 所示。

图 5-22 音频工具/播放功能区

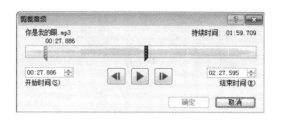

图 5-23　剪裁音频

(5)全程播放音乐

全程背景音乐设置方法如下：

①在幻灯片首页插入音频。

②选中音频小喇叭，单击"动画"→"高级动画"组→"动画窗格"，出现动画窗格。

③在动画窗格中，点击添加的音乐，点击下拉列表按钮，在出现的下拉列表中，会看到很多设置，一般情况下，选择"效果选项"，如图 5-24 所示。

图 5-24　动画窗格

④弹出如图 5-25 所示"播放音频"对话框，进行效果的相关设置，如：开始播放、停止播放、增强等。为设置全程音乐，在"停止播放"框内单击第三项"在□张幻灯片后"，输入总幻灯片数目。

图 5-25　"播放音频"对话框

注意：

①音乐自动播放："播放音频"对话框→"计时"选项卡→"开始"栏中选择"与上一动画同时"。

②隐藏代表音乐的小喇叭："音频工具/播放"选项卡→"音频选项组"，在"放映时隐藏"前的方框中打勾。

2. 视频的插入

在 PowerPoint 2010 中，还可以将一些影片，直接插入到演示文稿中。

(1)文件中的视频的插入设置

首先选择想插入选项卡中的媒体，再选择"视频"→"文件中的视频"，打开"插入视频文件"对话框，便可以选择要插入的视频文件。

(2)来自网站的视频的插入设置

在 PowerPoint 2010 中还可以选择插入来自网站的视频，方法同上。

(3)"剪贴画"视频的插入设置

选择需要插入影片的演示文稿具体位置，单击"视频"，选择"剪贴画视频"，在"剪贴画"任务窗格中显示剪辑管理器中的影片，单击需要使用的影片剪辑，在弹出的提示框中，单击"自动"或者"在单击时播放"按钮，即可将影片插入到演示文稿中。

5.3　电子文稿的美化

5.3.1　文本格式、段落格式的设置

1. 文本格式的设置

在输入文本的同时，要对字体、大小、字形以及颜色等作相应的调整，以达到最好的演示文稿设计效果。

PowerPoint 实现文本格式设置的步骤与 Word 大致相同。例如，设置"粗体"字体格式，有 4 种方法：

①选择"开始"→"字体"组中相应命令按钮。

②单击"开始"→"字体"选项组右下角的按钮；或者右击选中的文本，在快捷菜单中选择"字体"命令，打开"字体"对话框，在对话框中作相应设置。

③通过悬浮工具栏设置。

④使用组合键"Ctrl＋B"。

2. 段落格式的设置

PowerPoint 段落格式设置步骤与 Word 大致相同，方法有以下几种：

①选择"开始"→"段落"组中相应命令按钮。

②单击"开始"→"段落"选项组右下角的按钮，打开"段落"对话框，在对话框中作相应设置。

③右击选中的段落,在快捷菜单中选择"段落"命令,打开"段落"对话框,在对话框中进行相应设置。

PowerPoint 2010 的"段落"对话框与 Word 2010 的有所不同,如图 5-26 和图 5-27 所示。

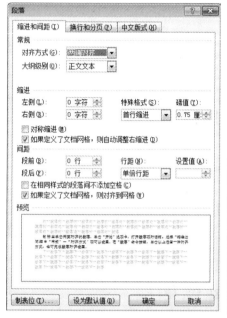

图 5-26　Word 2010"段落"对话框　　　　图 5-27　PowerPoint 2010"段落"对话框

5.3.2　对象的美化

在 PowerPoint 2010 中,文本框、自选图形、艺术字、数学公式、图片、剪贴画、SmartArt 图形、表格、图表等都是可以编辑的对象,根据演示文稿的设计要求可以设置各种属性。

方法如下:

①先选中对象,在"视图"选项卡右边将出现如图 5-28 所示此对象专属的选项卡/工具栏,打开相应选项卡,选择相应按钮进行操作。

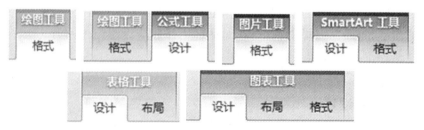

图 5-28　对象专属选项卡/工具栏

②在对象上右击,选择相应的命令进行操作。

③有些对象,如图形,可以直接用鼠标拖拽实现移动位置、放大缩小、旋转等操作。

5.3.3　幻灯片的美化

本节将介绍美化演示文稿的方法,内容包括幻灯片版式、设计模板的选用、背景的设置、配色方案和母版的使用等。

1. 更改幻灯片的版式

首先单击要修改版式的幻灯片,在"开始"→"幻灯片"组单击版式,将出现如图 5-29 所示的"版式"任务窗格;或者在要修改版式的幻灯片的任意空白处单击右键,在弹出的快捷菜单中选择"版式",也会打开"版式"任务窗格。然后在"版式"任务窗格中单击所需要的版式即可。

图 5-29　"版式"任务窗格

说明:

①对幻灯片进行操作时,并不严格遵守先插入各类对象,然后再设置其版式的顺序。在现实应用过程中,经常是先设置幻灯片的版式,再在其中插入对象,这样操作更合理。

②要确定幻灯片所包含的对象及各对象之间的位置关系,可使用幻灯片版式功能。PowerPoint 的"版式"分为"文字版式""内容版式""文字和内容版式"及"其他版式"等 4 种类型。这里"内容"指的是"表格、图表、图片、形状和剪贴画"等。

③"标题幻灯片"版式包含标题、副标题及页眉和页脚的占位符。在一篇演示文稿中,可以多次使用标题版式以引导新的部分;也可以通过添加艺术图形、更改字形、更改背景色等方法,使这些幻灯片区别于其他幻灯片。

2. 应用设计模板

"设计主题"是 PowerPoint 自带的并存储在系统中的文件。它包含了预定义的幻灯片背景、图案、色彩搭配、字体样式、文本编排等,是统一修饰演示文稿外观最快捷、最有力的方法之一。

　　在要修改设计模板的演示文稿中,选择选项卡"设计",选择"主题",出现如图 5-30 所示的"主题"任务窗格,在"主题"任务窗格中单击所需要的主题即可。图 5-31是同一个演示文稿在不同主题下的显现效果。

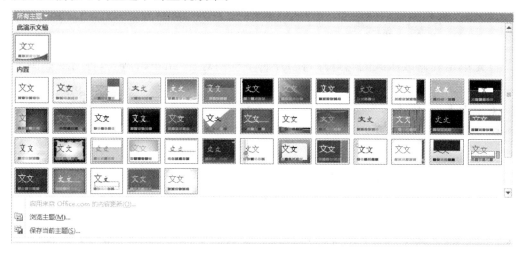

图 5-30　"主题"任务窗格

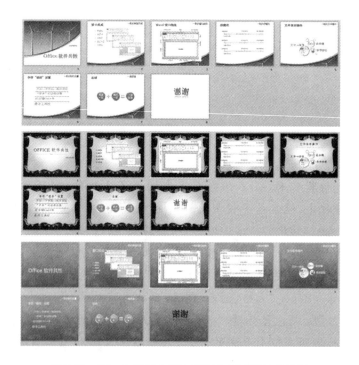

图 5-31　同一个演示文稿在不同主题下的显现效果

3. 应用配色方案

　　如果对应用设计主题的色彩搭配不满意,可以利用"主题"右侧的"颜色""字体"和"效果"方便快捷地进行优化。

将一种配色方案应用于所有幻灯片,其操作步骤如下:

①在"主题"工具栏中单击"颜色"窗格,点击"颜色"窗格右侧三角箭头,在展开的配色方案中选择需要的配色即可,如图 5-32 所示。在"颜色"任务窗格中,显示出当前设计主题所包含的默认配色方案以及可选的其他配色方案。

②任选一种配色方案,单击配色方案右边的下拉按钮,选择"应用于所有幻灯片",则所有幻灯片的背景、标题、文本等颜色均发生了改变。

说明:

①如果应用了多个幻灯片主题,并希望将配色方案应用于所有幻灯片,请单击"颜色"窗格下方三角箭头下拉按钮,选择相应配色方案,就会把该配色方案应用于所有幻灯片。另外还有"文字"和"效果"窗格,"文字"窗格是把幻灯片中的文字按照一定的格式显示,"效果"窗格则是把幻灯片中的图表或图形,按照一定的组合效果进行搭配。

②如果对系统的预设配色方案不满意,可以按照"颜色""文字"和"效果"重新对配色方案进行调整,如图 5-33 所示。

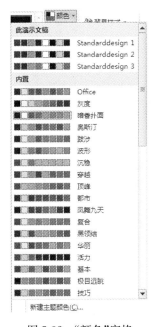

图 5-32 "颜色"窗格

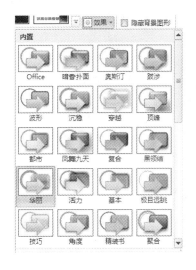

图 5-33 "效果"窗格

4.应用幻灯片母版

应用设计主题是由系统设计的外观,如果想按自己的意愿统一改变整个演示文稿的外观风格,则需要使用母版。使用母版幻灯片不仅可以统一设置幻灯片的背景、文本样式等,还可以使公司徽标、制作人及各类名称等对象应用到基于母版的所有幻灯片中。

例如,统一设置幻灯片的页脚和页码并使公司名称同时出现在所有的幻灯片中,其操作如下:

①打开演示文稿。

②选择选项卡"视图"→"母版视图"→"幻灯片母版"按钮,如图 5-34 所示,进入幻灯

片母版的编辑状态,如图 5-35 所示。

③由于母版也是一种特殊的幻灯片,操作方式和普通幻灯片的操作方式一样。根据需要可以对母版进行修改,例如,在幻灯片母版的右上角添加公司徽章,在"页脚区"输入一行文字等。

图 5-34　"视图"选项卡"母版视图"窗格

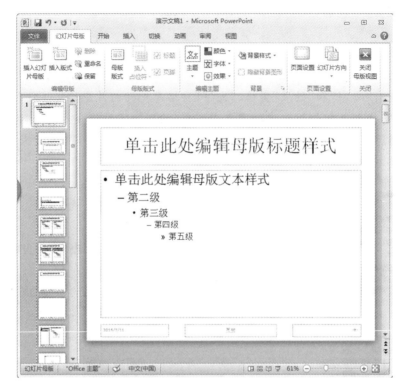

图 5-35　"幻灯片母版"的编辑状态

④在"幻灯片母版视图"工具栏,单击"关闭母版视图"按钮,返回"普通视图",如图 5-36所示。

图 5-36　"母版视图"工具栏

可以看到,除标题幻灯片外,所有幻灯片右上角均出现公司徽章,页脚出现所添加的文字。

• 如果选中"幻灯片编号"复选框,可以对演示文稿进行编号,当删除或增加幻灯片时,编号会自动更新。

• 如果选中"标题幻灯片中不显示"复选框,则版式为"标题幻灯片"的幻灯片不添加页眉和页脚。

说明：这里指的是版式为"标题幻灯片"的幻灯片，不一定就是指第 1 张幻灯片。如果不想在第 1 张幻灯片上显示页眉和页脚，只要将幻灯片版式改为"标题幻灯片"即可。

在普通视图下，可以根据需要对个别幻灯片进行修改，直到满意为止。

说明：

①更改幻灯片母版时，已对单张幻灯片进行的更改将被保留。

②如果将多个设计模板应用于演示文稿，则将拥有多个幻灯片母版，每个已应用的设计模板对应一个幻灯片母版。所以，如果要更改整个演示文稿，就需要更改每个幻灯片母版或标题母版（也取决于是否正在使用标题母版）。

5. 设置幻灯片背景

如果需要将幻灯片的背景修改为其他的颜色或设置某种填充效果（如渐变、纹理、图案、图片等）而不改变幻灯片所包含的对象（如字体）的属性，则在需要修改背景的幻灯片的空白区域单击右键，选择"设置背景格式"，打开"设置背景格式"对话框进行设置，如图 5-37 所示。单击左侧"填充"选项，右侧显示填充内容，可进行纯色填充、渐变填充、图片和纹理填充、图案填充的选择。

选择需要的背景即可把此种背景应用于当前幻灯片；单击"全部应用"按钮，将会把此种背景应用于所有幻灯片。

说明：可以用具有个性色彩的图片作为幻灯片的背景，用以创建风格独特的幻灯片（例如，可以将公司的照片作为标题幻灯片的背景）。

6. 修改幻灯片内某个对象的背景

如果需要将幻灯片内某个对象的背景修改为其他的颜色或设置某种填充效果（如渐变、纹理、图案、图片等），则在此对象上单击，对象上将会浮现矩形的虚线占位符标记，右击鼠标选择"设置形状格式"，将会弹出"设置形状格式"对话框，如图 5-38 所示，单击填充颜色右侧的下三角按钮，即可进行对象背景的设置。

图 5-37　"设置背景格式"对话框

图 5-38　"设置形状格式"对话框

注意:改变幻灯片背景和对象背景是两个不同的概念。如图5-39所示,左图幻灯片背景为白色,文本框背景为黑色,文字为白色;右图幻灯片背景为黑色,文本框背景为白色,文字为黑色。

图5-39 幻灯片与文本框背景设置对比效果图

说明:背景和动画设置都有两个不同的单位:对象、幻灯片。

5.4 添加动画效果

在PowerPoint 2010中,不仅可以为演示文稿添加声音、视频等效果,还可以提供动画技术,使幻灯片的制作和演示更加生动。在制作过程中,用户既可以为幻灯片中的文本框、图片、表格、图表等对象设置动画效果,也可以为整张幻灯片设置切换效果,有助于提高演示的生动性和趣味性。

5.4.1 对象动画效果设置

1. 添加动画

①选中要添加动画效果的对象。

②单击"动画"选项卡,出现如图5-40所示的动画功能区,选择"动画"组的动画按钮。

图5-40 动画功能区

③如果动画组没有想要的动画效果,可以单击"动画"组的 ▼,从图5-41左图所示的动画效果列表区设置相应动画;也以单击"高级动画"组的"添加动画"按钮,从图5-41右图所示的动画效果列表区设置相应动画。

说明：如果要把设置对象的动画效果复制到另一个对象中去，可直接选择"高级动画"中的"动画刷"进行设置。

图 5-41　动画效果列表区

2. 动画设置

单击"动画"→"高级动画"组→"动画窗格"按钮，右侧窗体出现如图 5-42 左图所示动画窗格。当前幻灯片内所有对象的动画以列表形式显示在动画窗格内。

图 5-42　动画窗格

(1)动画顺序的调整

调整动画顺序的主要方法如下：

①首先在动画任务窗格中，选择要调整的动画项，(按 Shift 键可以选择多个连续的动画项，按 Ctrl 键可以选择多个不连续的动画项)。然后，按住鼠标左键拖动，直到黑色线到达合适的位置后松开鼠标。

②在动画窗格选择要调整的动画项,单击"动画"→"计时"组→"对动画重新排序"组→"向前移动"按钮或"向后移动"按钮。

③在动画窗格选择要调整的动画项,单击动画窗格下方的向上、向下按钮 ⬆ 重新排序 ⬇。

(2)动画效果设置

在动画任务窗格中,鼠标右击选择动画项,效果如图 5-42 右图所示,再单击任务窗格上"效果选项"按钮,弹出如图 5-43 所示"动画效果选项"对话框,对动画项进行效果、计时和正文文本动画的设置。

图 5-43 "动画效果选项"对话框

说明: 计时时间有 3 种类型,分别为"单击""持续时间"和"延迟"。

(3)删除动画

在动画任务窗格中,鼠标右键单击动画项后,再选择"删除",也可以鼠标单击选择动画项,按 Delete 键删除。

5.4.2 幻灯片切换效果设置

幻灯片之间的切换效果是指移走屏幕上已有的幻灯片,显示新幻灯片时如何变换。切换效果可应用于单张幻灯片,也可应用于多张或全部幻灯片。

①选中要添加切换效果的幻灯片。

②单击"切换"选项卡,出现如图 5-44 所示切换功能区,选择"切换到此幻灯片"组的动画按钮。

图 5-44 切换功能区

③如果当前"切换到此幻灯片"组没有想要的切换效果,可以单击切换方案右侧的 ⬇,出现如图 5-45 所示幻灯片切换设置窗口,包含细微型、华丽型、动态内容三种窗格,可以在该窗格中设置不同的切换效果。

说明: 切换效果设置好后,单击"切换"→"计时"组→"全部应用"按钮,则此切换效果将应用到演示文稿中所有幻灯片上。

图 5-45　"幻灯片切换设置"窗口

5.4.3　演示文稿的放映设置

PowerPoint 2010 不仅为用户提供了演示文稿的编辑功能，还提供了幻灯片的各种放映方式和适合不同场合的放映类型。放映设置在如图 5-46 所示的"幻灯片放映"功能区进行设置。

图 5-46　"幻灯片放映"功能区

1. 常见幻灯片放映方式设置

常见的幻灯片放映方式主要包括：设置放映时间、设置放映方式、添加幻灯片旁白、放映时使用绘图笔加注、交互式演示文稿放映等。

(1) 设置放映类型

在幻灯片"放映类型"选项中，有 3 种放映方式，如图 5-47 所示。

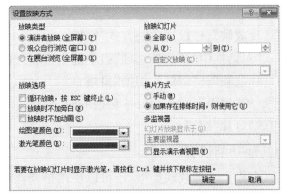

图 5-47　"放映类型"窗口设置

①演讲者放映(全屏幕):以全屏幕的形式来显示幻灯片,通常是演讲者自己控制放映过程。

②观众自行浏览(窗口):放映的幻灯片在窗口中运行,观众可以通过滚动条、Page Up 或 Page Down 键自行翻看幻灯片。

③在展台浏览(全屏幕):无需人工干预自动播放演示文稿,多用于展览会场。

(2)设置换片方式

在"设置放映方式"的任务窗格里的换片方式区中,可以选择"手动"或者"自动"(存在排练时间时使用)。

(3)自定义放映

选择"幻灯片放映"→"开始放映幻灯片"组→"自定义放映"按钮,打开"新建"选项,输入幻灯片放映名称,并依次选择左边的演示文稿中的幻灯片,最后点击"确定",如图5-48所示。

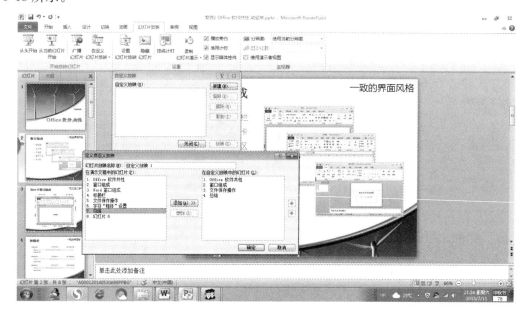

图5-48 "自定义幻灯片放映"设置

(4)设置幻灯片循环放映

①选择选项卡"幻灯片放映"→"设置放映方式"窗格。

②在"设置放映方式"对话框中的"放映选项"组中选中"循环放映"。

③选择选项卡"幻灯片放映"→"幻灯片切换"窗格。

④选中"切换方式"下的"每隔",键入幻灯片切换的时间。

⑤单击"应用于所有幻灯片"按钮。

2. 幻灯片放映的其他功能设置

幻灯片放映时,不仅有以上4种放映类型,还可以使用排列计时、录制幻灯片演示等功能。

(1)排练计时功能设置

打开演示文稿,选择"幻灯片放映"→"设置"组→"排练计时"按钮,演示文稿会自动切换到幻灯片的放映状态,并显示"录制"工具栏,如图 5-49 所示,单击切换直到放映完毕,这时将会打开"Microsoft PowerPoint"对话框,如图 5-50 所示,框内显示幻灯片播放的总时间,并询问是否保留排练时间,单击"是",演示文稿会切换到幻灯片的浏览视图,并显示排练时间。

图 5-49　"录制"工具栏　　　　　图 5-50　是否保留排练时间对话框

(2)录制幻灯片演示设置

打开演示文稿,选择"幻灯片放映"→"设置"组→"录制幻灯片演示",打开"从头开始录制"对话框,开始录制前选择想要录制的内容,分别在幻灯片动画计时、旁白和激光笔选项框里打"√",这时可以开始录制。当录制结束后,按 Esc 键,PowerPoint 将会打开提示对话框,提示是否需要保存新的排练时间,单击"保存"即可。

5.4.4　审阅设置

在 PowerPoint 2010 中,使用"审阅"选项卡可检查拼写、更改演示文稿中的语言、比较当前演示文稿与其他演示文稿的差异、批注编辑等,如图 5-51 所示。

①"拼写",用于启动拼写检查程序。

②"语言"组,用于选择语言。

③"比较",用于查询当前演示文稿与其他演示文稿的差异。

图 5-51　审阅功能区

审查他人的演示文稿时,可以利用批注功能提出自己的修改意见。批注内容并不会在放映过程中显示出来。

①选中需要添加意见的幻灯片,选择选项卡"审阅"→"新建批注"按钮,进入批注编辑状态。

②输入批注内容。

③当使用者将鼠标指向批注标识时,批注内容即刻显示出来。

④右击批注标识,利用弹出的快捷方式可以对批注进行相应的编辑处理。

5.4.5　放映时用绘图笔加注

1. 使用绘图笔

①在放映视图方式下单击右键,弹出如图 5-52 所示放映控制快捷菜单,选择"指针选项"中的所需绘图笔类型。

②当幻灯片窗格出现黑点后,拖动鼠标可在幻灯片上任意书写或绘画。

③放映结束后,选择"保留"或"放弃"带画笔的幻灯片。

说明: 改变画笔的颜色可选择"指针选项"中的"墨迹颜色"进行设置。

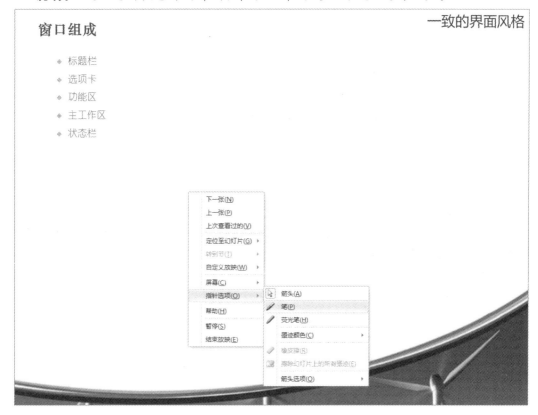

图 5-52　放映控制快捷菜单

2. 擦除笔迹

①在放映视图方式下单击右键,选择"指针选项"中的"橡皮擦"。

②在放映视图方式下,按 E 键可随时全部清除幻灯片上的绘图标记。

3. 退出绘图笔的使用状态

①在放映视图方式下单击右键,选择"指针选项"中的"箭头"。

②直接按 Esc 键。

③使用"Ctrl＋A"和"Ctrl＋P"键可在绘图笔和箭头之前进行快速切换。

5.5 PowerPoint 2010 的高级设置

5.5.1 超级链接

在演示文稿中,用户可以将超级链接设置在文本、文本框、图形等对象中,当点击链接时,会跳转到演示文稿的某一张幻灯片、Word、Excel、PPT 等文件或网页等。

1. 创建超级链接

幻灯片中的内容可以链接到文本、文本框、图片和图形等对象上。创建超级链接的起点可以是文本或对象,激活超级链接最好用单击鼠标的方法。当设置了超级链接时,代表超级链接起点的文本会添加下划线,并且显示成系统配色方案指定的颜色。

创建超级链接有两种方法:使用"超级链接"命令和"动作按钮"。这里使用"超级链接"命令方法创建超级链接的操作与 Word 基本相同。

①选择要添加超级链接的对象。

②"插入"→"链接"组→"超链接"按钮;或在右击弹出的快捷菜单中选择"超链接";或用快捷键"Ctrl+K"。

③弹出如图 5-53 所示"插入超链接"对话框,进行相应设置。

图 5-53 "插入超链接"对话框

2. 超级链接的返回操作

在幻灯片放映过程中,若当前幻灯片中有作为超级链接载体的按钮、文本框、图形等,只要用鼠标单击该载体,系统即转到超级链接所指定的幻灯片、演示文稿文件或其他应用程序中去。返回当前幻灯片,可分三种情况:

①若是本演示文稿的幻灯片,则在放映幻灯片的空白处单击鼠标右键,在弹出菜单中点击"定位"→"以前查看过的"命令即可。

②若是别的演示文稿,同样用右键单击空白处,在弹出菜单中点击"结束放映"命令或按 Esc 键。

③若是其他应用程序,如 Word,则只要结束该应用程序即可使系统退回到原放映处。

3. 编辑和删除超级链接

编辑超级链接的方法：指向欲编辑超级链接的对象，按右键弹出快捷菜单，在快捷菜单中选择"超级链接"命令；再从级联菜单中选择"编辑超级链接"命令，显示"编辑超级链接"对话框或"动作设置"对话框(与创建时使用的超级链接方法有关)，进行超级链接的编辑。

删除超级链接操作方法同上，可以在"编辑超级链接"对话框选择"取消链接"命令按钮或在"动作设置"对话框选择"无动作"选项，也可以在快捷菜单中直接选择"删除超级链接"。

5.5.2　动作按钮

创建动作按钮的操作步骤如下：

①选择幻灯片。

②单击"插入"→"插图"组→"形状"按钮，在弹出的列表框工具栏中选择开关作为按钮，如：箭头总汇中的向右箭头。

③在幻灯片中合适的位置拖出一个动作按钮，并右击编辑文字，如：最终页面。

④选择刚创建的形状，单击"插入"→"链接"组→"动作"按钮，弹出如图 5-54 所示"动作设置"对话框，进行相应设置，如：超链接到最后一张幻灯片，然后确定，效果如图 5-55 所示。

说明：除单击时的链接设置外，动作按钮上还可以添加鼠标移动时的链接。

图 5-54　"动作设置"对话框

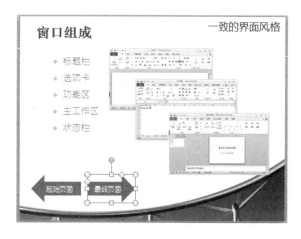

图 5-55　动作按钮设置效果

5.5.3　打包设置

现在 PPT 的应用场合较多，经常需要将制作好的演示文稿文件拷贝到其他电脑上放映。但由于电脑配置不同，将已制作好的 PowerPoint 文档拷贝到需要演示的电脑上时，因所使用计算机上缺少幻灯片中使用的字体、PowerPoint 软件版本较低甚至根本没有安装 PowerPoint 软件等原因，导致放映效果不佳甚至无法放映。打包将解决此类PowerPoint 的兼容性问题，如图 5-56 所示。

文件打包操作步骤如下：

①选择选项卡"文件"→"保存并发送"→"将演示文稿打包成 CD"命令,弹出"打包成 CD"对话框。

②单击"复制到文件夹"按钮,弹出"复制到文件夹"对话框,输文件夹名称,单击"浏览"按钮,选择位置,点击"确定"按钮。

图 5-56 "复制到文件夹"对话框

5.5.4 打印设置

PowerPoint 2010 在生成演示文稿时,会辅助生成注释文稿、大纲文稿。将这些演示文稿打印出来,会产生更好的演示效果。

1. 页面设置

在进行打印之前,先设计好幻灯片的大小及打印的位置方向。首先选择"设计"→"页面设置"组→"页面设置"按钮,出现"页面设置"对话框,如图 5-57 所示。对于"幻灯片大小"的选择,应选"全屏显示",比例根据需要自行调整。其次,对"幻灯片编号起始值"的选项设置,可设置打印文稿的编号起始值。在"方向"选项中,设置"幻灯片""备注、讲义和大纲"打印方向为"纵向"或者"横向"。

图 5-57 "页面设置"对话框

2. 打印选项设置

当页面设置好之后,就可以将演示文稿进行打印。这时,先打开需打印的演示文稿,单击"文件"选项卡→"打印"命令,如图 5-58 所示。对打印的份数、打印机、打印范围、每页打印的 PPT 幻灯片数目等进行设置,然后单击左上角的"打印机"按钮即可。

图 5-58　打印选项设置

5.6　PowerPoint 2010 应用案例

5.6.1　案例 1:李白诗词欣赏 PPT 制作

制作如图 5-59 所示 PPT。

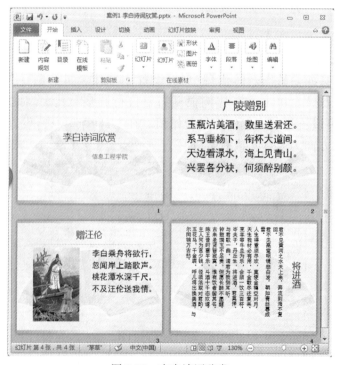

图 5-59　李白诗词欣赏

演示文稿操作步骤如下：

操作 1　新建 PPT 演示文稿。

操作 2　新建一张标题幻灯片和 3 张内容幻灯片。

打开 PPT 软件时默认包含一张标题幻灯片；在大纲窗格选择"幻灯片"选项卡，在幻灯片上按 3 次 Enter 键，每按一次 Enter 键新建一张全新的内容幻灯片。

操作 3　调整幻灯片版式。

单击"开始"→"幻灯片"组→"版式"按钮，进行幻灯片版式的设置。

第 1 张幻灯片版式为"标题幻灯片"；第 2 张幻灯片版式为"标题和内容"；第 3 张幻灯片版式为"两栏文本"；第 4 张幻灯片版式为"垂直排列标题与文本"。

操作 4　输入每张幻灯片的标题和内容文本。

操作 5　插入图片。

在第 3 张幻灯片左边占位符内图片按钮上单击，插入李白赠汪伦的图片。

操作 6　修改主题。

单击"设计"→"主题"组→"暗香扑面"主题，应用于所有幻灯片。

操作 7　调整。

操作 8　保存，如图 5-59 所示。

5.6.2　案例 2：项目状态报告 PPT 制作

制作如图 5-60 所示 PPT。

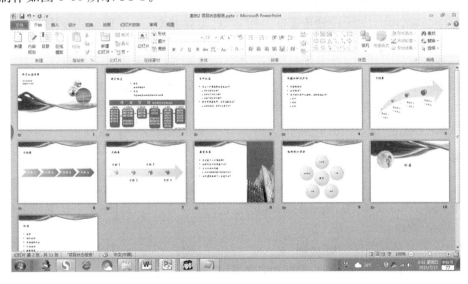

图 5-60　项目状态报告

演示文稿操作步骤如下：

操作 1　新建 PPT 演示文稿。

选择"文件"→"新建"→"样本模板"→"项目状态报告"新建文件，含 11 张幻灯片，有统一的模板、每张幻灯片建议包含的内容、动画和切换效果等。

操作 2　按模板建议填写每张幻灯片的内容。

第1张幻灯片副标题填写"信息工程学院 2015 年 7 月 12 日";第 2 张幻灯片填写项目名称"排课管理软件",目标"为学校教务处排课实现信息化处理",插入一张相关的图片……

操作 3　调整。

操作 4　保存,如图 5-60 所示。

习　题　5

一、单项选择题

1. PowerPoint 2010 演示文稿的扩展名是_____。

　　A．.doc　　　　　　　B．.xls　　　　　　　C．.ppt　　　　　　　D．.pptx

2. 新建演示文稿时,其默认的视图方式是_____。

　　A.幻灯片视图　　　　B.备注页视图　　　　C.大纲视图　　　　D.普通视图

3. 在幻灯片浏览视图下,按_____键并拖动某张幻灯片,可以完成复制幻灯片的操作。

　　A. Ctrl　　　　　　　B. Shift　　　　　　　C. Alt　　　　　　　D. Del

4. 在 PowerPoint 演示文稿中插入图表,默认情况下的类型是_____。

　　A．簇状柱形图　　　　B．条形图　　　　　　C．饼图　　　　　　D．锥形图

5. 制作幻灯片前,应当首先确定幻灯片的_____。

　　A．主题和结构　　　　B．切换效果　　　　　C．发布方式　　　　D．版式设计

6. PowerPoint 2010 不能提供下列哪一种放映方式_____。

　　A．演讲者放映　　　　　　　　　　　　　B．观众自行浏览

　　C．在展台浏览　　　　　　　　　　　　　D．根据赞助商要求在放映过程中插播广告

7. 无法将一张幻灯片中的所有对象全部选中的操作是_____。

　　A．从该幻灯片的左上角拖动到右下角　　　B．单击每一个对象

　　C．按快捷键"Ctrl＋A"　　　　　　　　　D．在按住 Shift 键的同时,单击每一个对象

8. 下列不属于幻灯片母版类型的有_____。

　　A.幻灯片母版　　　　B.备注母版　　　　　C.标题母版　　　　D.讲义母版

9. 在 PowerPoint 2010 中,为了在切换幻灯片时添加声音,可以选择_____选项卡的"幻灯片切换"窗格。

　　A."幻灯片放映"　　　B."动画"　　　　　　C."插入"　　　　　D."切换"

10. 在幻灯片中插入了声音后,幻灯片中将出现_____。

　　A．喇叭标记　　　　　B．链接说明　　　　　C．一段文字说明　　D．链接按钮

11. 在 PowerPoint 2010 中,下列说法有错误的是_____。

　　A．将图片插入到幻灯片中后,用户可以对这些图片进行必要的操作

　　B．利用"图片"工具栏中的工具可裁剪图片、添加边框、调整图片亮度及对比度

　　C．选择"视图"选项卡中的"工具栏",再选择"图片"窗格,可以显示"图片"工具栏

　　D．对图片进行修改后不能再恢复原状

12. 在 PowerPoint 2010 中,有关人工设置放映时间的说法中错误的是＿＿＿＿＿。

　　A. 只有单击鼠标时换页　　　　　　　B. 可以设置在单击鼠标时换页

　　C. 可以设置每隔一段时间自动换页　　D. B 和 C 两种方法均可以换页

13. 在 PowerPoint 2010 中,在＿＿＿＿＿＿视图中,可以精确设置幻灯片的格式。

　　A. 备注页视图　　　　B. 浏览视图　　　　C. 幻灯片视图　　　D. 黑白视图

14. 在 PowerPoint 2010 中,母版工具栏上有两个按钮,是关闭和＿＿＿＿＿。

　　A. 幻灯片缩略　　　　B. 链接　　　　　　C. 预览　　　　　　D. 保存

15. 在 PowerPoint 2010 中,有关幻灯片背景下列说法错误的是＿＿＿＿＿。

　　A. 可以为幻灯片设置不同的颜色、阴影、图案或纹理的背景

　　B. 可以使用图片作为幻灯片背景

　　C. 可以为单张幻灯片进行背景设置

　　D. 不可以同时对多张幻灯片设置背景

16. 在 PowerPoint 2010 中,关于在幻灯片中插入多媒体内容的说法中错误的是＿＿＿＿＿。

　　A. 可以插入声音(如掌声)　　　　　　B. 可以插入音乐(如 CD 乐曲)

　　C. 可以插入影片　　　　　　　　　　D. 放映时只能自动放映,不能手动放映

17. 在 PowerPoint 2010 中,有关排练计时的说法中错误的是＿＿＿＿＿。

　　A. 可以首先放映演示文稿,进行相应的演示操作,同时记录幻灯片之间切换的时间间隔

　　B. 要使用排练计时,选择选项卡"幻灯片放映"→"排练计时"按钮

　　C. 系统以窗口方式播放

　　D. 如果对当前幻灯片的播放时间不满意,可以单击"重复"按钮

18. 在 PowerPoint 2010 中,有关幻灯片母版的说法中错误的是＿＿＿＿＿。

　　A. 只有标题区、对象区、日期区、页脚区　B. 可以更改占位符的大小和位置

　　C. 可以设置占位符的格式　　　　　　　D. 可以更改文本格式

19. 在 PowerPoint 2010 中,下列有关幻灯片母版中的页眉、页脚说法错误的是＿＿＿＿＿。

　　A. 页眉或页脚是加在演示文稿中的注释性内容

　　B. 典型的页眉、页脚内容是日期、时间以及幻灯片编号

　　C. 在打印演示文稿的幻灯片时,页眉、页脚的内容也可以打印出来

　　D. 不能设置页眉和页脚的文本格式

20. 在 PowerPoint 2010 中,在普通视图下,包含 3 个窗口,＿＿＿＿＿＿窗口不可以对幻灯片进行移动操作。

　　A. 大纲　　　　　　　B. 幻灯片　　　　　C. 备注　　　　　　D. 放映

21. 在 PowerPoint 2010 中,在＿＿＿＿＿＿视图下不可以进行插入新幻灯片的操作。

　　A. 大纲　　　　　　　B. 幻灯片　　　　　C. 备注页　　　　　D. 放映

22. 在 PowerPoint 2010 中,下列说法错误的是＿＿＿＿＿。

　　A. 要向幻灯片中插入表格,需切换到普通视图

　　B. 要向幻灯片中插入表格,需切换到幻灯片视图

　　C. 可以向表格中输入文本

　　D. 只能插入规则表格,不能在单元格中插入斜线

23. 在 PowerPoint 2010 中,不能对个别幻灯片内容实行编辑修改的视图方式是＿＿＿＿＿。

A. 大纲视图　　　　　　　　　　B. 幻灯片浏览视图

C. 幻灯片视图　　　　　　　　　D. 以上三项均不能

24. 在 PowerPoint 2010 演示文稿中,将某张幻灯片版式更改为"垂直排列文本",应选择的选项卡是_____。

A. 视图　　　　　B. 插入　　　　　C. 格式　　　　　D. 幻灯片放映

25. 要终止幻灯片的放映,应按_____键。

A. "Ctrl＋C"组合　　B. Esc　　　　　C. End　　　　　D. "Alt＋F4"组合

26. PowerPoint 是制作演示文稿的软件,一旦演示文稿制作完毕,下列相关说法中错误的是_____。

A. 可以制成标准的幻灯片,在投影仪上显示出来

B. 不可以把它们打印出来

C. 可以在计算机上演示

D. 可以加上动画、声音等效果

27. 要启动 PowerPoint,下列方法中不可行的是_____。

A. 单击"开始"→"程序"→"PowerPoint"

B. 双击资源管理器中的某个演示文稿

C. 单击"我的电脑"中的某个演示文稿

D. 单击"开始"→"文档"→"某个演示文稿"

28. 在 PowerPoint 中绘制图形时,如果想将画的椭圆变成圆,应按住键盘上的_____。

A. Ctrl　　　　　B. Shift　　　　　C. Tab　　　　　D. CapsLock

29. 在 PowerPoint 中,下列关于幻灯片的占位符中插入文本的叙述正确的有_____。

A. 插入的文本一般不加限制　　　　B. 插入的文本文件有很多条件

C. 标题文本插入在状态栏进行　　　　D. 标题文本插入在备注视图进行

二、操作题

1. 现有一个 PPT 文档,包含如下 3 张幻灯片:

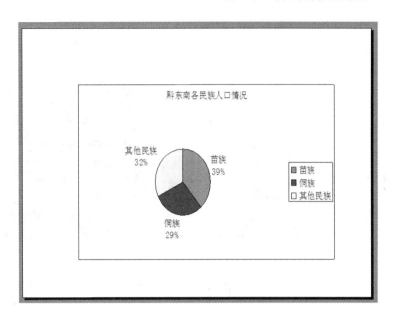

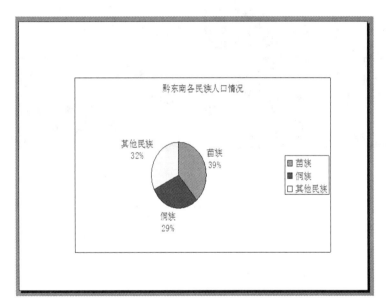

请使用 PowerPoint 完成以下操作：

①将整个 PowerPoint 文档应用设计模板"行云流水"。

②在第 1 张幻灯片中添加文本"走进黔东南"，并设置其字体为黑体，字号为 36 磅；文本颜色设置为蓝色(可以使用颜色对话框中的自定义标签，设置 RGB 颜色模式为红色 0，绿色 0，蓝色 255)。

③设置第 2 张幻灯片中图表的进入动画效果为"出现"，图表动画为"按类别"。

④修改第 3 张幻灯片中图片的进入动画效果为"缩放"。

⑤去除第 3 张幻灯片中文本框格式中的"形状中的文字自动换行"。

⑥设置所有幻灯片切换效果为"擦除"。

2.现有一个 PPT 文档,包含如下 4 张幻灯片。

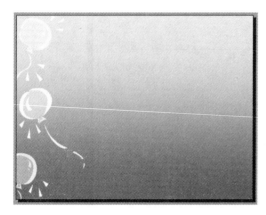

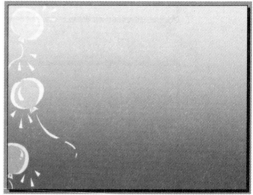

请使用 PowerPoint 完成以下操作:

①在第 1 张幻灯片中添加文本"舌尖上的中国",并设置字体为黑体,字号为 60 磅,颜色为红色(可以使用颜色对话框中的自定义标签,设置 RGB 颜色模式为红色 255,绿色 0,蓝色 0)。

②将整个 PowerPoint 文档应用设计模板"暗香扑面"。

③设置第 2 张幻灯片的切换效果为:"溶解"。

④设置第 2 张幻灯片自动换片时间为 2 秒。

⑤将第 3 张幻灯片中的图片动画播放效果设置为:"飞入",单击时计时延迟 2 秒后播放。

⑥删除第 4 张幻灯片。

第6章 计算机网络及 Internet 应用

考核目标

➤ 了解：计算机网络的基本概念与硬件组成，因特网的基本概念、起源与发展，常用网页制作工具。

➤ 理解：计算机网络的拓扑结构，计算机网络的分类以及局域网的组成与应用，网页的构成。

➤ 掌握：Internet 的连接方式，浏览器的简单应用，电子邮件的管理。

➤ 应用：掌握网络设备的安装与配置，学会应用 Internet 提供的服务解决日常问题。

计算机网络是将若干台独立的计算机通过传输介质相互物理地连接,并通过网络软件逻辑地相互联系到一起而实现信息交换、资源共享、协同工作和在线处理等功能的计算机系统。计算机网络给人们的生活带来了极大的方便,如办公自动化、网上银行、网上订票、网上查询、网上购物等。计算机网络不仅可以传输数据,更可以传输图像、声音、视频等多种媒体形式的信息,在人们的日常生活和各行各业中发挥着越来越重要的作用。目前,计算机网络已广泛应用于政治、经济、军事、科学以及社会生活的方方面面。

6.1　网 络 概 述

计算机网络出现于 20 世纪 50 年代,历史虽然不长,但发展速度很快。到目前为止,已经历了一个从简单到复杂、从低级到高级的发展过程。其发展可分为以下 3 个阶段。

(1)第一代:面向终端的计算机网络

20 世纪 50～60 年代,由于计算机价格贵、数量少,为了解决"人多机少"的矛盾,人们想出了多人共用一台计算机的方法,将一台主计算机通过通信线路与若干台终端相连,远程终端可通过电话线相连,为了节省通信线路,在终端集中的地方可增加一个集中器,由集中器动态分配线路资源。终端只有显示器和键盘,没有 CPU、内存和硬盘,不能进行数据处理,由于主机速度很快、时间片很短,用户使用终端时,感觉就像在使用一台独立的计算机一样。

(2)第二代:以分组交换网为中心的计算机网络

20 世纪 70～80 年代,随着计算机应用的普及,出现了一些部门和单位常常拥有多台计算机,由于分布在不同的地点,它们之间经常需要进行信息交流,因此人们希望利用现有的电话交换系统将分布在不同地点的计算机通过通信线路连接起来。

(3)第三代:体系结构标准化的计算机网络

20 世纪 80～90 年代,随着计算机网络的发展,各大计算机厂家纷纷开始投入民用工业计算机网络产品的研制和开发,提出了各自的网络体系结构和网络协议。同时出现了网络协议,网络能够有条不紊地交换数据,就必须遵守一些事先约定好的规则,类似于汽车在公路上行驶要遵守交通规则一样,网络协议就是为进行网络中的数据交换而建立起来的规则、标准或约定。

为了便于网络的实现和维护,通常将复杂问题划分为若干层来实现,每层解决部分小问题,并且为每一层问题的解决设计一个单独的协议,各层协议之间高效率地相互作用,协同解决整个通信问题。

6.1.1　网络的定义

计算机网络技术是计算机技术与通信技术的结合。计算机网络是由分布在不同地点、不同位置的计算机(又称为自治系统)通过通信线路及一定的通信规则(协议)组成的。

网络主要包含连接对象(即元件)、连接介质、连接控制机制(如约定、协议、软件)和

连接方式与结构 4 个方面。

　　计算机网络连接的对象是各种类型的计算机(如大型计算机、工作站、微型计算机等)或其他数据终端设备(如各种计算机外部设备、终端服务器等)。计算机网络的连接介质是通信线路(如光纤、同轴电缆、双绞线、地面微波、卫星等)和通信设备(网关、网桥、路由器、Modem 等),其控制机制是各层的网络协议和各类网络软件。所以计算机网络是利用通信线路和通信设备,把地理上分散的,并具有独立功能的多个计算机系统互相连接起来,按照网络协议进行数据通信,用功能完善的网络软件实现资源共享的计算机系统的集合。它是指以实现远程通信和资源共享为目的,大量分散但又互联的计算机的集合。互联的含义是两台计算机能互相通信。

　　两台计算机通过通信线路(包括有线和无线通信线路)连接起来就组成了一个最简单的计算机网络。全世界成千上万台计算机相互间通过双绞线、电缆、光纤和无线电等连接起来构成了世界上最大的 Internet 网络。网络中的计算机可能是在一间办公室内,也可能分布在地球的不同区域。这些计算机相互独立,即所谓"自治的计算机系统",脱离了网络它们也能作为单机正常工作。在网络中,需要有相应的软件或网络协议对自治的计算机系统进行管理。

6.1.2　网络的主要应用

　　计算机网络功能很多,其中最重要的 3 个功能是:数据通信、资源共享、分布式处理。
　　(1)数据通信
　　数据通信是网络最基本的功能之一,用来实现计算机与计算机之间的信息传递,使分散在不同地点的计算机或者用户可以方便地交流,也可以实现相互之间的协同工作。
　　(2)资源共享
　　资源共享是网络应用的核心,它包括硬件、软件和数据的共享等,可以将这些数据存储在一个数据库服务器中,各部门根据不同的权限访问这些数据。
　　(3)分布式处理
　　分布式处理也是计算机网络提供的基本功能之一,所谓"分布式处理"是指将一个比较大的任务分解成若干个相对独立的小任务,交给不同的计算机来处理。

6.1.3　网络的分类

　　网络分类的方法比较多。按照传输介质可以分为光纤网、双绞线网;按照通信协议可以分为总线网、令牌环网;最常用的是按照网络覆盖范围将其分为局域网、城域网和广域网。

1.局域网

　　局域网(Local Area Network,LAN)是将较小地理区域内的计算机或数据终端设备连接在一起的通信网络。局域网覆盖的地理范围比较小,一般在几十米到几千米之间。它常用于组建一个办公室、一栋楼、一个楼群、一个校园或一个企业的计算机网络。局域网可以由一个建筑物内或相邻建筑物的几百台至上千台计算机组成,也可以小到连接一个房间内的几台计算机、打印机和其他设备。局域网主要用于实现短距离的资源共享。图 6-1 所示的是一个由几台计算机和打印机组成的典型局域网。

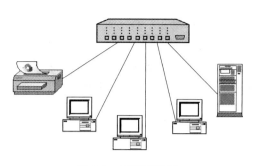

图 6-1　局域网示例

2. 城域网

城域网(Metropolitan Area Network, MAN)是一种大型的 LAN,它的覆盖范围介于局域网和广域网之间,一般为几千米至几万米,城域网的覆盖范围在一个城市内,它将位于一个城市之内不同地点的多个计算机局域网连接起来实现资源共享。城域网所使用的通信设备和网络设备的功能要求比局域网高,以便有效地覆盖整个城市的地理范围。一般在一个大型城市中,城域网可以将多个学校、企事业单位、公司和医院的局域网连接起来共享资源。图 6-2 所示的是不同建筑物内的局域网组成的城域网。

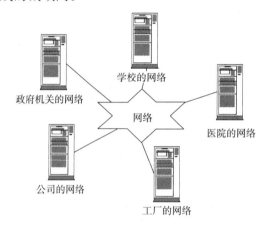

图 6-2　城域网示例

3. 广域网

广域网(Wide Area Network, WAN)是在一个广阔的地理区域内进行数据、语音、图像信息传输的计算机网络。由于远距离数据传输的带宽有限,因此广域网的数据传输速率比局域网要慢得多。广域网可以覆盖一个城市、一个国家甚至于全球。因特网(Internet)是广域网的一种,但它不是一种具体独立性的网络,它将同类或不同类的物理网络(局域网、广域网与城域网)互联,并通过高层协议实现不同类网络间的通信。图6-3所示的是一个简单的广域网。

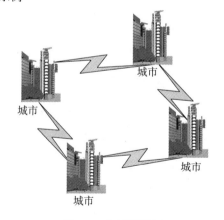

图 6-3　广域网示例

6.1.4　网络传输介质

通常用于局域网的通信传输介质有光纤、双绞线、同轴电缆等。其中光纤常用于建筑物之间的连接，即所谓的"主干线路"；双绞线一般用于建筑物内部布线；同轴电缆的应用范围在逐步缩小。

网络传输介质即网络传输线路，其分类如下：

网络传输介质 {
　有线介质 {
　　同轴电缆：分粗同轴电缆和细同轴电缆
　　双绞线：分屏蔽双绞线和无屏蔽双绞线
　　光纤：分单模光纤和多模光纤
　}
　无线介质
}

1. 同轴电缆

同轴电缆由圆柱形金属网导体(外导体)及其所包围的单根金属芯线(内导体)组成，外导体与内导体之间由绝缘材料隔开，外导体外部也是一层绝缘保护套。同轴电缆有粗缆和细缆之分，图 6-4 所示为细同轴电缆段。

图 6-4　细同轴电缆

粗缆传输距离较远，适用于比较大型的局域网。它的传输衰耗小，标准传输距离长，可靠性高。由于粗缆在安装时不需要切断电缆，因此，可以根据需要灵活调整计算机接入网络的位置。但使用粗缆时必须安装收发器和收发器电缆，安装难度大，总体成本高。而细缆由于功率损耗较大，一般传输距离不超过 185 m。细缆安装比较简单，造价低，但安装时要切断电缆，电缆两端要装上网络连接头(BNC)，然后，连接在 T 型连接器两端。所以，当接头多时容易出现接触不良，这是细缆局域网中最常见的故障之一。

同轴电缆有两种基本类型，基带同轴电缆和宽带同轴电缆。基带同轴电缆一般只用来传输数据，不使用 Modem，因此较宽带同轴电缆经济，适合传输距离较短、速度要求较慢的局域网。基带同轴电缆的外导体是用铜做成网状的，特性阻抗为 50 Ω(型号有 RG-8、RG-58 等)。宽带同轴电缆传输速率较高，距离较远，但成本较高。它不仅能传输数据，还可以传输图像和语音信号。宽带同轴电缆的特性阻抗为 75 Ω(如 RG-59 等)。

无论是由粗同轴电缆还是细同轴电缆构成的计算机局域网络，都是总线结构，即一根电缆上连接多台计算机。这种拓扑结构适合于计算机较密集的环境，但当总线上某一触点发生故障时，会串联影响到整根电缆所连接的计算机，故障的诊断和恢复也很麻烦。因此，在某些场合，同轴电缆将被非屏蔽双绞线或光缆取代。

2. 双绞线

双绞线是最常用的一种传输介质,它由两条具有绝缘保护层的铜导线相互绞合而成。把两条铜导线按一定的密度绞合在一起,可增强双绞线的抗电磁干扰能力。一对双绞线形成一条通信链路。在双绞线中可传输模拟信号和数字信号。双绞线通常有非屏蔽式和屏蔽式两种。

(1)**非屏蔽双绞线** UTP

把一对或多对双绞线组合在一起,并用塑料套装,组成双绞线电缆。这种采用塑料套装的双绞线电缆称为"非屏蔽双绞线"(Unshielded Twisted Pair,UTP),如图 6-5 所示。用于计算机网络中的 UTP 不同于其

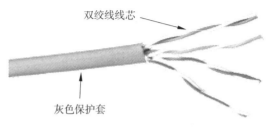

双绞线线芯

灰色保护套

图 6-5 非屏蔽双绞线 UTP

他类型的双绞线,其阻抗为 100 Ω,线缆外径约 4.3 mm。通常使用一种称为 RJ-45 的 8 针连接器,与 UTP 连接构成 UTP 电缆。常用的 UTP 有 3 类、4 类、5 类和超 5 类等形式。

UTP 具有成本低、重量轻、尺寸小、易弯曲、易安装、阻燃性好、适于结构化综合布线等优点,因此,在一般的局域网建设中被普遍采用。但它也存在传输时有电磁辐射、容易被窃听的缺点,所以,在少数信息保密级别要求高的场合,还须采取一些辅助屏蔽措施。

(2)**屏蔽双绞线** STP

采用铝箔套管或铜丝编织层套装双绞线就构成了屏蔽式双绞线(Shielded Twisted Pair,STP)。STP 有 3 类和 5 类两种形式,有 150 Ω 和 200 Ω 阻抗两种规格。屏蔽式双绞线具有抗电磁干扰能力强、传输质量高等优点,但它也存在接地要求高、安装复杂、弯曲半径大、成本高等缺点,尤其是如果安装不规范,实际效果会更差。因此,屏蔽双绞线的实际应用并不普遍。

3. 光纤

光导纤维(Optical Fiber),简称光纤,是目前发展最为迅速、应用广泛的传输介质。它是一种能够传输光束的、细而柔软的通信媒体。光纤通常是由石英玻璃拉成细丝,由纤芯和包层构成的双层通信圆柱体,其结构一般由双层的同心圆柱体组成,中心部分为纤芯。常用的多模纤芯直径为 62 μm,纤芯以外的部分为包层,一般直径为 125 μm。

分析光在光纤中传输的理论一般有两种:射线理论和模式理论。射线理论是把光看作射线,引用几何光学中反射和折射原理解释光在光纤中传播的物理现象。模式理论则把光波当作电磁波,把光纤当作光波导,用电磁场分布的模式来解释光在光纤中的传播现象。这种理论与微波波导理论相同,但光纤属于介质波导,与金属波导管有区别。模式理论比较复杂,一般用射线理论来解释光在光纤中的传输。光纤的纤芯用来传导光波,包层有较低的折射率。当光线从高折射率的介质射向低折射率的介质时,其折射角将大于入射角。因此,如果折射角足够大,就会出现全反射,光线碰到包层时就会折射

回纤芯,这个过程不断重复,光线就会沿着光纤传输下去,如图 6-6 所示。光纤就是利用这一原理传输信息的。

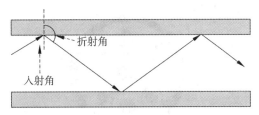

图 6-6　光波在纤芯中的传输

在光纤中,只要射入光纤的光线的入射角大于某一临界角度,就可以产生全反射,因此可存在许多角度入射的光线在一条光纤中传输,这种光纤称为"多模光纤"。但若光纤的直径减小到只能传输一种模式的光波,则光纤就像一个波导一样,可使得光线一直向前传播,而不会有多次反射,这样的光纤称为"单模光纤"。单模光纤在色散、效率及传输距离等方面都要优于多模光纤。图 6-7 是光在多模光纤和单模光纤中的传输示意图,表 6-1 列出了两者的特征对比。

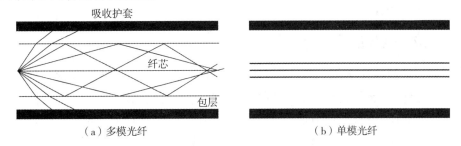

（a）多模光纤　　　　　　　　　　　　　（b）单模光纤

图 6-7　多模光纤和单模光纤

表 6-1　单模光纤和多模光纤特性对比表

单模光纤	多模光纤
用于高速率,长距离	用于低速率,短距离
成本高	成本低
窄芯线,需要激光源	宽芯线,聚光好
耗损极小,效率高	耗损大,效率低

光纤有很多优点:频带宽、传输速率高、传输距离远、抗冲击和电磁干扰性能好、数据保密性好、损耗和误码率低、体积小和重量轻等。但它也存在连接和分支困难、工艺和技术要求高、需配备光/电转换设备、单向传输等缺点。由于光纤是单向传输的,要实现双向传输就需要两根光纤或一根光纤上有两个频段。

因为光纤本身脆弱,易断裂,直接与外界接触易于产生接触伤痕,甚至被折断。因此在实际通信线路中,一般都是把多根光纤组合在一起形成不同结构形式的光缆。随着通信事业的不断发展,光缆的应用越来越广,种类也越来越多。按用途分为中继光缆、海底光缆、用户光缆、局内光缆,此外还有专用光缆、军用光缆等;按结构分为层绞式、单元式、带状式和骨架式光缆,如图 6-8 所示。

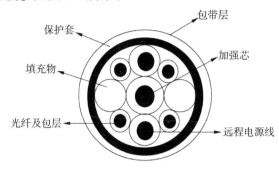

图 6-8　四芯光缆剖面图

4. 无线介质

有线通信最麻烦的是施工不便,而采用无线介质则方便得多,只需在建筑物或塔顶上架设无线电收发器即可,这样可以节省大量的线缆和铺设费用。无线传输还具有相当的灵活机动性,特别适宜于野外等需要临时建立通信网的应用领域,缺点是通信容易受到雨、雾等天气的影响。

6.1.5　网络协议

计算机的类型非常多,不同计算机用户也可能会有不同的使用习惯。当网络范围扩大到一定程度时,必须设法保证不同用户之间的正常通信。为了保证通信双方能顺利地进行数据交换,所有相关方面也必须遵守一些共同的规则及约定,即协议。

通信协议是通信双方都必须共同遵守的一套规则,解决"讲什么""如何讲"和"何时讲"的问题。不同的网络采用不同的通信协议,例如,以太网通常采用 CSMA/CD 协议,而 Internet 采用 TCP/IP 协议。

不同协议的网络被称为"异构网络",不能直接互相访问,异构网络之间的互访要通过一个称为"网关"的设备,完成不同协议之间的转换。另外,不管是什么网络只要运行的是同一种协议,都可以互相访问,例如,Internet 是由世界上许多异构网络组成的,但它们都运行 TCP/IP 协议,所以都可以互相访问。典型的 OSI 网络协议分为七层,如图 6-9 所示。

OSI

| 应用层 |
| 表示层 |
| 会话层 |
| 传输层 |
| 网络层 |
| 数据链路层 |
| 物理层 |

图 6-9　OSI 的七层协议

6.1.6　网络拓扑结构

网络拓扑结构就是网络设备及电缆的物理连接形式。如果不考虑网络的实际地理位置，把网络中的计算机看作一个节点，把通信线路看作一根直线，就可以抽象出计算机网络的拓扑结构。计算机网络的拓扑结构主要有总线型、星型、环型、树型、网状型等，如图 6-10 所示。

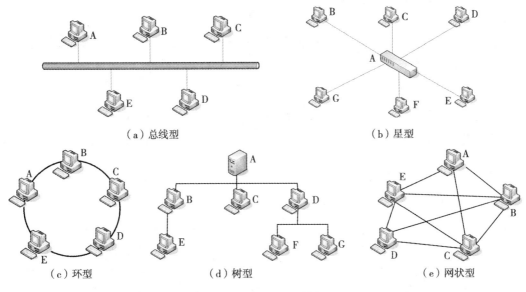

图 6-10　网络拓扑结构

1. 总线型

在总线型网络拓扑结构中，所有节点都连到一条主干电缆上，这条主干电缆被称为"总线"(Bus)。总线型结构的优点是电缆连接简单、易于安装，成本低。缺点是故障诊断困难，特别是总线上的任何一个故障都将引起整个网络瘫痪。目前，单纯总线型网络的应用已比较少见。

2. 星型

星型网络拓扑结构以一台设备，通常是集线器(Hub)或者交换机(Switch)作为中央节点，其他外围节点都单独连接在中央节点上。各外围节点之间不能直接通信，必须通过中央节点接收某个外围节点的信息，再转发给另一个外围节点。

这种结构的优点是故障诊断与隔离比较简单、便于管理。缺点是需要的电缆长、安装费用高，中央节点的故障有可能导致整个网络中断。由于易管理、故障隔离简单等优点，星型结构的局域网是目前应用最广泛的局域网络。

3. 环型

在环型网络拓扑结构中，各个节点构成一个封闭的环，信息在环中作单向流动，可实现任两点间的通信。

环型网络的优点是电缆长度短、成本低,但类似总线网,环中任意一处的故障都会引起网络瘫痪,因而可靠性低。

实际上,以上3种拓扑结构一般都是针对局域网而言的。在广域网中,考虑到安全性、可靠性和网络组成的复杂性,常常不只用一种拓扑结构,而是用几种拓扑结构的组合。

4. 树型

树型结构网络的特点是故障隔离较容易,如果某一分支的节点或线路发生故障,很容易将故障分支与整个系统隔离开来。例如,图 6-10(d)小节点 A 称为"根节点",具有统管全网的能力,其他节点称为"子节点"。如果节点 B 发生了故障,只会影响节点 E 的正常通信,而对其他节点的通信没有任何影响。

5. 网状型

网状结构网络的特点是可以确保网络的可靠性,如果某节点或线路发生故障,其他线路之间仍可以正常通信。例如,虽然图 6-10(e)中节点 A 和节点 B 发生故障,但是节点 C、节点 D、节点 E 之间的通信不会受到影响。

6.2　局域网

对于大多数用户而言,直接面对的网络一般都是局域网。相比较而言,局域网的技术更成熟一些,管理也比较简单一些。早期局域网的类型很多,如以太网、令牌环网、FDDI 等,经过优胜劣汰,目前应用最广泛的是以太网,速率已由早期的 10 Mb/s 发展为现在的 1000 Mb/s,本节将简单介绍以太网的基本原理、局域网的主要特点及组成。

6.2.1　以太网简介

1. 以太网的工作原理

早期的以太网使用总线型拓扑结构,总线是所有计算机公用的,在同一时间,总线上最多只能容纳一台计算机发送数据,否则会出现冲突,造成传输数据失败。

2. 总线型以太网的特点

(1)数据传输过程中可能会出现冲突

计算机 A 检测到总线为空,将数据发送到总线上,由于信号传输需要一段时间,所以在 A 传输期间,计算机 B 也可能检测总线为空,并将数据发送到总线上,这样两个信号在总线上产生碰撞,造成数据传输失败。

(2)总线型以太网结构简单,但故障率较高

总线上的连接处容易出现故障而导致整个网络瘫痪,因此,总线型以太网已经被星型以太网所代替。

3. 星型以太网

星型以太网是指采用集线器或交换机连接起来的拓扑结构为星型的以太网,通过

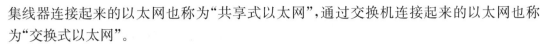

集线器连接起来的以太网也称为"共享式以太网",通过交换机连接起来的以太网也称为"交换式以太网"。

使用集线器构成的星型网实质上仍然是总线型,可以看成将总线网的总线密封在集线器中。集线器的每一个端口都具有发送和接收数据的功能。当集线器的每个端口收到计算机发来的数据时,就简单地将数据向所有其他端口转发。和总线以太网一样,连在集线器上的所有计算机,在一个特定的时间最多只能有一台发送,否则,会发生碰撞,这样,称连接在集线器上的所有计算机共享一个"碰撞域"。如果联网的计算机数量较多,一台集线器的端口数不够,可以将多台集线器用双绞线连接起来。

交换机和集线器虽外观相似,但内部原理完全不同。交换机不像集线器那样,可以无条件地向所有端口转发,而是根据收到的帧中所包含的目的地址来决定是过滤还是转发,且转发时只向指定的端口转发。交换机的价格比集线器贵,一般用于网络速率要求较高的场合。

6.2.2　局域网的主要特点

由于网络技术的迅速发展,从根本上定义局域网的特点比较困难,但通常的局域网至少应具备以下几个基本特点。

1. 具有专用线路

由于局域网一般都是一个机构甚至一个部门建立的内部网络,覆盖范围相对较小,这就使得铺设专用的通信线路成为可能。

2. 网络协议相对简单

局域网一般不涉及大量的网与网之间的路由问题,它的协议主要对应 OSI 参考模型中的最低两层。相比较而言,其协议还是简单的。

3. 网络设备价格相对便宜

协议简单,实现起来就比较容易。因此,局域网设备的价格比广域网便宜。但由于网络设备的核心技术目前均掌握在外国公司手中,因此我国市场上的网络设备还是比较贵的。

6.2.3　局域网的组成

局域网由网络硬件和网络软件两大部分组成,缺一不可。如果一台计算机没有与另外一台计算机连接,就是独立的计算机,如果通过电缆或其他通信介质和一个局域网进行了物理上的连接,该计算机就成为了网络上的一个节点,使用计算机的用户则成为网络用户。

1. 网络硬件

网络硬件主要包括网络服务器、工作站、网卡、通信介质及网络控制设备等。

(1)服务器

服务器是为网络提供共享资源并对这些资源进行管理的计算机,一般是专门设计制造的,根据提供的服务不同,可分为文件服务器、打印服务器及应用服务器等。

文件服务器一般有足够的内存、大容量的硬盘、打印机等,这些资源能被网络用户共享。共享数据或程序文件存储在大容量硬盘里,协同完善的文件管理系统对全网进行统一的管理,对工作站提供完善的数据、文件及目录的共享,但它本身不处理程序和数据。

打印服务器是指安装了打印服务程序的服务器或微型机。共享打印机可接在文件服务器上专门的打印服务器上。多用户环境下,各个工作站上的用户可直接将打印数据送到文件服务器的打印队列中,再连接该队列的打印服务器,将数据传递到打印机上。

应用服务器是指运行应用程序并将结果送回发送请求客户端的计算机。应用服务器使得服务器与工作站同时使用成为可能。这种系统结构也被称为"客户机/服务器(C/S)体系结构"。

(2)网络工作站(客户机)

用户通过工作站访问服务器中的程序和数据,网络工作站一般为微型机。工作站具有的各种资源(如硬盘、软件及打印机等)被称为"本地资源"。而网络服务器上的应用软件、数据及存放数据的存储空间以及连接在其他计算机上的打印机被称为"网络资源"。

(3)网卡(NIC)

网卡又叫"网络适配器",是计算机连接到网络上的主要硬件。它把计算机上的数据通过网络送出,同时也将网络上的数据接收到计算机中来。网卡一般插在 PC 机的扩展槽中,再通过网卡上的电缆接头将计算机接入到网络的电缆系统。

网络上的每个服务器、工作站以及其他网络设备必须有网卡。网卡都有自己的驱动程序,将网络操作系统与网卡的功能结合起来。

(4)通信介质

通信介质是指网络中数据传输的通道。常用的通信介质主要有两类,一类是有线介质,包括双绞线、同轴电缆和光纤;另一类是无线介质,包括微波、卫星、激光和红外线等。

(5)网络集线器(Hub)

网络集线器是多端口的中继器,属于物理设备。在网段之间拷贝比特流,进行信号的整形和放大。网络集线器有 3 种结构:独立式、堆叠式、模块式。同时它还包括智能和非智能两种。

(6)网络交换机(Switch)

交换机也称"交换式集线器",是支持端口结点之间的并发连接,实现多结点之间的数据并发传输的设备。

2. 网络软件

与网络有关的软件大致可以分为 3 个层次:网络操作系统、网络数据库管理系统和网络应用软件。

(1)网络操作系统

建网的基础是网络硬件,但决定网络的使用方法和使用性能的关键还是网络操作系统。网络操作系统负责管理网上的所有硬件和软件资源。目前,使用较普遍的网络操

作系统有 Windows NT、Linux 和 Unix 等。

(2)网络数据库管理系统

网络数据库管理系统是网络应用的核心。目前使用较普遍的网络数据库管理系统有 SQL Server、Oracle、Sybase 等。

(3)网络应用软件

网络应用软件是根据用户的需要，用开发工具开发出来的用户软件，例如，财务管理、订单管理软件等。

6.2.4 网络互联

通常的网络互联有两种类型：一种是将若干个网络相互连接，组成更大的网络，以便在更大的范围内传输数据和共享资源；另一种是在同一个网络内为了扩展网络的传输距离而进行的网络连接。同时在建网方式中，局域网的建网方式也有两种，即对等网络和客户机/服务器网络。

1.对等网络

对等网络中没有专门的服务器，各计算机地位平等，可以相互使用其他计算机上的资源，每台计算机既是服务器又是工作站，当把自己的资源共享出去供别人使用时，充当服务器；当访问别人计算机上的共享资源时，充当工作站。对等网的优点避免了复杂的网络管理，缺点是网络的安全性不高、速度慢。对等网非常适合于小型的、安全性要求不高的场合。例如，办公室、网吧、学生宿舍等。

对等网的联网方式非常简单，将几台计算机连接上一台集线器，并加以适当配置即可。

2.客户机/服务器(C/S)网络

如果联网的计算机数量较多，且网络安全性要求较高时，可在网络中设置一台计算机作服务器，其他计算机作工作站，将共享资源(如文件、数据等)集中存放在服务器上，服务器上安装有网络操作系统，用于对共享资源进行管理。

服务器可以保证：只允许合法用户登录到服务器上，阻止非法用户的登录；合法用户只能在规定的权限内访问共享资源。

为了实现网络互联，需要相应的网络连接设备，主要是中继器、网桥、网关、路由器等。中继器主要用在网络的范围已超过通信介质的最大传输距离时进行延伸；网桥可连接两个同类网络，即使用相同协议的网络；网关用于两个网络在高层网络协议不同时进行转换的设备；路由器用来连接两个以上的同类网络或者不同协议的网络。

6.3　因特网概述

Internet 又叫国际互联网络,中文译名为"因特网"。它是全球最大的计算机网络,是一个由本地局域网、地区范围的城域网及国际区域内的计算机网络组成的集合。

6.3.1　因特网简介

因特网诞生的时间并不长远,起源于冷战时期,其前身是美国国防部在 20 世纪 60 代末建的 ARPANET 网络,它把当时美国的几个军事及研究用的计算机主机联结起来,组成一个军事指挥系统,目的是为了在传统的军事通信系统受到核打击时,这套系统可以提供战时的应急通信,这就是 Internet 的雏形。

20 世纪 80 年代中期,为了使全国的科学家、工程师和学生共享这些以前仅为少数人使用的非常昂贵的计算机主机,美国国家科学基金会(NFS)决定建立基于 IP 协议的计算机网络,通过 56 K 的电话线将各大超级计算机中心连接起来。但考虑电话线连接的费用因素,所以决定先建立地区子网,再连接到各大计算机中心,这样便建立了国家科学基础网(NSFNET),1989 年更名为 Internet(因特网)。

早期的因特网用户大部分是研究人员或科学家,使用也比较复杂。随着使用简单、界面友好的因特网访问工具的出现,其使用范围也不断扩大,目前 Internet 正以每年20%的速率增长,其中增长最快的是商业用户。

Internet 在最近又面临一次更大规模的发展。由于联网主机数目的不断增加,IP 地址资源已相当贫乏。同时由于应用资源日益丰富,网上信息量不断扩大,对网络带宽的需求也日益扩大,传统的 Internet 速率已不能满足需求。针对这种情况,一些发达国家纷纷出台了新一代的研究计划 Ipv6。

我国于 1994 年 4 月正式被接纳为 Internet 成员,同年加入的有邮电部的 ChinaNet(中国互联网)和原国家教委的 CERNet(中国教育科研网)。在此之前中国科学院高能物理研究所(IHEP)已率先进入 Internet,此外我国的 Internet 主要成员还有中国科学院计算机网络信息中心。该中心目前是中国的互联网管理单位,负责中国的域名及 IP 地址分配等工作。

国内传统的四大互联网络是中国科技网(CSTNet)、中国金桥网(China GBN)、中国互联网(ChinaNet)以及中国教育科研网(CERNet)。

CERNet 是由原国家教委建立的供教学科研使用的国家计算机网络,清华大学、北京大学等 10 所高等院校是 CERNet 的网管中心(地区网中心)。目前,国内高校基本上都接入了 CERNet。

Internet 的发展给我国社会带来了巨大冲击,目前我国的 Internet 用户正在迅速增加,至 2019 年 5 月,全国手机上网用户数达到 12.9 亿户。

目前,我国在 Internet 上开展的主要应用是 Web 浏览和 E-Mail 通信等传统的Internet 应用,但随着 Internet 的应用范围扩展,覆盖了全球的各个领域。例如,通过

Internet 拨打长途电话、政府办公用电子政务、从事网络营销的电子商务等。

6.3.2　因特网的协议

TCP/IP 协议是 Internet 中使用的标准协议。它不是一个协议,而是一簇协议的总称。一般来说,TCP 提供传输层服务,而 IP 提供网络服务。事实上,TCP/IP 协议涉及了 Internet 应用及网络传输的各个方面,例如,用于邮件传输的 SMTP(简单邮件传输协议)、用于 WWW 浏览的 HTTP 协议等。但其核心是 TCP 和 IP 两个协议。

与 OSI 参考模型相比,TCP/IP 的体系结构有了很大的简化。其结构如图 6-11 所示。

OSI 模型	TCP/IP 模型
应用层	应用层
表示层	应用层
会话层	应用层
传输层	传输层(TCP/IP)
网络层	网络层(IP)
数据链路层	网络接口层
物理层	网络接口层

图 6-11　OSI 与 TCP/IP 模型的比较

1. OSI(国际标准化组织)网络分层模型含义

(1)物理层

物理层主要提供与传输介质的接口、与物理介质相连接所涉及的机械的、电气的功能和规程方面的特性,最终达到物理的连接。它提供了位传送的物理通路。该类协议有 RS-232A、RS-232B、RS-232C 等。

(2)数据链路层

通过一定格式及差错控制、信息流控制送出数据帧,保证报文以帧为单位在链路上可靠地传输,为网络层提供接口服务。这类协议典型的例子是 ISO 推荐的高级链路控制远程 HDLC。

(3)网络层

网络层用来处理路径选择和分组交换技术,提供报文分组从源节点至目的节点间可靠的逻辑通路,且担负着连接的建立、维持和拆除。该类协议有 IP 协议。

(4)传输层

传输层用于主机同主机间的连接,为主机间提供透明的传输通路,传输单位为报文。该类协议有 TCP 协议。

(5)会话层

会话层的功能是要在数据交换的各种应用进程间建立起逻辑通路。两应用进程间建立起一次联络称为"一次会话",而会话层就是用来维持这种联络。

(6)表示层

表示层提供一套格式化服务,如报文压缩、文件传输协议 FTP 等。

(7)应用层

应用层也称为"用户层",包含面向用户的各种软件的传输协议,如 SMTP、POP3、Telnet 等。值得说明的是,OSI 模型虽然被国际所公认,但迄今为止尚无一个局域网能全部符合上述七层协议。

2. TCP/IP 分层模型含义

(1)应用层

应用层负责支持网络应用。它所包含的协议包括支持 Web 的 HTTP、支持电子邮件的 SMTP 和支持文件传输的 FTP 等。

(2)TCP 层

TCP 层负责把应用层消息递送给终端机的应用层,主要有传输控制协议(Transfer Control Protocol,TCP)和用户数据报协议(User Datagram Protocol,UDP)。传输控制协议提供了一种可靠的数据流服务,它在 IP 协议的基础上,提供端到端的面向连接的可靠传输。

(3)IP 层

IP 层负责提供基本的数据包传送功能,让每块数据包都能够达到目的主机(但不检查是否被正确接收)。最重要的一个协议是 IP 协议。

(4)网络接口层

网络接口层定义了将数据组成正确帧的规程和在网络中传输帧的规程。帧是指一串数据,它是数据在网络中传输的单位。

6.3.3 IP 地址与域名系统

一台接入因特网的计算机不管其作用是什么都被称为"主机",主机间互相通信时,都必须精确地描述目的主机及源主机的位置,表达位置信息的通常是 IP 地址及域名。

1. IP 地址

因特网中的每一台主机都要被分配一个 32 位的整数地址(二进制),这个地址称为 IP 地址。IP 地址是因特网上的身份证,该地址是标识 Internet 上的一台主机的唯一依据,用在所有与该主机的通信中。

(1)表示方法

IP 地址通常被写成由小数点分开的 4 个十进制整数,每个整数都对应一个 8 位级的二进制值。这种表示方法称为点分十进制表示法。例如,202.38.64.1 就是一个 IP 地址,其中的 202、38、64 和 1 分别对应一个 8 位的二进制数。

IP 地址分为网络号码与主机号码两部分,这种结构可以在 Internet 上很方便地寻址,先按 IP 地址中的网络号码把网络找到,再按主机号码找到主机。所以说,IP 地址不只是一个计算机号码,还指出了连接到某个网络的某台计算机。

(2)分类

为了便于对 IP 地址进行管理,同时还考虑到网络的差异很大,有些网络拥有很多的主机,而有些网络上的主机则很少。因此 IP 地址被分成 5 类,通常分配给一般联网用户或单位使用的 A、B、C 三类,D 类是组播地址,主要是留给 Internet 体系结构委员会(Internet Architecture Board,IAB)使用,E 类地址是保留地址。

①A 类:网络号为 8 位,第一位为 0,主机号为 24 位。其地址为 1.0.0.0 至 127.255.255.255。

②B 类:网络号为 16 位,前两位为 10,主机号为 16 位。其地址为 128.0.0.0 至 191.255.255.255。

③C 类:网络号为 24 位,前 3 位为 110,主机号为 8 位。其地址为 192.0.0.0 至 223.255.255.255。

还有一些特殊的 IP 地址,如网络地址(主机号均为 0 的地址)、广播地址(主机号均为 1 的地址)、当前网络(以 0 作网络号的 IP 地址)、本地网广播地址、回送地址等不能分配给某台主机,另外,网络号部分为全 1 的 IP 地址、全 0 的 IP 的地址等也不能分配给主机。

在分配 IP 地址时,不能将特殊 IP 地址分配给某一台机器,也不能超出上述的 A、B、C 三类。

这样,可用的 IP 地址范围如表 6-2 所示。

表 6-2　IP 地址的使用范围

网络类别	最大网络数	第一个可用的网络号码	最后一个可用的网络号码	每个网络中的最大主机数
A	126	1	126	16777214
B	16382	128.1	191.254	65534
C	2097150	192.0.1	223.255.254	254

随着 Internet 的不断发展,入网主机也越来越多,传统的 IPv4 地址资源日益紧张。目前一种新的 IP 地址——IPv6 也已经出现。

2.域名系统

利用 IP 地址能够在计算机之间进行通信,但由于它是 4 个数字,难以记忆,因此用户希望能有一种比较直观的、容易记忆的名字。为了使 IP 地址便于用户使用,同时也易于维护与管理,Internet 设立了域名系统(Domain Name System,DNS)。DNS 用分层的命名方法,对网络上的每台计算机赋予一个唯一的标识名,例如,用 email.tsinghua.edu.cn 表示 IP 地址为 166.111.8.51 的主机,即清华大学的一台邮件服务器,DNS 的一般结构如下:

计算机名.组织机构名.网络名.最高层域名

最高层域名又称为"顶级域名",顶级域名代表建立网络的部门、机构或网络所隶属的国家、地区。大体可分为两类,一类是组织性顶级域名,一般采用由 3 个字母组成的缩写来表明各机构类型,如表 6-3 所示。另一类是地理性顶级域名,以两个字母的缩写代表所处的国家。

表 6-3　组织性顶级域名

最高层域名	机构类型	最高层域名	机构类型
. com	商业系统	. fire	商业或公司
. edu	教育系统	. store	商场
. gov	政府机关	. web	主要活动与 WWW 有关的实体
. mil	军队系统	. arts	文化娱乐
. net	网络资源	. rec	消遣性娱乐
. org	非盈利性组织	. inf	信息服务

组织机构名称和计算机名一般由用户自定,但需要向相应的域名管理机构申请并获批准。

地理性顶级域名为国家,其中 CN 代表中国,AU 代表澳大利亚,FR 代表法国,DE 代表德国,IT 代表意大利,UK 代表英国,JP 代表日本。

有时候,可能会遇到使用域名系统提示出错的情况,改用 IP 地址也许就能解决问题。IP 地址是纯数字的,不好记忆。而与之对应的域名是由文字构成的,人们在设计域名时,可以起一些容易记忆的名字,从而容易找到某台计算机。

注意:凡是能使用 Internet 域名地址的地方,都可以使用 IP 地址。

6.4　因特网的基本应用

随着多媒体技术的发展,并逐渐发展到因特网,使传统的因特网的功能有了进一步的扩展,出现了 BBS、WWW、电子商务、Internet 电话等新的服务。

WWW 是 World Wide Web 的简称,一般称为环球网、全球网或万维网。WWW 提供的是一种高级浏览服务。WWW 不是传统意义上的物理网络,而是在超文本的基础上形成的信息网,它可以被想象成世界上最大的百科全书,同时查找起来很方便。

超文本是指包含有文字、图形和图像的文本文件。其中,某些字、符号或短语起着"热链接"作用,在显示出来时,其字体或颜色变化,或标有下划线,以区别于一般文字,当用户用鼠标单击"超链接"时,光标便沿这条链路跳到该文件的另一处或另一文件。

在 Internet 上有很多被称为 WWW 服务器的主机,每一个 WWW 服务器一般都有一张主控菜单,相当于一本书的目录,称为"主页"或"首页"。主页上有一个 URL(统一资源定位器)的方框,用来表示当前显示文档的地址。

6.4.1　Internet 基础

1. 概述

Internet 是为用户提供信息资源的网络,用户要接入 Internet,需通过某种方式接入到 ISP。ISP 是 Internet 的接入点,提供互联网的入网连接和信息服务。Internet 的接入通过专门的传输通道,利用传输技术完成用户与网络的连接。随着 Internet 的发展和普及,用户的上网方式也越来越多。

2. 接入方式

Internet 的接入方式主要有以下几种:

(1)局域网接入方式

局域网是指通过网线、集线器、交换机等设备,将某一范围内的安装网络适配器和相应软件的计算机连接在一起的网络。将局域网接入 Internet,即可实现局域网内计算机访问 Internet。目前,很多企业、机构、学校、小区都采用这种接入方式。

(2)ADSL 接入方式

非对称数字用户环路(Asymmetric Digital Subscriber Line ，ADSL)是使用电话线作为传输介质,经分线盒连接到调制解调器上,再连接 Internet 的接入方式。ADSL 采用虚拟拨号技术,上网与电话互不干扰,通过安装路由器可实现多台计算机上网,个人用户使用这种接入方式。

(3)有线电视接入方式

使用有线电视同轴电缆为传输介质,接入 Internet,看电视与上网互不干扰,这种接入方式速度快,安装简单。

(4)无线接入方式

利用蜂窝移动通信系统、移动卫星系统、蓝牙技术等无线传输方式接入 Internet。这种接入方式使用方便、移动性强,但连接不稳定,适用于无法布线或移动的环境。

3. 接入设置

(1) 本地连接设置

①选择"开始"→"控制面板"→"网络和 Internet"→"网络和共享中心"→"更改适配器设置"命令,或者右击计算机桌面上的"网络"图标,选择"属性",弹出"网络和共享中心"窗口,点击"更改适配器设置",如图 6-12 所示。

图 6-12　网络和共享中心

②选择"本地连接"图标,右击图标,选择"属性",弹出"本地连接属性"对话框,选择"Internet 协议版本 4(TCP/IPv4)",单击"属性"按钮,弹出"Internet 协议版本 4(TCP/IPv4)属性"对话框,设置 IP 地址,如图 6-13 所示。

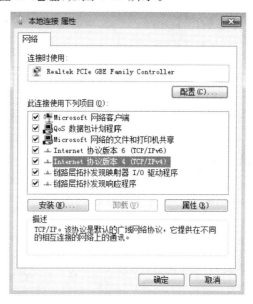

图 6-13　本地连接属性

③如果网络服务器启动了 DHCP 服务,则选择"自动获取 IP 地址",单击"确定"按钮。

④如果网络服务器没有启动 DHCP 服务,则选择"使用下面的 IP 地址",输入 IP 地址、子网掩码、默认网关和 DNS 服务器地址等数据,单击"确定"按钮,如图 6-14 所示。

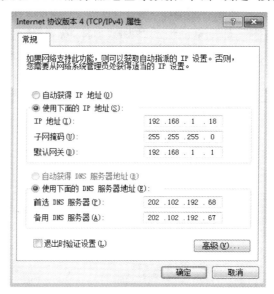

图 6-14　Internet 协议版本 4(TCP/IPv4)属性

（2）宽带连接设置

①选择"开始"→"控制面板"→"网络和 Internet" →"网络和共享中心"命令，或者右击计算机桌面上的"网络"图标，选择"属性"，弹出"网络和共享中心"窗口，如图 6-12 所示。

②选择"设置新的连接或网络"，如图 6-15 所示。

图 6-15　设置新的连接或网络

③弹出"设置连接或网络"对话框，如图 6-16 所示。

图 6-16　设置连接或网络

按照"设置连接或网络"提示操作，需要注意以下几点：

● "选择一个连接选项"：选择"连接到 Internet"。

● "您想如何连接"：选择"宽带"。

● "键入您的 Internet 服务提供商(ISP)提供的信息"：输入用户名和密码，如图 6-17 所示。

图 6-17　设置用户名和密码

④单击"连接"按钮，完成整个设置过程。

6.4.2　Internet 应用

1.浏览网页

用户可以通过万维网服务，登录浏览器，浏览网页上的信息资源，实现足不出户尽知天下事。浏览网页是 Internet 最广泛的应用，用户不但可以浏览新闻、听歌、看视频等，还可以将喜欢的文件保存在个人电脑里。

2.收发电子邮件

用户可以注册申请电子邮箱，通过电子邮箱向世界各地的朋友发送电子邮件。电子邮件价格低廉，只需交纳上网费用即可，无需另外交费，并且方便快捷。电子邮件的出现，仿佛缩短了人与人之间的距离，不论身在何处，都可以与朋友进行信息交流。

3.新型的办公模式

Internet 的广泛应用，使得用户无须到固定的工作场所打开计算机处理文件，很多工作都可以在家里的计算机上完成，这就形成了一种新型的数字化的生活与工作方式，家居办公(Small Office Home Office，SOHO)，例如：平面设计、网页制作、自由撰稿人、画图绘图等工作。

4.检索信息

Internet 是一个巨大的信息资源库，用户可以在网络上检索自己需要的信息。对于一个想要学习、有求知欲的人来说,网络是一位好老师。常用的搜索引擎有百度、雅虎、搜搜、谷歌等。

5. BBS

通过使用电子公告牌系统(Bulletin Board System,BBS),用户可以在网络上发表自己的观点,与他人进行交流讨论,检索自己需要的信息资源。目前,比较流行的博客和微博是 BBS 的延伸。知名的论坛有天涯论坛、猫扑社区、西祠胡同、万家论坛等。

6. 网络电话和视频会议

Internet 具有很强的通讯功能,为网络上的计算机安装声卡、扬声器和话筒,运行相应的软件,用户就可以与世界各地的朋友进行网络通话。

利用 Internet 还可以召开视频会议,为网络上的计算机安装声卡、扬声器、话筒、摄像头,运行相应的软件,就可以向网络上的计算机传输视频、音频信息,视频会议极大地节省了成本、方便了工作。

7. 电子商务

电子商务是指基于因特网环境,分散在世界各地的买卖双方,无须见面即可进行各种商贸活动,实现用户网上购物、网上交易、电子支付以及各种综合服务活动的商业运营模式。电子商务具备低成本、高效率、全球化、开放性、平等性等特点,对社会经济产生了深刻的影响。

8. 电子政务

电子政务是指政府部门利用网络和信息技术,实现行政、服务、内部管理等政务活动。电子政务实现了政务信息公开、电子社保服务、电子医疗服务、网络教育服务、电子税务等功能。

9. 娱乐

Internet 极大地丰富了人们的娱乐生活。用户可以开展以下活动:下载音乐、电影、电视剧,在线听音乐、看电影、电视剧,打网络游戏,交友,艺术创造,科学发明,社会活动等。

6.4.3　Internet Explorer

Internet Explorer,简称 IE,是微软公司推出的一款网页浏览器,具有可视化图形界面,接受用户发出的指令,到相应的网站获取网页并显示出来,是用户广泛使用的一款浏览器。用户可以通过 IE 浏览器浏览文本、播放多媒体文件、看电影、听广播、下载文件等,功能十分强大。

1. 启动 IE 浏览器

用户可以有以下 3 种方法启动 IE 浏览器:

①单击任务栏中的 IE 图标 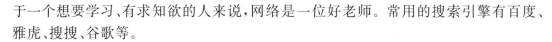。

②双击计算机桌面上的 IE 浏览器图标 。

③选择"开始"→"所有程序"→" Internet Explorer"。

2. IE 浏览器的界面

启动 IE 浏览器后,会打开 IE 8.0 浏览器的工作界面,如图 6-18 所示,IE 界面通常由标题栏、浏览控制按钮、地址栏、搜索栏、控制按钮、菜单栏、收藏夹栏、命令栏、显示区和滚动条、状态栏等组成。

图 6-18　IE 浏览器界面

(1)标题栏

如图 6-18 所示,浏览器界面的最上方是标题栏,标题栏左侧显示网页的名称,右侧有 3 个按钮,分别是"最小化"按钮、"最大化"按钮和"关闭"按钮。

(2)浏览控制按钮

单击 ⬅ 按钮,返回上一个页面;单击 ➡ 按钮,前进一个页面;单击 ▾ 按钮,查看历史记录和收藏夹。

(3)地址栏

在地址栏中输入要访问网页的地址,点击键盘上的"Enter"键即可进入访问页面,之后,地址栏会显示访问页面的地址。

(4)控制按钮

控制按钮 🖼 ↻ ✕ 从左到右依次表示"兼容性视图""刷新"和"停止"。

(5)菜单栏

IE 浏览器的各项功能都是通过菜单栏上的命令实现的,菜单栏包括文件、编辑、查看、收藏、工具和帮助等 6 个菜单项。

(6)收藏夹栏

收藏夹栏显示用户收藏的网址。

(7)命令栏

命令栏包括主页、阅读邮件、打印、安全、工具等功能。

(8)显示区和滚动条

进入访问页面后,页面中的信息会显示出来,当网页的信息不能完全显示时,可拖动滚动条来浏览网页。

(9)状态栏

浏览器界面的最下方是状态栏,显示浏览器操作的状态,在状态的中间位置,会显示页面载入的进度。

3. 新建选项卡

新建选项卡有 3 种方法:

①选择"文件"→"新建选项卡"。

②点击键盘组合键"Ctrl＋T"。

③单击新建选项卡按钮。

4. IE 8.0 选项设置

IE 8.0 在使用的过程中,用户可以通过修改设置,实现个性化的浏览方式。

①启动 IE 8.0。

②选择"工具"→"Internet 选项"命令,随即弹出"Internet 选项"对话框,对话框包括常规、安全、隐私、内容、连接、程序、高级 7 个选项,如图 6-19 所示。下面具体介绍用户常用的设置主页、清除浏览记录、设置临时文件、限制网页加载内容等操作。

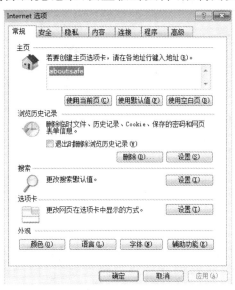

图 6-19　Internet 选项

(1)设置主页

用户可以将经常使用的网页设置为主页,每次打开 IE 浏览器,便直接进入到自己设置的网页。例如,如果经常使用"安徽大学出版社",则将主页设置为 http://www.ahupress.com.cn,如图 6-20 所示。

①打开 IE 浏览器,选择"Internet 选项"→"常规"→"主页"。

②在"主页"编辑区内输入 http://www.ahupress.com.cn。

③单击"确定"按钮。

(2)清除历史记录

用户的访问记录会保存在历史文件夹中,其他人可以很方便地查看到用户的访问记录,出于安全性考虑,用户每次访问网页后,可以清除历史记录。操作步骤如下:

①打开 IE 浏览器,选择"Internet 选项"→"常规"→"浏览历史记录"。

②选择"退出时删除浏览历史记录",则每次退出浏览器时,浏览历史记录会被自动删除。

③单击"删除"按钮,弹出"删除浏览的历史记录"对话框,如图 6-21 所示,包含保留收藏夹网站数据、Internet 临时文件、Cookie、历史记录、表单数据、密码、InPrivate 筛选数据等选项,用户可自定义删除。

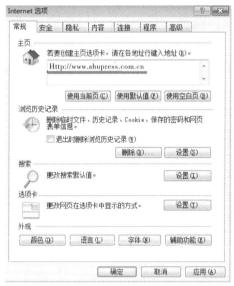

图 6-20　设置主页　　　　　　　　图 6-21　删除浏览的历史记录

④选择删除的选项后,单击"删除"按钮。

(3)设置临时文件

使用 IE 浏览器时会产生一些临时文件,这些临时文件会被存放在系统盘空间里。随着上网时间的增加,产生的临时文件也会增多,所占用的系统盘空间逐渐增大,会影响系统的运行。用户可以改变临时文件的存放位置,解决这一问题。操作步骤如下:

①打开 IE 浏览器,选择"Internet 选项"→"常规"→"浏览历史记录"。

②单击"设置"按钮,弹出"Internet 临时文件和历史记录设置"对话框,如图 6-22 所示。

③单击"移动文件夹"按钮,选择新的文件夹。

④单击"确定"按钮。

(4)限制网页加载内容

通过限制网页加载内容,可以提高浏览速度。操作步骤如下:

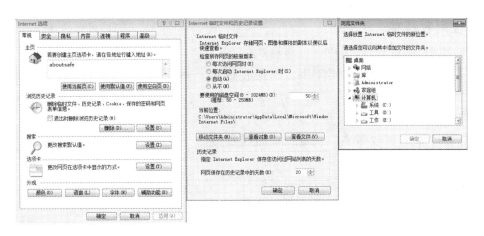

图 6-22　设置临时文件

①打开 IE 浏览器，选择"Internet 选项"→"高级"。

②找到"多媒体"选项，取消选中"显示图片""在网页中播放动画""在网页中播放声音""智能图像抖动"，如图 6-23 所示。

③单击"确定"按钮。

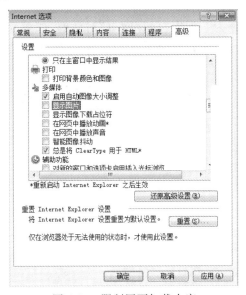

图 6-23　限制网页加载内容

5. 查看历史记录

通过查看历史记录，可以找到曾经访问过的页面。操作步骤如下：

①打开 IE 浏览器，选择"查看"→"浏览器栏"→"历史记录"；或按"Ctrl＋H"，页面显示区的左侧将显示历史记录栏，如图 6-24 所示。

②选择查看选项，有"按日期查看""按站点查看""按访问次数查看""按今天的访问顺序查看""搜索历史记录"。

③查看完后，单击 ✖ 按钮，关闭历史记录栏。

图 6-24　查看历史记录

6. 使用收藏夹

在使用 IE 浏览器时,用户可以将喜欢的、常用的网站收录在收藏夹里,以便使用。添加收藏夹操作步骤如下:

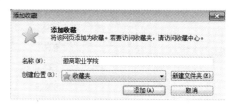

①打开 IE 浏览器,进入要收藏的网页,选择"收藏夹"→"添加到收藏夹",弹出"添加到收藏夹"对话框,如图 6-25 所示。

②在"名称"栏中输入收藏页面的名称。

图 6-25　添加收藏夹

③在"创建位置"下拉列表中选择收藏页面的位置。

④单击"添加"按钮。

7. 下载资源

在使用 IE 浏览器时,用户可以将有价值的信息保存在计算机上以便使用,根据内容不同,有以下几种保存方式。

(1) 保存网页

①打开需要保存的网页。

②选择"文件"→"另存为",弹出"保存网页"对话框,如图 6-26 所示。

图 6-26　保存网页

③选择网页保存的位置、输入文件名、选择保存类型。

④单击"保存"按钮。

网页"保存类型"分为"Web 档案,单个文件""网页,全部""网页,仅 HTML""文本文件"。其中,"网页,全部":将网页保存为 .htm 或 .html 的文件,并生成一个相同文件名的文件夹,用于存放图像文件;"Web 档案,单个文件":将网页保存为 .mht 文件,保存的信息比较完整;"网页,仅 HTML":用于保存页面中的文字内容;"文本文件":用于保存网页中的文本内容。

(2)下载文本

选中需要下载的文本,单击鼠标右键,在弹出的快捷菜单中选择"复制",在计算机中新建一个文档,打开文档,单击"粘贴"。

(3)下载图片

在需要下载的图片上单击鼠标右键,选择"图片另存为",则弹出"另存为"对话框,选择保存的路径,输入保存的文件名,单击"保存"按钮,则该图片被下载并保存到计算机中。

(4)下载文件

①打开 IE 浏览器,进入下载页面。

②在下载链接上单击鼠标右键,在弹出的快捷菜单中选择"目标另存为",如图 6-27 所示。

③选择保存的路径,输入保存的文件名。

④单击"保存"。

图 6-27   下载文件

6.5   电 子 邮 件

6.5.1   电子邮件概述

1. 什么是电子邮件

电子邮件又称作 E-mail,是通过计算机网络发送和接收信息的通信方式,用户可以通过电子邮件与世界各地的用户进行交流,电子邮件是一种使用非常广泛的网络服务。

2. 电子邮件的功能

通过使用电子邮件,用户可以发送和接收信息,这些信息包括文字、图像、声音、视频等多种类型。用户还可以通过订阅邮件,获得免费的信息资源。

3. 电子邮件的特点

电子邮件具有传递速度快、收发便捷、操作简单、功能丰富、信息多样化、经济实惠、安全高效、交流广泛等特点,极大地方便了用户之间的信息交流。

4. 电子邮件的地址格式

用户电子邮件的地址格式为:邮箱名@电子邮件服务器域名。邮箱名是用户在注册邮箱时自行定义的,是一串自定义的字符,邮箱名在所在的邮件服务器中是唯一的;"@"读作"at",表示"在"的意思,是分隔符。例如,一个完整的电子邮箱地址为:huishangjiaoyu@163.com。

6.5.2 邮箱注册

下面以注册网易免费邮箱为例,介绍注册邮箱的方法。

①在 IE 浏览器地址栏中输入网址"www.163.com",打开网站主页,如图 6-28 所示,单击主页上的"注册免费邮箱",进入注册网易邮箱界面,如图 6-29 所示。

图 6-28　网易主页

- 注册的邮箱名在所在邮件服务器中是唯一的,否则不能注册。

- 星号标记的部分是必须填写信息。

- 电子邮箱登录密码最好由多种字符类型组合而成。

③填写完注册信息后,按提示发送短信验证,然后单击"已发送短信验证,立即注册"按钮,用户填写的注册信息将提交到邮件服务器,经审核通过后,电子邮箱注册成功,用户将获得一个免费的电子邮箱,并可以使用电子邮箱收发电子邮件。

②按照网页上的要求和步骤填写注册信息,如图 6-30 所示。

图 6-29　注册邮箱

图 6-30　填写注册信息

6.5.3　邮件收发

1. 接收并查看电子邮件

①打开电子邮箱登录界面,输入电子邮箱名和密码,进入到用户邮箱,如图 6-31 所示。

②单击"收件箱"按钮,打开收件箱。

③单击电子邮件标题,即可打开邮件,查看邮件内容。

④对于不需要的电子邮件,可以选中该电子邮件,单击"删除"。

2. 发送电子邮件

①打开电子邮箱登录界面,输入电子邮箱名和密码,进入用户电子邮箱,如图 6-32 所示。

②单击"写信"按钮,在"收件人"处填写收件人的电子邮箱地址。

③填写电子邮件主题。

④在文本编辑区域输入电子邮件的内容,可输入文本、图片、语音等。

⑤单击"添加附件"按钮,可以将文件添加到附件中,通过电子邮件发送。

⑥单击"发送"按钮,即可将电子邮件发送给指定收件人,完成发送电子邮件任务。

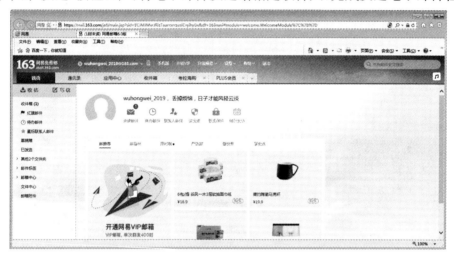

图 6-31　进入邮箱

图 6-32　发送电子邮件

习　题　6

一、单项选择题

1. 计算机网络是计算机与_____结合的产物。
   A. 电话　　　　　B. 通信技术　　　　C. 连接技术　　　　D. 各种协议

2. 当网络中任何一个工作站发生故障时,都有可能导致整个网络停止工作,这种网络的拓扑结构为_____结构。
   A. 星型　　　　　B. 环型　　　　　　C. 总线型　　　　　D. 树型

3. 下列各项中,关于以太网通信协议的描述不正确的是_____。
   A. 有冲突的通信方式　　　　　　　B. 简称 CSMA/CD
   C. 有检测和更正错误的能力　　　　D. 由网卡来实现

4. _____是网络的心脏,它提供了网络最基本的核心功能,如网络文件系统、存储器的管理和调度等。
   A. 服务器　　　　B. 工作站　　　　　C. 网络操作系统　　D. 通信协议

5. 下列各种网络中,属于互联网的是_____。
   A. LAN　　　　　B. WAN　　　　　　C. ChinaNet　　　　D. Novell

6. 进行网络互联,当总线网的网段已超过最大距离时,可用_____来延伸。
   A. 路由器　　　　B. 中继器　　　　　C. 网桥　　　　　　D. 网关

7. 个人计算机申请了账号并采用 PPP 拨号方式接入因特网后,该机_____。
   A. 没有自己的 IP 地址　　　　　　B. 有自己固定的 IP 地址
   C. 有一个动态的 IP 地址　　　　　D. 拥有 Internet 服务商的服务器的 IP 地址

8. TCP/IP 表示的是_____。
   A. 局域网技术　　　　　　　　　　B. 广域网技术
   C. 支持同一种计算机网络互联的通信协议　D. 支持异种计算机网络互联的通信协议

9. 在 Internet 网中,WWW 网页是通过_____组织起来的。
   A. HTML　　　　B. HTTP　　　　　C. SMIL　　　　　　D. FTP

10. 目前,因特网上提供的主要应用服务有电子邮件(E-mail)服务、WWW 服务、远程登录服务和_____服务。
    A. 文件传输　　　B. 光盘检索　　　　C. 协议转换　　　　D. 电子图书馆

二、简答题

1. 简述网络传输介质。
2. Internet 的接入方式有哪些?

第 7 章　信息安全

考核目标

➤ 了解:信息及信息安全的基本概念,计算机职业道德、行为规范、国家有关计算机安全法规。

➤ 理解:信息安全隐患的种类,信息安全的措施,Internet 的安全,防火墙的功能。

➤ 掌握:病毒的概念、种类、危害、防治。

➤ 应用:使用常用杀毒软件进行计算机病毒防治,使用计算机系统工具处理系统的信息安全问题。

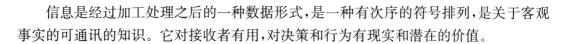

信息是经过加工处理之后的一种数据形式,是一种有次序的符号排列,是关于客观事实的可通讯的知识。它对接收者有用,对决策和行为有现实和潜在的价值。

7.1 信息安全问题

信息的定义归纳起来有如下几种:

①信息是一种数据形式,数据是信息的载体。

②信息是加工处理后的数据。

③信息是有价值的。

由此可见,信息和数据是两个互相联系、又互相独立的概念。信息是经过加工处理后的数据,数据是信息的表达。

信息具有如下特征:事实性、主观性、无限性、价值性、共享性、时效性、滞后性、等级性、变换性、不完整性。

7.1.1 常见的信息安全问题

计算机日常操作过程中,用户通常会遇到数据丢失、恶意攻击、信息泄露、病毒等信息安全问题,以下列举一些常见的信息安全问题。

①计算机病毒:一种在计算机系统内运行的具有传染性和破坏性的恶意程序。

②黑客攻击:黑客非法入侵或破坏,导致拒绝服务、感染计算机病毒、非法访问等。

③信息泄露:信息被泄露给某个未经授权的个体。

④信息丢失:数据操作过程中,被未经授权地进行破坏造成的损失。

⑤非法访问:某个未经授权的个体使用某一信息资源。

⑥拒绝服务:用户对信息资源的合法访问被无条件地拒绝。

⑦恶意攻击:利用拒绝服务、木马、垃圾邮件等方式破坏信息资源。

⑧信息战:为争取信息资源,控制信息权,通过利用、破坏对方和保护己方的信息系统而执行的一系列作战行为。

⑨人为行为:操作不当、泄露信息、错误执行指令等。

7.1.2 引发信息安全问题的偶然因素

1. 技术因素

①硬件故障:计算机硬件在运行过程中有可能出现故障。常见的有内存条接触不良、存储设备损坏、I/O接口损坏、电源高温下损坏等。

②软件故障:系统安全配置不完善、软件自身存在漏洞、软件冲突等。

2. 人为因素

①用户误操作:初学者很容易出现此类错误。例如,输入大量的电子文稿忘记保存,

删除了有价值的文件,文件移动过程中覆盖新的文件等。

②人为恶意行为:人为制造恶意软件对系统和网络进行破坏,特洛伊木马侵入,黑客攻击,蠕虫传播,间谍软件,内部人员的道德风险,非法复制、传播他人信息或违法信息等。

- 特洛伊木马:伪装成可执行文件,当它被执行时,信息会被破坏或丢失。
- 蠕虫:能通过计算机网络自动传播的恶意程序,蠕虫能够消耗网络资源,增加网络通信的负担。
- 间谍软件:在未经用户许可的情况下,收集用户信息、弹出广告、更改计算机设置的软件。

3. 管理因素

一方面,管理人员素质不高、重视程度不够,忽视了内部网络的管理,没有记录完整的系统维护日志和设备使用日志;另一方面,用户的信息安全意识较为淡薄。

7.1.3 我国的信息安全状况

我国信息安全状况介于相对安全与轻度不安全之间,主要表现为:

(1)信息与网络安全的防护能力较弱

对我国金融系统计算机网络现状,专家们有一些形象的比喻:用不加锁的储柜存放资金(网络缺乏安全防护);让"公共汽车"运送钞票(网络缺乏安全保障);使用"邮寄"传送资金(转账支付缺乏安全渠道);用"商店柜台"存取资金(授权缺乏安全措施);拿"平信"邮寄机密信息(敏感信息缺乏保密措施)等。

(2)对引进的信息技术和设备缺乏保护信息安全所必不可少的有效管理和技术改造

我国从发达国家和跨国公司引进和购买了大量的信息技术和设备。在这些关键设备(如电脑硬件、软件)中,有一部分可能隐藏着"特洛伊木马",对我国政治、经济、军事等的安全存在着巨大的潜在威胁。但由于受技术水平等的限制,许多单位和部门对从国外,特别是从美国等引进的关键信息设备可能存在预做手脚的情况无从检测和排除,以致许多单位和部门几乎是在"抱着定时炸弹"工作。

(3)基础信息产业薄弱,核心技术严重依赖国外

在硬件方面,电脑制造业有很大的进步,但其中许多核心部件都是原始设备制造商的,我们对其的研发、生产能力很弱,关键部位完全处于受制于人的状态。

在软件方面,面临市场垄断和价格歧视的威胁。美国微软几乎垄断了我国电脑软件的基础和核心市场。离开了微软的操作系统,国产的大多软件都失去了操作平台。缺乏自主知识产权产品。

(4)信息安全管理机构缺乏权威

信息安全特别是在经济等领域的安全管理条块分割、相互隔离,缺乏沟通和协调。没有国家级的信息安全最高权威机构以及与国家信息化进程相一致的信息安全工

程规划。

目前,国家信息安全的总体框架已经搭成,制定报批和发布了有关信息技术安全的一系列国家标准和国家军用标准。国家信息安全基础设施正在逐步建成,包括国际出入口监控中心、安全产品评测认证中心、病毒检测和防治中心、关键网络系统灾难恢复中心、系统攻击和反攻击中心、电子保密标签监管中心、网络安全紧急处置中心、电子交易证书授权中心、密钥恢复监管中心、公钥基础设施与监管中心、信息战防御研究中心等。

(5)信息犯罪在我国有快速发展之趋势

西方一些国家采取各种手段特别是电子信息手段来窃取我国的各类机密,包括核心机密。此外,随着信息设备特别是互联网的大幅普及,各类信息犯罪活动亦呈现出快速发展之势。以金融业计算机犯罪为例,从 1986 年发现第一起银行计算机犯罪案起,发案率每年以 30% 的速度递增。近年来,境外一些反华势力还在因特网上频频散发反动言论,而各种电脑病毒及黑客对计算机网络的侵害亦屡屡发生。据不完全统计,我国目前已发现的计算机病毒有 2000～3000 种,而且还在以更快的速度增加着。

(6)信息安全技术及设备的研发和应用有待提高

近年来,我国在立法和依法管理方面加大力度,推进计算机信息网络安全技术和产品的研究、开发和应用,建立了计算机病毒防治产品检验中心、计算机信息系统安全专用产品质量检验中心,加强了对计算机信息网络安全产品的管理。目前,我国信息网络安全技术及产品发展迅速,其中,计算机病毒防治、防火墙、安全网管、黑客入侵检测及预警、网络安全漏洞扫描、主页自动保护、有害信息检测、访问控制等一些关键性产品已实现国产化。但是,正如《国家信息安全报告》强调指出的:"这些产品安全技术的完善性、规范性、实用性还存在许多不足,特别是在多平台的兼容性、多协议的适应性、多接口的满足性方面存在很大距离,理论基础和自主技术手段也需要发展和强化。"

7.2　管理信息安全的方法

进行安全防范既需要耗费大量的时间,也需要付出相应的经济代价。通常为了应对可能出现的各种安全问题,需要从管理、技术等方面进行全面的考虑,在计算机数据面临的危害以及在保护这些数据需要的开销之间作一个权衡。

7.2.1　建立安全管理制度与防范措施

建立安全管理制度与防范措施来约束系统的访问者。技术方面的制度应该对操作程序及规范作出明确的规定。例如,何时进行数据备份、备份的类型、备份时的操作步骤等。管理方面的制度有对什么样的人可以访问系统或者具备什么样的访问权限作出适当的规定。

7.2.2 物理保护

物理上的保护包括提供符合技术规范要求的使用环境、限制对硬件的访问等两个方面的措施。

1.使用环境

一般要求环境温度不能过高或者过低，也不能过于干燥，以避免静电对电子部件以及存储设备的损害。这些要求会涉及温度、湿度、接地性能、抗静电性能等多方面的指标。建立电源保障系统以避免停电或者电压的波动而造成对系统或者数据的损害。

2.限制接触

限制对系统的物理接触。例如，对进入机房的人员进行限制，给系统加锁等措施。

7.2.3 访问控制

访问控制主要是指对用户的访问权限进行控制，主要包括：授权、确定存取权限和实施权限，可以在多个不同的层次上设置。

①操作系统进行的访问控制。操作系统中用户登录时需要账号与密码，并根据用户的账号设置相应的访问权限。

②应用软件进行的访问控制。应用程序可根据其内置的访问控制模块以提供更细粒度的数据访问控制。

③数据库进行的访问控制。

7.2.4 网络保护

对网络进行保护的技术有许多，目前常用的方法包括操作系统的安全控制、防火墙、入侵检测以及数据加密。

1.防火墙

防火墙是进行网络防护最常用的非常有效的工具。"防火墙"是一种形象的说法，其实它是一种计算机硬件和软件的组合，一个把外部网络与内部网络（通常指局域网）隔开的屏障，一个用于限制外界访问网络资源或网络用户访问外界资源的计算机安全系统，从而保护内部网免受外部的侵入。防火墙是一个安全网关，它可以过滤进入网络的文件并控制电脑向外发送的文件。

防火墙技术可根据防范的方式和侧重点的不同而分为很多种类型，但总体来讲可分为两大类，即分组过滤与应用代理。

(1)分组过滤(Packet filtering)

分组过滤作用在网络层和传输层，它根据分组包头源地址、目的地址、端口号、协议类型等标志确定是否允许数据包通过。只有满足过滤逻辑的数据包才被转发到相应的目的地出口端，其余数据包则被从数据流中丢弃。

(2)应用代理(Application Proxy)

应用代理也被称为应用网关(Application Gateway),它作用在应用层,其特点是完全"阻隔"了网络通信流,通过对每种应用服务编制专门的代理程序,实现监视和控制应用层通信流的作用。实际中的应用网关通常由专用工作站实现。

2. 入侵检测

入侵是指在未经授权的情况下,试图访问信息、处理信息或破坏系统以使系统不可靠、不可用的故意行为。

入侵检测是一项重要的安全监控技术,其目的是识别系统中入侵者的非授权使用及系统合法用户的滥用行为,尽量发现系统因软件错误、认证模块的失效、不适当的系统管理而引起的安全性缺陷,并采取相应的补救措施。

3. 服务器安全

共享数据及资源通常都是通过服务器提供的,服务器的安全直接影响到网络的安全及数据系统的安全,为了保证服务器的安全可以采取以下安全措施。

(1)升级系统安全补丁

一般来说,任何一个系统软件或者应用软件都或多或少存在一些"缺陷",这些"缺陷"成为一个所谓的"安全漏洞"或"后门",目前有许多病毒或者黑客程序都是通过系统的安全漏洞感染或者攻击系统的,所以要及时修补其"后门"的补丁。

(2)采用 NTFS 文件系统格式

通常采用的文件系统是 FAT 或者 FAT32,NTFS 是微软 Windows NT 内核的系列操作系统支持的、一个特别为网络和磁盘配额、文件加密等管理安全特性设计的磁盘格式。

(3)做好系统备份

做好系统备份是很有必要的,当出现错误时可以恢复系统,非常方便。

(4)关闭不必要的服务

关闭不必要开的服务,做好本地管理和组管理。Windows 系统有很多默认的服务其实没必要开,甚至可以说是危险的,比如,默认的共享远程注册表访问,系统很多敏感的信息都是写在注册表里的。

(5)关闭不必要的端口

一些看似不必要的端口,可以向黑客透露许多操作系统的敏感信息,此外开启的端口更有可能成为黑客进入服务器的门户。

(6)开启事件日志

开启日志服务记录黑客的行踪,可以分析入侵者在系统上做过什么手脚,给系统造成了哪些破坏及隐患,黑客在系统上留了怎样的后门,服务器还存在哪些安全漏洞等。

7.2.5　数据加密

数据加密是保证信息安全的重要措施之一。

1. 什么是加密

加密技术是保护通信的重要手段。计算机密码学是研究计算机的加密解密及变换的科学,加密就是把数据和信息转换为不可辨识的密文的过程,使不应了解该数据和信息的人不能够识别,欲知密文的内容,需将其转换为明文,这就是解密过程。

2. 加密系统的组成与方法

加密和解密过程组成加密系统,明文与密文总称为"报文"。任何加密系统,不管形式多么复杂,至少包括以下4个组成部分:

①待加密的报文,也称"明文"。

②加密后的报文,也称"密文"。

③加密、解密装置或算法。

④用于加密和解密的钥匙,它可以是数字、词汇或语句。

加密是在不安全的环境中实现信息安全传输的重要方法。例如,当你要发送一份文件给别人时,先用密钥将其加密成密文,当对方收到带有密文的信息后,也要用钥匙将密文恢复成明文。即使发送的过程中有人窃取了,得到的也是一些无法理解的密文信息。

传统的加密方法有4种,分别是代码加密、替换加密、变位加密以及一次性密码簿加密。

密码学也在不断地发展和进步,新的技术不断涌现,如公开密钥加密技术。与传统加密方法不同,它使用两个钥匙:一个公开钥匙和一个秘密钥匙。前者用于加密,后者用于解密,它也称为"非对称式"加密方法。公开密钥加密技术解决了传统加密方法的局限性问题,极大简化了钥匙分发过程,与传统加密方法相结合,可以进一步增加传统加密方法的可靠性,在许多重要的场所,得到了广泛的应用。

7.2.6 数据备份与恢复

数据备份是数据保护的最后一道防线,简单地讲,数据备份就是为数据另外制作一个拷贝文件,或者说制作一个副本。这样当正本被破坏时,可以通过副本恢复原来的数据。数据备份是一种被动的保护措施,但同时也是数据保护最重要的措施。

一个完整的备份系统应该包括相应的硬件设备和软件。数据备份系统是通过硬件设备和相应的管理软件共同实现的。硬件备份产品的介质包括磁介质和光介质两种,目前信息系统中最常用的备份介质还是磁介质,包括磁带机、自动加载机、磁带库等。软件在备份系统中起着十分重要的作用。它的功能包括备份硬件设备的管理、备份数据的管理等。

7.3　计算机病毒

随着计算机应用的日益广泛和计算机网络技术的发展，计算机病毒的日益流行已影响到计算机的操作使用和信息的安全性。认识计算机病毒、发现计算机病毒以及清除计算机病毒是每位计算机用户都需要了解和掌握的。

7.3.1　计算机病毒概述

1.计算机病毒的定义

计算机病毒实际上是一段计算机代码，它附着于某一程序或文件中，并不断地自我复制，破坏计算机中软件、数据和文件，影响计算机的正常使用。计算机病毒与生物学意义上的病毒有一些相似之处，具有很强的传染性和破坏性。

《中华人民共和国计算机安全保护条例》中，对病毒的定义是：计算机病毒是指编制或者在计算机程序中插入的、破坏计算机功能或者毁坏数据、影响计算机使用并能自我复制的一组计算机指令或者程序代码。

2.计算机病毒的特征

计算机病毒是一种特殊的程序，与其他程序一样可以存储和执行，但它具有其他程序没有的特性。

①寄生性。计算机病毒通常并不是以一个独立的程序出现在计算机系统中，而是附着在各种可执行文件等其他程序中，通过修改别的程序将自身复制到其中，因而在其潜伏阶段不易被人发觉。现在有些病毒程序本身就是一个完整的计算机程序。

②潜伏性。一些计算机病毒进入到计算机系统中后，可能会长时间潜伏在计算机中，用户感觉不到异常症状。当满足了触发条件时，病毒就开始发作，感染文件，四处扩散，破坏计算机系统。

③传染性。病毒程序被执行时可以把自身复制到其他程序中。病毒附着在这些程序上，通过磁盘、光盘、计算机网络等载体进行扩散传染，被传染的计算机又成为病毒新的生存环境及新传染源。

④破坏性。任何病毒侵入目标后，都会或大或小地对系统的正常使用造成影响，轻者降低系统的性能，占用系统资源，重者破坏数据导致系统崩溃。

⑤变种性。有些病毒可以在传播的过程中自动改变自己的形态，从而衍生出另一种不同于原病毒的新病毒，这种新病毒称为"病毒变种"。有变形能力的病毒能更好地在传播过程中隐蔽自己，使之不易被反病毒程序发现及清除。有的病毒能产生几十种变种病毒。

3.计算机病毒的分类

计算机病毒的分类方法有许多种。常用的有:

(1)引导型病毒

引导型病毒是依附在引导区的计算机病毒。该病毒感染硬盘的主引导记录,主引导记录在硬盘的第一个扇区,当计算机启动后,会读取第一个扇区,病毒会用自己的代码代替主引导记录,在操作系统运行之前加载到内存中,当病毒进入内存后,可以感染计算机上的磁盘,传播病毒。

(2)文件型病毒

文件型病毒依附在计算机可执行文件和命令文件中。当感染的文件被执行时,计算机病毒随即被激活,实施传播。

(3)混合型病毒

混合型病毒是具有引导型病毒和文件型病毒寄生方式的计算机病毒。混合型病毒传染机会多、破坏性更大、查杀更困难。

(4)宏病毒

宏病毒隐藏在文档或模板的宏中,执行此类文档时,宏病毒被激活,传播到计算机上,可能会导致文档无法打开、文件无法编辑、文件名被更改等现象。宏病毒的传染性强,传播范围广、危害性大。

7.3.2 计算机病毒的预防与检测清除

1.计算机病毒的预防

计算机病毒的防治要以预防为主,防患于未然。

应建立健全的机房安全管理制度,制定完善的防范措施,切断外来计算机病毒的入侵途径,有效地防止病毒入侵。这些措施主要有:

①安装防病毒软件并及时进行升级。

②定期对电脑进行主动查毒,及时发现并清除病毒。

③及时升级操作系统和应用软件厂商发布的补丁程序。

④慎用公用软件和共享软件,不使用盗版软件。

⑤避免直接使用来源不明的移动介质和软件,如要使用可先用防病毒软件进行检测。

⑥尽可能不打开未知的邮件及其附件,不浏览未知站点。

⑦定期对重要的数据文件进行备份,以防计算机病毒的破坏而造成不可挽回的损失。

⑧机房工作人员和计算机操作人员应加强安全意识,严格遵守规章制度,让计算机安全高效地运行。

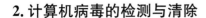

2. 计算机病毒的检测与清除

在一般情况下,计算机染上病毒或病毒在传播的过程中,往往会出现一些异常情况,如计算机无缘无故地重新启动,运行某个应用程序突然出现死机,屏幕显示异常,硬盘中的文件或数据丢失等。用户通过仔细观察计算机系统的症状,可以初步确定用户系统是否已经受到病毒的侵袭。归纳起来,用户在使用计算机的过程中,若发现有以下情形大致可判断计算机已染上病毒:

①引导时间变长或引导时出现死机现象。

②计算机运行速度无原因的明显变慢。

③出现内存不足的错误信息。

④文件没有原因的发生变化,如文件大小、属性、日期、时间等发生改变。

⑤文件莫名其妙地丢失。

⑥无法在计算机上安装防病毒程序,或安装的防病毒程序无法运行。

⑦防病毒程序被无端禁用,并且无法重新启动。

⑧扬声器中意外放出奇怪的声音或乐曲。

⑨正常外部设备无法使用。

⑩硬盘的主引导扇区破坏,使计算机无法启动。

⑪对磁盘或磁盘特定扇区进行格式化,使磁盘中信息丢失。

⑫产生垃圾文件,占据磁盘空间,使磁盘空间逐个减少。

⑬屏幕显示不正常。

⑭破坏计算机网络中的资源,使网络系统瘫痪。

⑮系统设置或系统信息加密,使用户系统紊乱。

(1)自动检测

自动检测是使用专门的工具软件对计算机进行病毒检测。随着技术的发展,病毒检测软件不仅能够检查隐藏在磁盘文件和引导扇区内的病毒,还能检测出内存中驻留的计算机病毒。

(2)清除病毒

计算机病毒的清除不能简单地删除染毒文件,在清除病毒的同时要尽可能地恢复被病毒破坏的文件和数据,它是病毒传染程序的一种逆过程。多数防病毒软件在检测到病毒时会尝试清除病毒,如不能清除可以对染毒文件进行隔离。

7.3.3 常用杀毒软件

随着国际互联网的发展,解决病毒国际化的问题也很迫切,所以选择杀毒软件应综合考虑。杀毒软件,又称"反病毒软件",可以用来清除计算机病毒、恶意软件等威胁计算机安全的软件。杀毒软件通常具备实时监控、病毒扫描、病毒清除、自动更新等功能,是计算机防御体系的重要组成部分。常见的杀毒软件有 360 杀毒软件、卡巴斯基、诺顿、小红伞、瑞星杀毒软件、金山毒霸等。

360杀毒软件是由360安全中心推出的一款云安全杀毒产品,该产品是完全免费的,登录360官方网站即可找到该软件下载使用,如图7-1所示。360杀毒软件具有以下特点:

图7-1　360杀毒软件

①基于人工智能算法,具有"自学习、自进化"的特点,对新生木马病毒响应时间快。

②实时捕捉病毒威胁,对系统资源占用少,不会出现卡机现象。

③智能引擎调度技术,可选同时开启小红伞和BitDefender两大知名反病毒引擎,加强对计算机病毒的查杀监控。

④升级迅速,每日多次升级,实时更新病毒库,提高防御能力。

⑤操作简单易懂,方便用户使用。

⑥360安全中心提供可信程序数据库,360杀毒软件误杀率低。

⑦全面防御U盘病毒,可以阻止病毒从U盘运行。

7.3.4　防火墙的安装和使用

1.专业版防火墙的使用

点击下载免费和试用版"天网防火墙"。对防火墙进行适当的设置,利用防火墙保护个人计算机以及内部网络。具体设置可以参考主界面上的"帮助文件"。

(1)自定义安全规则

点击"自定义IP规则"按钮,会弹出"IP规则"窗口。请检索信息弄清每个IP规则项

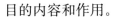

目的内容和作用。

①黑名单管理：拦截恶意网站、恶意网页、恶意 IP。

点击"自定义 IP 规则"并"增加规则"。数据包方向设"接收或发送"，假设指定 IP 地址为"202.108.39.15"，满足条件则"拦截"。同样步骤，分别将黑名单上的 IP 地址一一添加，最后不要忘记点击"保存规则"。

②白名单管理：允许合法网站运行。

点击"自定义 IP 规则"并"增加规则"，假设对方 IP 地址选择指定网络地址，地址：61.144.190.28，掩码：255.255.255.0，本地端口填从 0 到 65535 ，对方端口填从 0 到 65535，当满足上面条件时，选择"通行"，点击"确定"，点击"保存设置"。

(2)应用程序访问网络权限设置

点击"应用规则程序"按钮，在主界面下方会弹出"应用程序访问网络权限设置"窗口。窗口中罗列出发出连接网络要求的软件名称和所在文件目录。

(3)安全级别选项

天网防火墙个人版将"安全级别"分成低、中、高 3 个级别，每个级别都有详细的文字提示，用户可以根据自己的网络安全需要进行选择。

2. Windows 系统防火墙

①启用 Internet 连接防火墙，选中"通过限制或阻止来自 Internet 的对此计算机的访问来保护我的计算机和网络"复选框，点击"设置"按钮。

②在弹出的"高级设置"对话框中的服务选项卡中，设置防火墙的 Web 服务，选中"Web 服务器（HTTP）"复选项。设置好后，网络用户将无法访问除 Web 服务外本服务器所提供的其他网络服务。

③添加服务的设置，单击"添加"按钮。在出现"服务添加"对话框，可以填入服务描述、IP 地址、服务所使用的端口号，并选择所使用的协议来设置非标准服务。

④设置防火墙安全日志设置，在"高级设置"对话框中，选择"安全日志"选项卡，出现"安全日志设置"对话框，选择要记录的项目，防火墙将记录相应的数据。

3. Windows 的 IP 安全策略

①在"控制面板"→"管理工具"→"本地安全策略"→"IP 安全策略"中，选择"管理 IP 筛选器表和筛选操作"对话框。单击"添加"，取消选中的"使用'添加向导'"复选框，点击"添加"按钮。

②设置源地址和目的地址，设置"协议"选项卡。关闭"IP 筛选列表"，打开"管理筛选器操作"，取消选中的"使用'添加向导'"复选框。

③右击"IP 安全策略"，右键选择"创建 IP 安全策略"选择刚才添加的筛选器列表，然后根据提示进行设置。

习 题 7

一、单项选择题

1. 导致信息安全问题产生的原因较多,但综合起来一般有_____两类。

    A. 物理与人为   B. 黑客与病毒

    C. 系统漏洞与硬件故障   D. 计算机犯罪与破坏

2. 下面关于信息安全的叙述中,错误的是_____。

    A. 实现网络环境下信息系统的安全比独立的计算机系统要困难和复杂得多

    B. 国家有关部门应确定计算机安全的方针、政策,制定和颁布计算机安全的法律和条令

    C. 只要解决用户身份验证、访问控制、加密、防止病毒等一系列有关的技术问题,就能确保信息系统的安全

    D. 软件安全的核心是操作系统的安全性,涉及信息在存储和处理状态下的保护问题

3. 为了保证系统在受到破坏后能尽可能的恢复,应该采取的做法是_____。

    A. 定期做数据备份   B. 多安装一些硬盘

    C. 在机房内安装 UPS   D. 准备两套系统软件及应用软件

4. 为了预防计算机病毒采取的最有效措施是_____。

    A. 不同任何人交流   B. 绝不玩任何计算机游戏

    C. 不用盗版软件和来历不明的磁盘   D. 每天对磁盘进行格式化

5. 计算机病毒是一种_____。

    A. 特殊的计算机部件   B. 游戏软件

    C. 人为编制的特殊程序   D. 能传染致病的生物病毒

6. 下列叙述中,正确的一条是_____。

    A. 计算机病毒只在可执行文件中传播

    B. 计算机病毒主要通过读写磁盘或网络进行转播

    C. 只要把带毒软盘片设置成只读状态,那么此盘片上的病毒就不会因读盘而传染给另一台计算机

    D. 计算机病毒是由于软盘片表面不清洁而造成的

二、简答题

1. 简述常见的信息安全问题。

2. 简述常用的网络防护方法。

附 录 标 准 ASCII 码 表

十进制	八进制	十六进制	字符	十进制	八进制	十六进制	字符	十进制	八进制	十六进制	字符
0	000	00	NUL	43	053	2B	+	86	126	56	V
1	001	01	SOH	44	054	2C	,	87	127	57	W
2	002	02	STX	45	055	2D	—	88	130	58	X
3	003	03	ETX	46	056	2E	.	89	131	59	Y
4	004	04	EOT	47	057	2F	/	90	132	5A	Z
5	005	05	ENQ	48	060	30	0	91	133	5B	[
6	006	06	ACK	49	061	31	1	92	134	5C	\
7	007	07	BEL	50	062	32	2	93	135	5D	]
8	010	08	BS	51	063	33	3	94	136	5E	^
9	011	09	HT	52	064	34	4	95	137	5F	_
10	012	0A	LT	53	065	35	5	96	140	60	`
11	013	0B	VT	54	066	36	6	97	141	61	a
12	014	0C	FF	55	067	37	7	98	142	62	b
13	015	0D	CR	56	070	38	8	99	143	63	c
14	016	0E	SO	57	071	39	9	100	144	64	d
15	017	0F	SI	58	072	3A	:	101	145	65	e
16	020	10	DLE	59	073	3B	;	102	146	66	f
17	021	11	DC1	60	074	3C	<	103	147	67	g
18	022	12	DC2	61	075	3D	=	104	150	68	h
19	023	13	DC3	62	076	3E	>	105	151	69	i
20	024	14	DC4	63	077	3F	?	106	152	6A	j
21	025	15	NAK	64	100	40	@	107	153	6B	k
22	026	16	SYN	65	101	41	A	108	154	6C	l
23	027	17	ETB	66	102	42	B	109	155	6D	m
24	030	18	CAN	67	103	43	C	110	156	6E	n
25	031	19	EM	68	104	44	D	111	157	6F	o
26	032	1A	SUB	69	105	45	E	112	160	70	p
27	033	1B	ESC	70	106	46	F	113	161	71	q
28	034	1C	FS	71	107	47	G	114	162	72	r
29	035	1D	GS	72	110	48	H	115	163	73	s
30	036	1E	RS	73	111	49	I	116	164	74	t
31	037	1F	US	74	112	4A	J	117	165	75	u
32	040	20	SP	75	113	4B	K	118	166	76	v
33	041	21	!	76	114	4C	L	119	167	77	w
34	042	22	"	77	115	4D	M	120	170	78	x
35	043	23	#	78	116	4E	N	121	171	79	y
36	044	24	$	79	117	4F	O	122	172	7A	z
37	045	25	%	80	120	50	P	123	173	7B	{
38	046	26	&	81	121	51	Q	124	174	7C	|
39	047	27	'	82	122	52	R	125	175	7D	}
40	050	28	(	83	123	53	S	126	176	7E	~
41	051	29	)	84	124	54	T	127	177	7F	del
42	052	2A	*	85	125	55	U				